Victor Ritter von Tschusi zu Schmidhoffen

Ornithologisches Jahrbuch

Band 4

Victor Ritter von Tschusi zu Schmidhoffen

Ornithologisches Jahrbuch
Band 4

ISBN/EAN: 9783743338951

Hergestellt in Europa, USA, Kanada, Australien, Japan

Cover: Foto ©berggeist007 / pixelio.de

Manufactured and distributed by brebook publishing software
(www.brebook.com)

Victor Ritter von Tschusi zu Schmidhoffen

Ornithologisches Jahrbuch

Ornithologisches Jahrbuch.

ORGAN

für das

palaearktische Faunengebiet.

– –

Herausgegeben

von

Victor Ritter von Tschusi zu Schmidhoffen,

früherer Präsident d. Com. f. ornith. Beob.-Stat. in Oesterr.-Ungarn, Mitgl. d. perm. intern. ornith. Com., Ehrenmitgl. d. ornith. Ver. in Wien, ausserord. u. correspond. Mitgl. d. deutsch. Ver. z. Schutze d. Vogelw. in Halle a/S., Corresp. Memb. of the Amer. Ornithol. Union in New-York, Mitgl. d. allgem. deutsch. ornith. Gesellsch. in Berlin, etc.

IV. Jahrgang. 1893.

——— Mit 1 colorierten Tafel. ———

Hallein 1893.

Druck von Johann L. Bondi & Sohn in Wien, VII., Stiftgasse 3.

Verlag des Herausgebers.

Inhalt des IV. Jahrganges.

Literatur.

Berichte und Anzeigen.

Rundschau.

Nachrichten.

Todtenliste.

An den Herausgeber eingelangte Schriften.

Index der wissenschaftlichen Namen.

Errata,

Ornithologisches Jahrbuch.

ORGAN

für das

palaearktische Faunengebiet.

Jahrgang IV. Januar—Februar 1893. Heft 1.

Vogelleben auf der Kurischen Nehrung.

Ein Vortrag von Dr. CURT FLOERIKE.

Die drei östlichen Provinzen unseres Vaterlandes, Schlesien, Posen und Ostpreussen, sind für den in freier Natur beobachtenden Ornithologen von ganz besonderem Interesse, weil sie einerseits inbezug auf ihre Vogelwelt noch auffallend wenig bekannt und erforscht sind und andererseits überhaupt einen viel grösseren und mannigfaltigeren Reichthum an Individuen und Arten bergen wie die mehr einförmig gestalteten und schon eingehend durchsuchten Landstriche Mittel- und Westdeutschlands. Während ich bisher meine Kräfte fast ausschliesslich dem schönen Schlesierlande gewidmet hatte, habe ich, nachdem meine dortigen Studien bis zu einem gewissen vorläufigen Abschlusse gediehen sind, neuerdings auch Posen und Ostpreussen mit in den Rahmen meiner Untersuchungen hineingezogen. In diesem Sinne unternahm ich im August 1892 eine ornithologische Studien- und Sammelreise nach der höchst eigenartigen und in mehr denn einer Hinsicht interessanten Kurischen Nehrung. Meine Absicht dabei war, sowohl das Leben unserer Strandvögel aus eigener Anschauung kennen zu lernen, als auch Beobachtungen über den unserem Verständnis durch Gätkes classische Untersuchungen schon so viel näher gerückten, aber doch immer noch vielfach räthselhaften Vogelzug anzustellen und endlich möglicherweise Anpassungserscheinungen der dortigen Brutvögel an die wüstenartige Dünenformation der Gegend herauszufinden. In allen drei Punkten — das will ich hier gleich

1

vorausschicken — war ich vom Glücke begünstigt, obschon der
Vogelzug in diesem Jahre kein besonders guter war.

Ich bin nicht der erste Ornithologe gewesen, der auf der
Kurischen Nehrung beobachtet hat. Seit dem Jahre 1888 ver-
weilte ein alter Schulkamerad, Friedrich Lindner, alljährlich
mehrere Wochen zu den verschiedensten Jahreszeiten auf der
Nehrung und hat dort wahrhaft glänzende Resultate erzielt,
aber leider bisher nicht veröffentlicht. Gegenwärtig stehe ich
im Begriffe, gemeinschaftlich mit Lindner eine ausführliche
Ornis der Nehrung zu verfassen. Nach ihm waren die Herren
Thiermaler Krüger und Apotheker Zimmermann daselbst ornithologisch thätig, haben es aber bedauerlicherweise unterlassen
ihre Beobachtungen zu publicieren, so dass heutzutage in der
ornithologischen Literatur noch so gut wie gar nichts über die
interessante Vogelwelt der Kurischen Nehrung, dieser Zugstrasse
im eminenten Sinne des Wortes, bekannt geworden ist, zumal
es die früheren Forscher in Ostpreussen versäumt hatten, dieselbe
zu besuchen.

Es ist ein ganz eigenartiges Fleckchen Erde, diese Nehrung
mit ihren blendend gelbweissen nackten Dünenbergen, ihren
weitgestreckten, sandigen, nur von spärlichem Graswuchs mit
leidig umgekleideten Pallwen, ihren moos- und flechtenbe-
wachsenen, krüppeligen, von unserem stolzesten Hochwild, dem
Elch, bewohnten Kieferwäldern und ihrem Gewimmel vom
Strand-, Raub- und Kleinvögeln an günstigen Zugtagen. Lindner
nennt die Nehrung sehr bezeichnend und mit vollem Rechte
die „Preussische Wüste", und in der That, in die Wüste könnte
man sich versetzt wähnen, wenn man auf den kleinen, struppigen
und unansehnlichen, aber flinken und ausdauernden litthauischen
Pferdchen über die kahle Pallwe trabt. Rings umher zeigt sich
nichts als Sand, Sand in allen Farben und Formationen, Sand
in den wechselndsten, anziehendsten und mannigfaltigsten Be-
leuchtungen und Schattierungen, in der Form grotesker und
bizarrer Wanderdünen oder in der des tückischen Triebsandes
an deren Fusse. Dazu der im Herbst wochenlang ungetrübt
bleibende, rein blaue Himmel, dazu das blendende alles durch-
zitternde Sonnenlicht und die ungemein klare, einen weiten
Fernblick gestattende, alles in den schärfsten Umrissen ab-
zeichnende Luft! Einer Oase vergleichbar liegt in dieser Einöde

das Dörfchen Rositten, welches ich zu meinem Standquartier gewählt hatte. Ein weitgereister Herr aus Königsberg verglich den Eindruck, den er hier empfieng, mit dem von Damaskus. Freilich ist Rositten nur ein unansehnliches Dorf, aber dem Ornithologen wird es bald lieb und wert, denn unmittelbar hinter ihm liegt ein ausgedehnter Bruch mit überraschend reichem Vogelleben, und am See- wie noch mehr am Haffstrande finden wir die zierlichsten und anziehendsten unserer Strandvögel in oft sehr erheblicher Menge. Erklettern wir einen der Dünenberge, so belohnt uns eine geradezu entzückende Aussicht, in welchen der Nehrungscharakter so recht zum Ausdrucke kommt. Vor uns Teiche, Wiesen, Wälder, Felder, Pallwen in bunter, gefälliger Abwechslung; hier das trübe, ruhige, von Möven umflatterte, von Fischerbooten belebte Haff, dort die mit wogender Brandung ans Ufer schlagende, malachitgrüne, weisskämmige, unbelebte, majestätische See und dazwischen, so weit das Auge reicht, Sand und Dünen, wellige und bizzare Berge oder weitgedehnte, nur von der einsamen und ganz zu diesem melancholischen Bilde passenden Telegraphenleitung durchzogene Pallwen; alles dies blendend beleuchtet, todt, ohne Leben, eine menschenleere Einöde, wie vielleicht keine zweite in Deutschland zu finden, und doch so eigenartig, so voller Reize, so lockend und anziehend durch ihre Vogelwelt.

Es wäre zu verwundern, wenn eine so eigenthümliche Landschaft nicht auch ihren gefiederten Bewohnern im Laufe der Zeiten einen unverkennbaren und unauslöschlichen Stempel aufgedrückt hätte, und in der That vermochte ich eine ganze Reihe von hochinteressanten localen Anpassungserscheinungen im Federkleide wie ganz besonders in den Lebensgewohnheiten der dortigen Vögel aufzufinden. Da es mir aber während meines siebenwöchentlichen Aufenthaltes auf der Nehrung vollständig an literarischen Hilfsmitteln wie an Vergleichsmaterial fehlte, so kann ich es natürlich nicht jetzt schon wagen, näher auf diese Dinge einzugehen, sondern muss mir vorbehalten, ein andermal ausführlicher darauf zurückzukommen. Insbesondere möchte ich vorher meine Beobachtungen auf der Nehrung durch weitere zur Brutzeit anzustellende ergänzen, da es ein heikles Unternehmen wäre, nur die Herbstvögel derartigen Studien zugrunde legen zu wollen.

1*

An Brutvögeln ist die Nehrung übrigens keineswegs besonders reich, und ich kann um so weniger darüber berichten, als es mir selbst ja noch nicht vergönnt war, zur Brutperiode daselbst zu verweilen. Alles Leben concentrirt sich dann an dem Bruch, auf welchem hunderte von Lachmöven nisten, dazwischen in buntem Gewimmel Seeschwalben, Enten und Taucher, Sumpf- und Wasserhühner. Nur auf zwei der dortigen Brutvögel möchte ich besonders aufmerksam machen, da sie zu den Perlen der deutschen Ornis zählen: den Karmingimpel (*Carpodacus erythrinus*) und die Zwergmöve (*Larus minutus*). Beide wurden durch Lindner constatirt — letztere wenigstens mit sehr grosser Wahrscheinlichkeit — und beide sind, wie es scheint, in erfreulicher Zunahme begriffen. Die Karmingimpel verschwanden leider schon Mitte August, und ich erhielt nur noch einen alten zurückgebliebenen Invaliden, der, wahrscheinlich durch Lindner, schon im Vorjahre ein Bein verloren hatte. Sie leben im Hochsommer sehr versteckt, fast wie Rohrsänger, und kommen nur auf kurze Augenblicke im Gewirr der Sträucher zum Vorschein. Die Beobachtung des sich durch seinen weichen laubsängerartigen Lockton[1] dem Ohr des Kundigen weithin verrathenden Vogels ist deshalb eine höchst schwierige. Im Frühsommer verhält er sich dagegen nach brieflichen Mittheilungen Lindners ganz anders. Die Zwergmöve erkennt man

---

[1] Herr Krüger, der den *Carpodacus* jahrelang auf das eingehendste beobachtet hat und stets einige Exemplare im Zimmer hält, stimmt mit mir durchaus darin überein, dass derselbe ein längeres anmuthiges Lied zum Vortrage bringt und sich seine Sangeskunst nicht bloss auf einen kurzen Pfiff beschränkt, wie neuerdigs Herr Hartert behauptet hat (Ornith. Monatsschrift, Bd. XVIII., p. 11—16.). Ich brachte von der Nehrung ein lebendes Pärchen mit, welches ich in meine Vogelstube setzte; dieselbe beherbergte zu dieser Zeit ausser einigen gewöhnlichen Prachtfinkenarten keine anderen Singvögel. Herr Kleinschmidt besuchte in meiner Abwesenheit die Vogelstube und frug mich nachher ganz entzückt, was das für ein herrlicher, lauter drosselartiger Gesang gewesen wäre, den er dort gehört hätte. Das Karmingimpelmännchen hatte nämlich bald nach seiner Ankunft mit seinem schönen, zusammenhängenden Gesange begonnen und erfreut mich noch jetzt beinahe täglich mit demselben. Fast scheint es, als ob der Vogel zwei grundverschiedene Locktöne besässe; sonst wäre es mir unbegreiflich, wie Herr Hartert von dem „kurzen Lockton" reden kann, den man nur in der Nähe vernimmt. Der Ton, welchen ich hörte, ist sehr weich, langgezogen, halb laubsänger-, halb grünlingsartig, laut und weit vernehmbar und verräth noch am ehesten den versteckten Vogel.

auch unter den grössten und wild durcheinander schwirrenden Schwärmen der Lachmöve ausser an der geringeren Grösse stets leicht durch ihren fledermausartigen Gankelflug heraus. Wenn Gätke darin recht hat, dass der Hauptzug der osteuropäischen und westasiatischen Vögel in gerader ost-westlicher Richtung bis zur Ostküste Grossbrittaniens gehe und dann erst mehr oder minder rechtwinkelig nach Süden oder Südwesten umbiege, so müssen sich die seltenen Gäste, welche auf Helgoland verhältnissmässig häufig vorkommen, nach und nach auch auf günstig gelegenen Punkten des zwischenliegenden Landes nachweisen lassen. Hier ist es meiner Meinung nach neben der dänischen Insel Bornholm in erster Linie wieder die Kurische Nehrung, welche für uns in Betracht kommt. Und wirklich vermochte ich trotz der Kürze meines Aufenthaltes bereits festzustellen, dass manche sonst nur selten in Deutschland vorkommenden Species dort in beträchtlicher Menge durchziehen, so z. B. der rothkehlige Pieper (*Anthus cervinus*). Daneben hat aber die Nehrung auch eine Anzahl regelmässiger Passanten aufzuweisen, deren Zugrichtung im Gegensatze zu den vorigen eine streng nord-südliche zu sein scheint, und die deshalb in Helgoland zu den Raritäten zählen. Hierher gehören z. B. der Regenbrachvogel (*Numenius phaeopus*), der schmalschnäblige Wassertreter (*Phalaropus lobatus*) und manche andere. Schwerer zu erklären ist das oft recht häufige Vorkommen südlicher und südöstlicher Arten: so schoss Herr Zimmermann im vorigen Herbste einen dünnschnäbligen Brachvogel (*Numenius tenuirostris*), und in diesem Jahre war während des ganzen September der Rothfussfalke (*Falco vespertinus*) eine gewöhnliche Erscheinung, so dass wir mehrere zu erlegen vermochten.

Viel deutlicher und frappanter als im Binnenlande lässt ich auf der schmalen, von den Winden umtosten Nehrung der Einfluss der Witterungsverhältnisse auf den Vogelzug beobachten. Oft, wenn die Südwestwinde längere Zeit angehalten hatten, gieng ich tagelang vergeblich hinaus an den Strand, an den Bruch; umsonst durchsuchte mein spähendes Auge das Röhricht und Schilf, umsonst die noch am Tage vorher von Bachstelzen, Piepern, Lerchen und Braunkehlchen wimmelnden Bohnen- und Kartoffeläcker, umsonst folgte es bewaffnet dem sonst wohl von allerlei Vögeln als bequemen Ruhepunkt benutzten Tele-

graphendraht, umsonst allen Klüften und Verstecken der Düne,
allen Biegungen und Vorsprüngen des Strandes: nichts Lebendes
liess sich blicken. Verschwunden waren die schaukelnden Fluges
den Boden absuchenden Weihen, verschwunden die lärmenden
Scharen der Regenpfeifer, die Flüge zierlicher Tringen. Dann
aber brachte eine dunkle Nacht mit nordöstlichem Winde auf
einmal alle die gefiederten Lieblinge in immer sich erneuernden
Massen. Die sumpfigen Wiesen wimmelten nun wieder von
allerlei Schnepfengeflügel; am Seestrande giengen Sanderling
und Austernfischer ihrer Beschäftigung nach, am Bruche rief
und schrie es in allerlei bekannten und unbekannten Tönen:
Goldregenpfeifer standen auf den kleinen grasbewachsenen
Hügelchen der Pallwe, und Steinschmätzer, Kukuke und Rothfussfalken sassen in ungewöhnlicher Zutraulichkeit auf dem
Telegraphendrahte, alle mit den unverkennbaren Spuren eines
weit zurückgelegten Weges und grosser Ermattung an sich, —
kurz, dann war der Vogelzug wieder in vollem Gange und
wälzte sich in immer neuen, immer grösseren Wellen über die
Nehrung, bis darauf abermals eine Periode des Stauens, des
Verringerns, des Verschwindens dieser Massen eintrat. Und
wie unvergesslich werden mir für mein ganzes Leben jene
herrlichen, mondhellen Herbstnächte sein, wo ich allein vom
nächsten Fischerdorfe über die Pallwen und die im Halbdunkel
schier gespenstisch erscheinenden Dünenberge zurückritt und
mit wunderbaren Gefühlen aufschaute zu dem sternbesäeten
Himmel, unter dem in unberechenbarer Höhe sie alle stürmischen
Fluges dahinzogen, deren wohlbekannte Stimmen, Rufe und
Pfiffe hinabdrangen zu dem einsamen Reiter und ihn mit einem
eigenartigen Wonnegefühl erfüllten, mit einem gewissen Stolze
darüber, dass er die hoch oben im Luftmeer mit rasender Eile
auf stählernen Schwingen dahin ziehenden Wanderer doch zu
erkennen, dass er jeden einzelnen so klar und deutlich im
Geiste vor sich zu sehen vermochte. Aber unaufhaltsam wälzte
sich der Zug weiter, kein Vogel machte halt, keiner kam herab,
jeder strebte so schnell als möglich vorwärts zu kommen. In
solchen Augenblicken erkannte ich so recht die Wahrheit des
Gätke'schen Ausspruches, wonach der eigentliche Vogelzug ausserhalb aller menschlichen Wahrnehmung liegt; was wir von demselben
zu sehen bekommen, sind nur seine Störungen und Unregel-

mässigkeiten. Nur bei trüben regnerischem Wetter und besonders nach recht dunklen, wo möglich nebligen Nächten hatte ich Aussicht, reichere Beute zu machen.

Nach diesen allgemeinen Erörterungen möchte ich bitten, mich im Geiste auf einer der dortigen Excursionen zu begleiten. Es ist Sonntag, und die ganze haute volée Rositlons gibt uns deshalb theils zu Wagen, theils zu Pferde das Geleite, obschon der Himmel ein gar bedenkliches Gesicht zeigt und von Zeit zu Zeit feine Regenschauer herniedersendet. Unter munteren Scherzen und Gesprächen galoppiert die ganze sich höchst malerisch ausnehmende Cavalcade zum Dorfe hinaus. Gleich hinter demselben treffen wir auf der Pallwe die zierlichsten aller Sumpfvögel, meine ganz besonderen Lieblinge, die reizenden Tringen, welche vor allen anderen zur Belebung des Strandes, namentlich auf der Haffseite, beitragen. Wie oft lag ich dort im Sande und schaute mit immer erneutem Vergnügen, mit stets sich steigender Freude durch dem Krimstecher oder das Fernrohr ihrem harmlosen, geschäftigen Treiben, ihrem munteren Thun und Lassen zu! Stillstehen und Müssiggang scheint diesem Thierchen überhaupt unbekannt zu sein. Ununterbrochen sind sie in Bewegung, fortwährend eifrig auf der Nahrungssuche, bald friedlich um einander herum trippelnd, bald wieder neckisch gegen einander anfliegend. Fortwährend verändert sich auf diese Weise das Bild vor uns wie die wechselnden Figuren im Kaleidoskop. In ihrer Geschäftigkeit scheinen die Vögelchen alles andere vergessen zu haben und lassen sich ruhig bis auf zehn Schritte anreiten, um dann erst in dicht gedrängtem Fluge sich zu erheben und dem nächsten feuchten Rasenplätzchen zuzueilen. Die Schwärme setzten sich meist aus dem Alpenstrandläufer (*Tringa alpina*) und dem bogenschnäbligen Strandläufer (*Tringa subarcuata*) zusammen, dazwischen befinden sich noch einzelne Zwergstrandläufer (*Tringa minuta*) und noch seltener ein graues Strandläuferchen (*Tringa temmincki*). — Auch der isländische Strandläufer (*Tringa islandica*) zog in den letzten Tagen des August in kleinen Gesellschaften von 2—4 Stück ziemlich häufig durch oder führte auch wohl einzeln eine Schar seiner kleineren Gattungsverwandten. Den Seestrandläufer (*Tringa maritima*) dagegen habe ich nie gesehen. Was den isländischen Strandläufer anbetrifft, so war er wohl der zu-

traulichste von allen; theilweise war diesen Vögeln wohl auch
die Wirkung des Gewehres noch unbekannt. Die kleinen Tringen
sind ebenfalls sehr zuthunliche Geschöpfe, aber ihre Zutraulichkeit
verwandelt sich rasch in unbegrenzte Scheue, sobald sie erst
einen *Machetes*, *Totanus* oder *Charadrius* zum Führer angenommen und dessen ewig wachendes Misstrauen auch sich zu
eigen gemacht haben. Bei dieser Gelegenheit kann ich es nicht
unterlassen, auf die kleinen Strandläuferarten als höchst em-
pfehlenswerte und in jeder Hinsicht ansprechende Käfigvögel
aufmerksam zu machen. Bei entsprechender und vom Hofrath
Liebe ja schon so musterhaft vorgeschriebener Pflege gewöhnen
sie sich rasch und dauernd ein und gewähren ihrem Besitzer
so viel Genuss und Vergnügen, wie man von einem nicht
singenden Stubenvogel überhaupt nur verlangen kann. Die
kleinen Sumpfvögel werden in dieser Hinsicht noch viel zu
wenig gewürdigt.

Doch wir haben über der Beobachtung der Tringen ganz
unsere Rossittener Freunde vergessen und müssen uns beeilen,
dieselben wieder einzuholen. Der Ritt durch den Wald, so
genussreich er an und für sich ist, bietet ornithologisch nur
wenig Bemerkenswertes, sei es, dass ein Bussard oder Schreiadler aufgescheucht wird und ein paar wilde Tauben flüchtig
den Weg kreuzen, sei es dass das Geschnicker des Roth-
kelchens aus dem Gebüsch erschallt oder Würger und Fliegen-
fänger sich die höchsten Zweige desselben zur Warte auser-
koren haben. Jetzt aber wird der Wald lichter und immer
krüppeliger, blendend beleuchtete Dünen schimmern im Hinter-
grunde, die Pferde fangen an, auf dem sandigen Boden lang-
samer zu gehen. Das Rauschen des Meeres dringt deutlich
vernehmbar zu uns herüber, das Gebüsch verschwindet, spärlicher
Graswuchs beginnt, wir sind auf der Pallwe. Nur die Telegraphenleitung bietet hier den Vögeln erhöhte Ruhe- und Späheplätze
und sie wird deshalb auch in ausgiebigstem Masse dazu benützt.
Steinschmätzer sitzen in gros er Zahl auf dem einzigen Drahte;
ich zählte bisweilen ein Dutzend zwischen zwei benachbarten
Stangen. Dazwischen sehen wir Wiesenschmätzer, graue Fliegen-
schnäpper, Rauch- und Uferschwalben, hier und da auch Kukuke,
die sich auf der Nehrung durch auffallende Zutraulichkeit auszeichnen, und zuweilen einen kleinen Falken. Letztere nehmen

sich ganz komisch aus, und selbst der zierliche Rothfussfalk
gewährt auf dem Telegraphendrahte einen sonderbar plumpen
und unbeholfenen Anblick. Auch einen rothkehligen Pieper
(*Anthus cervinus*) schoss ich einmal vom Telegraphendrahte
herunter. Oben in der Luft aber, in unerreichbarer Höhe, zieht
mit majestätischer, imponierender Ruhe ein mächtiger Seeadler
seine gewaltigen Kreise, den der weithin leuchtende, blendend
weisse Stoss als einen uralten, prächtigen Burschen zu erkennen
gibt, wie ich ihn so schön weder lebend, noch ausgestopft je
gesehen. Auch am Boden herrscht reges Leben. Erschreckt erheben sich Stare, Lerchen, Pieper und Bachstelzen vor den
nahenden Pferdhufen, um nach kurzem Fluge wieder einzu-
fallen und die so jählings unterbrochene Nahrungssuche mit
erneutem Eifer aufzunehmen. Auf den kleinen Hügelchen der
Pallwe stehen einzelne Goldregenpfeifer, die Brust dem Winde
zugekehrt, die dicken, charakteristischen Köpfe argwöhnisch nach
uns herumbiegend. Noch scheuer als sie, ist ein gleichfalls auf
der Wiese herumtrippelnder Trupp Kiebitzregenpfeifer, der laut
rufend schon auf grosse Entfernung vor uns aufgeht und bald
auch die übrigen Strandvögel nach sich zieht. Wir hören unter
ihnen die rostrothe Uferschnepfe (*Limosa rufa*) und den Regenbrachvogel (*Numenius phaeopus*). Ueber dem Meere ziehen kleine
Flüge der Heeringsmöve (*Larus fusus*); lärmend flieht der schöne
Austernfischer (*Haematopus ostrilegus*). Am Strande trippelt
zierlich der schmucke Sanderling (*Calidris arenaria*) und der
Uferläufer (*Actitis hypoleucus*), ein alter Bekannter aus dem
Binnenlande. An einer halb ausgetrockneten Lache treibt sich
wieder eine gemischte Schar Tringen herum, auf die ein
sausenden Fluges dicht über den Boden streichender und erst
kurz vor seinen vor Schreck im ersten Momente schier ver-
steinerten Opfern sich urplötzlich in die Höhe werfender
Wanderfalk (*Falco peregrinus*) erfolgreiche Jagd macht. Der
Lärm, den unsere lustige Cavalcade verursacht, scheucht übrigens
bald die meisten Vogelarten aus dem Gesichtskreis. Immer
stiller wird es um uns herum, immer einsamer, immer todter;
die Landschaft nimmt allmählig den eigenartigen Wüsten-
charakter an, und immer mehr gleicht sie einem Kirchhof der
Natur. Und die ernsten Gedanken, welche die unwillkürlich
immer schweigsamer werdenden Reiter und Insassen des Wagens

beschleichen, sie erhalten neue Nahrung, als jetzt der vom
Winde entblösste und wieder aufgedeckte Friedhof eines von
den Wanderdünen verschütteten Dorfes sichtbar wird. Ueberall
liegen zahlreiche verwitterte Schädel, Arm- und Bein-, Schulter-
und Beckenknochen zerstreut, und zwischen ihnen reiten wir
mühselig in dem tiefen Sande herum, gewiss einen eigenartigen
Anblick darbietend in dieser wilden, menschenverlassenen,
todten Einöde. Dann geht es langsam weiter, bis endlich
mitten auf dem kahlen Sande an einem geeignet erscheinenden
Platze halt gemacht wird. Während die Damen alle Vorbereitungen zum Picknick treffen, ergreifen die Ornithologen
unter uns ihre Gewehre, um die nächste Umgebung zu durch-
streifen und nach Vögeln abzusuchen. Aber nichts Lebendes
lässt sich blicken in dieser Wüstenei und erfolglos kehren wir
bald wieder zurück an den Halteplatz, wo sich alles ermüdet
in den Sand wirft. Doch schon brodelt der Kaffee über dem
lodernden Feuer und regt bald im Vereine mit einem schmack-
haften Imbiss und einem vorangegangenen Schnaps die Lebens-
geister von neuem an. Auch die Pferde haben inzwischen aus-
geruht, und in der fröhlichsten, bald bis zur Ausgelassenheit
gesteigerten Stimmung wird der Heimweg angetreten. Im Galopp
jagt jetzt der Wagen über die Pallwe, umringt von den mit
jauchzenden Zurufen ihre Pferde antreibenden Reitern. Es ist
ein malerisches Bild, eine wilde Jagd, an die südrussischen
Steppen gemahnend. Wir kommen noch einmal an ein paar
kleine Lachen und halten die Pferde an, um möglicherweise
noch einen Vogel zu schiessen.

Mir passierte bei der Excursion, die ich hier im Auge habe,
ein fatales Missgeschick. Auf einer kaum stubengrossen Lache
schwamm ein kleines, mir unbekanntes Vögelchen. Während
Herr Zimmermann vom Wagen steigt und sich von der einen
Seite anschleicht, beobachte ich selbst auf der anderen Seite
mit dem Krimstecher den sonderbaren Schwimmer. Schon greife
auch ich nach dem Gewehr, da ein ängstliches Schnaufen und
Aufbäumen meiner kleinen Fuchsstute, ein verzweifeltes
Stampfen und im Nu liegt dieselbe bis über den Bauch in dem
tückischen Triebsand. Im selben Augenblicke fällt der Schuss,
und während ich aus dem Sattel springe und dem durch die
Detonation scheu gewordenen und dadurch zu nochmaliger

Kraftanstrengung angetriebenen Pferd auf festen Boden hinüber-
helfe und das zitternde Thier zu beruhigen suche, bringt mein
Concurrent Zimmermann triumphierend den erlegten Vogel, einen
prächtigen Wassertreter (*Phalaropus hyperboreus*), den ersten,
den ich lebend gesehen. Das nennt man Ornithologenpech!

Doch wir müssen weiter, denn schon neigt sich der Tag
zu Ende. Eben sendet die Sonne ihre letzten Strahlen über die
Seedüne. Wir biegen ab und reiten die Düne hinauf. Welch'
ein Bild! Vor uns das vom Westwind gepeitschte und brausend
an's Gestade schlagende Meer in seiner ganzen grossartigen
Majestät, neben und um uns die kahle Düne, deren Sand-
körnchen uns prickelnd ins Gesicht schlugen, über uns der
klare blaue Himmel und dort drüben am Horizont der eben
versinkende, noch einmal all seine Schönheit zeigende, glühende,
leuchtende, alles vergoldende Sonnenball, dessen letzte Strahlen
zitternd über die Wogen gleiten und deren weissschäumige
Kämme mit den wundervollsten Farbentönen von unendlicher
Zartheit überhauchen. Die fernen Wolken am Horizonte zeigen
dieselben Farben in schier unglaublichen Abstufungen und Ueber-
gängen, dasselbe Feuer, dieselbe Schönheit, dieselbe Glut. Langsam
senkt sich die Dämmerung hernieder, aus der Höhe erklingt der
heisere Schrei einer ihrem Schlafplatze zuziehenden Möve. In
uns versunken halten wir noch immer auf der einsamen Höhe,
mit wunderbaren Gefühlen im Herzen, an vergangenes und
zukünftiges gedenkend, die Grossartigkeit der Natur anstaunend
und bewundernd, und ein heiliger Schauer durchzittert unsere
Brust. Langsam wenden wir das bereits ungeduldig werdende
Pferd, und unwillkürlich gleiten die alten, unsterblichen Verse
aus der Frithjofsage über unsere Lippen:

„Mitternachtssonne auf den Bergen lag,
Blutroth anzuschaun,
Es war nicht Nacht, es war nicht Tag,
Es war ein eigen Graun."

Ornithologische Bruchstücke aus dem Gebiete der unteren Donau.

Von Dr. LUDWIG von LORENZ-LIBURNAU.

Die ornithologischen Wahrnehmungen, welche ich im folgenden mittheile, wurden während eines Jagdausfluges gemacht, den ich in Gesellschaft von noch drei Herren im vergangenen Frühjahre (1892) nach der unteren Donau zu unternehmen Gelegenheit hatte. Der Umstand, dass dieser Ausflug zunächst kein rein wissenschaftliches Unternehmen war, sondern hauptsächlich die Jagd auf Reiher bezweckte, mag das fragmentarische der meisten Beobachtungen erklären, die aber immerhin eine beiläufige Vorstellung über die gegenwärtigen ornithologischen Verhältnisse längs eines beträchtlichen Theiles der Donau geben, welche festgestellt zu werden verdienen, da sie ja einem steten Wechsel unterworfen sind und wie dieselben im Vergleiche zu den letzten Decennien andere geworden, auch in nicht ferner Zukunft ein neuerlich verändertes Bild gewähren dürften.

Ich vermeide es, irgend welche nicht ganz sicher erkannte Arten anzuführen, und somit erscheinen namentlich die kleinen Vögel, welche nach der Stimme oder aus grösserer Entfernung mit dem Auge bestimmt zu erkennen mir die Uebung fehlt und welche sonst näher zu verfolgen oder zu erlegen die Umstände nicht gestatteten, nur mangelhaft behandelt.

Die einzelnen Arten werden hier mit den auf sie bezüglichen Daten in systematischer Folge aufgezählt und verweise ich, was die genauere Schilderung der von ihnen bewohnten Gebiete betrifft, auf den in den Annalen[1]) des k. k. naturhistorischen Hofmuseums erschienenen Reisebericht. An dieser Stelle mag bloss die kurze Anführung der Hauptmomente der Reise gegeben werden. Dieselbe wurde mit Segelboot am 13. Mai d. J. von Apatin aus angetreten, nachdem ich den Tag vorher einen kurzen Besuch in den als „Ried" bezeichneten Aulande von Petros, einem Reviere der ausgedehnten Domänen von Bellye und Dárda[2]) gemacht hatte. Ohne irgend welch' längere Unterbrechung wurden meist segelnd am 7. Tage die

[1]) Bd. VII. 1892. Notizen. p. 135—148.
[2]) Vgl. Aug. v. Mojsisovics: „Zur Fauna von Bellye und Dárda" (Mitth. Naturw. Ver. f. Steierm., Jahrg. 1882.

Donauengen erreicht, wo oberhalb des ersten Kataraktes wegen
ungünstigen Windes einen Tag „gefeiert" werden musste. Am
20. Mai kamen wir nach Orsova, am 21. nach Turn-Severin. Der Vormittag des 24. Mai wurde der ersten Jagd auf
„verschiedenes" an einer Insel oberhalb Kalafat gewidmet.
Am 26. früh trafen wir eine kleine Reihercolonie auf
einer Insel oberhalb Lompálanka und erst am 27.
einen reichbesetzten typischen Reiherbrutplatz auf einer
Insel in der Nähe der rumänischen Stadt Bistrizul, wo
für 2 Tage Aufenthalt genommen wurde. Am 29. besuchten
wir vormittags zwischen Kozlodui und Rahovo (Bulgarien)
eine kleine Colonie von grauen Reihern und Kormoranen.
Der 30. Mai wurde einer Niederlassung verschiedener Reiherarten unterhalb Rahovo gewidmet. Am 1. Juni gewährte
eine Insel gegenüber der rumänischen Stadt Corobia für
einige Stunden Gelegenheit, wieder auf diverse Reiher zu
jagen; daselbst soll es einst deren in bedeutender Zahl gegeben haben. Den 3. Juni wurde der zweite grössere Brutplatz während dieser Reise auf einer Insel bei Kalnavoda
angetroffen. Am 4. passierten wir Nicopol, oberhalb welcher
bulgarischen Stadt an den steilen Uferwänden *Neophron percnopterus* L. und *Tadorna tadorna* L. hausen. Der 5. Juni
brachte uns wieder zu zwei reich bevölkerten Nistplätzen auf
zwei benachbarten Inseln oberhalb der rumänischen Stadt
Zimnitza (gegenüber Sistov). Dies waren die letzten Brutstätten gewesen, wo wir die Reiher auf Inseln in den Weidenbäumen und Sträuchern nistend trafen.

Nach weiterer viertägiger Fahrt landeten wir am bulgarischen Ufer, um den nächst dem Orte Sreberna gelegenen
See zu besuchen, in dessen mächtigen Rohrbeständen zwar
unzählige Vögel, namentlich viele Sichler und Löffler, sowie
einige Pelikane ihre Brutstätten hatten, wo aber wegen der
Undurchdringlichkeit des Röhrichts auf eine erfolgreiche Be-
jagung derselben verzichtet werden musste. Aehnlich verhielt
es sich an dem am 12. Juni befahrenen See von Rasova
(Balto faesa) in der Dobrudscha; daselbst war jedoch die
Zahl der Vögel wieder eine weit geringere. Am Abend des
letztgenannten Tages erreichte die Excursion Cernavoda, wo
sich die Gesellschaft auflöste. Ich machte von da noch einen

Abstecher per Bahn an das Gestade des schwarzen Meeres nach Küstendsche (Constanta) und eine Fahrt per Dampfer bis nach Galaz, auf welch' letztere ich gegenüber der Station Gura Jalomnitza in den Weiden und kurz oberhalb und gegenüber von Braila im Röhricht die Anzeichen für das Vorhandensein grösserer Mengen von brütenden Reihern beobachtet und trat hierauf die Rückreise an. Diese erfuhr noch eine Unterbrechung für einige Tage bei den Inseln oberhalb Zimnitza, wo ich mit einem der Reisegenossen noch die vorerwähnten Reiherplätze besuchte und endete schliesslich nach einem eintägigen Aufenthalt in Bazias am 28. Juni.

So sehr es mich interessierte und befriedigte, in die Ornis der unteren Donaugegenden einen Einblick zu gewinnen und speciell das Leben und Treiben der Reiher auf ihren Brut- und Futterplätzen aus eigener Anschauungen kennen zu lernen, so war ich doch andererseits etwas über die relative Vogelarmut dieses Gebietes überrascht.

Allerdings war alles in allem viel zu sehen gewesen, aber es ist dabei doch in Erwägung zu ziehen, dass dies auf weite Strecken vertheilt war und oft mehrere Tage gefahren werden musste, bis man wieder zu einer grösseren Zahl von Reihern kam. Auf der ganzen langen Fahrt zwischen Turn-Severin und Cernavoda wurden schliesslich doch nur drei reicher bevölkerte Reiher-Brutplätze auf den Inseln und ein solcher am See von Sreberna angetroffen, und auch hier stand der Reichthum an Individuen gegen andere Jahre zurück, während manche sonst gut besetzte Plätze ganz leer waren, wie ich aus den Mittheilungen unseres Jagdleiters und der uns begleitenden Mannschaft, die schon seit zwanzig Jahren ähnliche Excursionen unternehmen, erfuhr.

Nicht allein in dem oft massenhaften Abschuss der Reiher, sondern auch in der immer mehr um sich greifenden Cultur sind die Gründe für die bisherige Verminderung des Vogellebens gelegen, welches wohl bald noch weiter schwinden wird, wenn nicht im Interesse der Wissenschaft, demselben noch rechtzeitig einiger Schutz gewährt wird.

In der Hoffnung, dass es mir ein anderes Mal möglich sein wird, ergänzende Daten nachzutragen, zähle ich nun die Vögel auf, über welche ich einiges zu sagen in der Lage bin.

Vulturidae.

Von Geiern habe ich *Vultur fulvus L.* in mehreren Exemplaren im Donauengpasse oberhalb Orsova fliegen gesehen, auch zeigten sich an den linksseitigen Felswänden im Beginne des Passes die für das Vorhandensein von Horsten sprechenden weissen Spuren. Vor wenigen Jahren gab es der Geier und deren Horste in viel grösserer Anzahl. Bei Bazias erschienen bis vor kurzem diese Vögel noch häufig und haben mehrere meiner Bekannten, solche bei ausgelegtem Aase erlegen können; gegenwärtig bleibt dieser Köder ziemlich unbeachtet. — Ausser einzelnen hoch in den Lüften kreisenden Exemplaren dieser Art kam mir im Verlaufe der Reise eine grössere Schar von solchen an der steilen Strecke des bulgarischen Ufers oberhalb Kozlodui unter, die sich an zwei grossen Aesern gütlich gethan hatte.

Vultur monachus L. wurde nirgends mit Sicherheit erkannt, obwohl einigemale grosse Vögel von der Ferne für diese Art gehalten wurden. Die Art kam vor einigen Jahren auch bei Bazias vor und ich sah sie bei Orsova.

Dagegen wurde *Neophron percnopterus L.* an dem rechtsseitigen Felsenufer oberhalb Nicopolis in mehreren Exemplaren brütend angetroffen.

Falconidae.

Milvus milvus L. war bei Bazias und weiter abwärts vereinzelt zu sehen, immer in der Nähe von bewaldeten Bergen. Dagegen zeigte sich fast täglich und oft auf einmal zu zehn und mehr Stück *Milvus korschun* Gm. (M. ater) von Petres bis unterhalb Cernavoda, u. zw. meist bei den mit älteren Weiden bestandenen Inseln. Unterhalb Cernavoda sah ich ihn auch in grösserer Anzahl an der Berglehne ein Aas umkreisen; es ist dies wohl der häufigste Raubvogel des Donaugebietes.

Nächst ihm war am öftesten *Falco tinnunculus L.* zu sehen, und zwar nistete derselbe sowohl gleich dem vorgenannten in den alten Bäumen auf den Inseln, als auch an der rechtsseitigen Stromseite in den hohen lehmigen oder felsigen Uferbrüchen in den sich dort darbietenden Nischen, Spalten oder Löchern. — *Falco subbuteo L.* in einem Exemplar bei Bazias. — Es fiel den Leuten auf, dass sich der sonst ziemlich häufige *Falco vespertinus L.* heuer nicht sehen liess. — *Falco lanarius Pall.* auf

einer Insel zwischen Widin und Lompalanka, dann in einer
Reihercolonie am rechten Ufer unterhalb Rahovo auf einer
grossen Weide zwischen zahlreichen Reihernestern und ein
drittesmal auf einer Insel oberhalb Corabia nistend getroffen:
das erstemal in einem verlassenen Adlerhorste. — In ähnlicher Weise hatte auf einer Insel oberhalb Bazias ein *Astur
palumbarius* L. sich in einem Horste bequem gemacht, der im
Vorjahre von einem Kaiseradler besetzt war. — *Pandion haliaëtus* L.
fiel durch seine Seltenheit auf: ich erinnere mich, nur bei Petres
einen gesehen zu haben.

Aquila maculata Gm. (*A. naevia*) bei Bazias am Horste;
im Beginne der Donauengpasses oberhalb Drenkova mehrere
kreisend, ein Exemplar daselbst erlegt: ein anderes kam oberhalb Turtukoi auf einer Insel zu Schuss. — Von *Aquila clanga
Pall.* wurde ein Stück in der Reihercolonie auf der Insel bei
Bistrizul (oberhalb Cibor Polanka) erlegt. — *Aquila melanaëtus*
L. (*A. imperialis*) traf ich horstend auf einer Insel unterhalb
Belgrad; auf einer Insel oberhalb Bazias wurden im Vorjahre
zwei und heuer bei Bazias selbst, im Walde zwei andere
Kaiseradler von einem Bekannten bei den Horsten zu Falle
gebracht; ein solcher Adler wurde auf unserer Fahrt nur noch
bei Cernavoda an einer Berglehne streichend gesehen, wahrscheinlich auf der Jagd nach den dort zahlreichen Erdzieseln,
— *Haliaëtus albicilla* L. war fast täglich, wenn auch nicht
zahlreich, zu sehen; er findet sich häufig bei Petres; bei Bazias hat er in den Wäldern bis zum Vorjahre gebrütet; von
Orsova bis Turtukai täglich ein oder der andere streichend,
am Ufer sitzend oder auf eine mächtige Pappel aufgebäumt;
von da an bis unterhalb Cernavoda noch etwas häufiger, oft
auch paarweise die Alten und auf hohen Bäumen in Mitte
grösserer Weidenbestände die Horste mit Jungen.

Circus aeruginosus L. Vereinzelt überall auf sumpfigem
Gebiete, sowohl auf den Inseln, bei den Reiherbrutplätzen, als
an den Balten (bei Zimnitza) und im Röhricht der Seen von
Sreberna und Rosova.

Strigidae.

Syrnium aluco L. Auf einer Insel oberhalb Kalafat. —
Bubo bubo L. an den steilen Lehm- und Felsenwänden vereinzelt horstend, so dieses Mal an dem hohen Uferbruche des

syrmischen Plateaus zwischen Slankamen und Semlin, dann
an der Uferstelle, wo die vielen Fahlgeier unterhalb Rahovo
beobachtet wurden; ein Exemplar warde auf einer Insel unterhalb Widin erlegt. Früher regelmässig bei . Bazias nistend,
auch im Riedwalde von Petres brütend.

Cypselidae.

Micropus apus L. Zu hunderten in den alten Mauern und
Thürmen der serbischen Festung Semendria.

Hirundinidae.

Clivicola riparia L. Stellenweise auf der ganzen durch-
fahrenen Strecke, sowohl an den niedrigen Uferbrüchen, als an
den hohen Lehmwänden in wechselnden Mengen brütend.

Cuculidae.

Cuculus canorus L. In mir bisher unbekannter Anzahl im
ganzen durchreisten Donaugebiete: die Riedwälder von Petres
und die Inseln und Ufer von da bis Cernavoda, namentlich
insoferne dieselben mit älteren Bäumen bewachsen waren, er-
schollen allenthaben von den Rufen des Kukuks.

Meropidae.

Merops apiaster L. Kam uns von Bazias bis Cernavoda mit
zunehmender Häufigkeit stellenweise unter. Wir trafen ihn auf
den Inseln und an den Bäumen und Sträuchern der Ufer nach
Insecten jagend und brütend in den Löchern der hohen Lehm-
wände, insbesonders des rechten Ufers und der an demselben
ausmündenden Thäler, so namentlich bei Nicopolis, Sreberna,
Rasova und Cernavoda.

Coraciidae.

Coracias garrula L. Insbesondere auf theilweise gelichteten
Inseln mit überständigen alten hohlen Weiden, dann, ähnlich
der vorgenannten Art, an den Steilufern des Flusses und in
den Lehmschluchten, die sich von da landeinwärts ziehen,
hausend, nimmt dieser schöne Vogel gleichfalls gegen Osten
an Häufigkeit zu und ist auf der Strecke zwischen Cernavoda und Constanta besonders zahlreich.

Oriolidae.
Oriolus oriolus F. Die Goldamsel fand sich überall ver-

2

einzelt vor, namentlich auf älteren Inseln und in der Nähe von Weideplätzen.

Sturnidae.

Sturnus vulgaris L. Stare traf ich in alten Weidenbäumen auf einer Insel unterhalb Draneck brütend. Auf einer Insel bei Bistrizul und einer anderen unterhalb Koszlodui wimmelte es von denselben in den Weidenstauden; dies waren offenbar nach vollendeter Brut gebildete Gesellschaften.

Corvidae.

Colaeus monedula L. Brütet stellenweise an hohen Uferbrüchen und in Lehmschluchten sowohl an der Donau, als auch auf der Strecke zwischen Cernavoda und Constanta; besonders auffallend ist eine Brutstätte in den Löchern einer Lehmwand unterhalb Belgrad. — *Corvus corax* L. wurde nur wenigemale einzeln an ähnlichen Uferstellen wie die eben erwähnten gesehen. Im Forsthause von Petres trafen wir einen zahmen Kolkraben. — Häufig dagegen zeigte sich die Nebelkrähe, *Corvus cornix* L., auf der ganzen Strecke, aber auch nicht in grösserer Anzahl. — *Corvus frugilegus* an einzelnen Stellen in grossen Gesellschaften brütend.

Pica pica L. wurde oft in kleinen Gesellschaften getroffen; sie brütete in den Weiden.

Upupidae.

Der Wiedehopf, *Upupa epops* L., war häufig zu hören und zu sehen.

Paridae.

Von *Aegithalus pendulinus* L. wurden Nester in der Nähe des Brutplatzes unterhalb Rahovo und auf der Kolnavoda-Insel gefunden. — *Panurus biarmicus* L. sah ich im Röhricht des See's von Rasova.

Sylviidae.

Den eigentlichen Sängern habe ich bei dem Umstande, dass ich mich einer Jagdgesellschaft angeschlossen, die es auf grösseres Wild abgesehen hatte, gar keine besondere Aufmerksamkeit zu schenken Gelegenheit gehabt und deren fast keine gesammelt; auch sind mir die Stimmen derselben nur mangelhaft bekannt, daher ich über dieselben hier noch weniger sagen kann, als über die anderen Vögel. Nur im allgemeinen will ich hervorheben, dass die Zahl und Mannigfaltigkeit derselben im Reviere von Petres und auf den mit Hochwald b-standenen Inseln zwischen Belgrad und Bazias eine ungewöhnlich grosse war. Im Gebiete der Donauengen und auf der ganzen Strecke unterhalb derselben schien mir deren Zahl allmählig abzunehmen, obwohl auf der Bistrizul-Insel und in einem Weidenhochwalde unterhalb Giurgievo es deren auch noch beträchtlich viele gab. — *Erithacus luscinia* L, erfreute namentlich auf der Strecke ober Bazias überall in grosser Zahl durch ihren gemüthvollen Sang: auch auf einer Insel unweit Brzapalanka war sie massenhaft zu hören. Von da an aber hörte man sie seltener; dies hieng wohl vielleicht auch mit dem Fortschritte im Brutgeschäft zusammen und nicht mit einer thatsächlichen Abnahme dieses Vogels- — *Erithacus phoenicurus* L. machа ich überall durch seine Zutraulichkeit bemerkbar. Auf dert oberen Donaustrecke liess *Sylvia atricapilla* vielfach ihr Lied erschallen. Auch *Turdus merula* zeigte sich da öfters, namentlich bei Petres. Dort gab es auch vielerlei Rohrsänger, deren Stimmen ich in den unteren Gebieten mehr vermisste; selbst der Drosselrohrsänger, *Acrocephalus arundinaceus* L., war nicht häufig, auch nicht an den Seen von Sreberna und Rasova.

Auffallend war es mir, dass ich bei den doch zahlreichen Viehweiden keine Kuhstelzen (*Budytes*) sah.

In der Dobrudscha traf ich an den Lehmschluchten in nicht geringer Menge *Saxicola pleschanka* *Lepech* (S. *morio* H. & E.), welche Art für dieses Gebiet von *Alleon* constatiert wurde; ich hielt die Vögel zuerst für *Saxicola stapazina*, von der sie sich aber bei näherer Betrachtung alsbald durch den schwarzen Rücken unterschied. Ich erlangte davon ein altes und ein einjähriges Männchen und ein Weibchen — *Saxicola oenanthe* kam daselbst auch vor, aber in geringerer Menge.

Emberizidae.

Von Vertretern dieser Familie fiel mir das häufigere Vorkommen der *Emberiza calandra* L. an den Weideplätzen bei Zinnitza, Sreberna und Rasova auf. Den Rohrammer, *Emberiza schoeniclus*, habe ich in den unteren Gebieten auffallenderweise

2*

in keinem Rohrbestande der besuchten Seen zu Gesicht bekommen.

Fringillidae.

Passer montanus L. ist sowohl an den hohen Lehmwänden der Donauufer, insbesondere des rechten Ufers, als auf den grösseren mit älteren Bäumen bestandenen Inseln überall bis Cernavoda zahlreich und nistet dort in Erdlöchern, hier in hohlen Bäumen und zwischen dem Astwerk der Adlerhorste.

Columbidae.

Turtur turtur L. Bis zur Dobrudscha auf alten Inseln nistend.

Giareolidae.

Glareola pratincola L., sonst auf einer flachen Insel oberhalb Sistov brütend, war heuer daselbst nicht zu treffen, da die Insel unter Wasser stand.

Otidae.

Bei Corobia wurden am 1. Juni einige Stück von *Otis tarda* L. fliegen gesehen.

Gruidae.

Von *Grus grus* L. kamen Flüge bei Corobia, bei der Kalnavoda-Insel und bei Zimnitza zur Beobachtung.

Charadriidae.

Charadrius curonicus Gm. Unterhalb Sibar Polanka am Donauufen.

Ciconiidae.

Ciconia ciconia L. wurde unterhalb der Donauengen immer häufiger, wo es freie sumpfige Plätze gab; besonders zahlreich auf der Strecke zwischen Cernavoda und Constanta (am schwarzen Meere) auf den schilfgedeckten armseligen Lehmhäusern nistend, ebenso auf den Unterstandshütten der Viehhirten von Cernavoda abwärts bis Galaz. — *Ciconia nigra* L. auf einer Insel gegenüber von Pancsova (unterhalb Belgrad) und auf der sogenannten Toban-Insel zwischen Giurgievo und Turtukai.

Ibidae.

Platala leucerodia L. und *Plegadis falcinellus* L. fanden sich in den grösseren Reihercolonien stets gleichzeitig. Auf

den Inseln hatten die ersteren meist auf niedergedrückten
Weidenbüschen ihre umfangreichen Nester angebracht, während
die letzteren in die unteren Astgabeln der Bäume gebaut
hatten, deren oberen Partien oft von Reihernestern besetzt
waren. Die Sichler hatten am 27. Mai auf der Bistrizul-Insel
frischgelegte Eier, am 21. Juni auf der Insel gegenüber von
Zimnitza mehrere Tage alte Junge. Die Nester der Löffler enthielten auf der Bistrizul-Insel und im Röhricht der Seen frische
oder schwach bebrütete Eier, auf der Insel Katuovoc (3. Juni)
und bei Zimnitza noch sehr kleine gleichhaltige Vögel. Besonders massenhaft waren diese beiden Arten am See von
Sreberna vertreten, wo sie die anderen Vögel an Zahl merk-
lich übertrafen.

Ardeidae.

Ardea garzetta L. Stets in kleineren oder grösseren Gesellschaften mit einigen anderen Arten, insbesondere im nächsten
Anschlusse an die Schopfreiher, brütend; hatte Ende Mai noch
frische Eier, um den 20. Juni Junge im Alter von 1—2
Wochen.

Ardea alba L. brütete stellenweise ganz allein oder auch
nur vereinzelt zwischen den anderen Gattungsverwandten in
den Colonien und war in grösserer Anzahl im Röhricht des
Sees von Rasova vertreten. Am 26. Mai wurden bereits Junge
getroffen, die die Grösse eines Seidenreihers hatten.

Ardea purpurea L. wurde überall nur in geringer Zahl, meist
für sich brütend oder seltener im Anschlusse an andere Arten,
getroffen. Die am 25. Mai auf niedergedrückten Weidenstauden
angelegten Nester enthielten frischgelegte Eier. — *Ardea
cinerea* L. Eine grössere Gesellschaft dieser Art neben *Phalacrocorax carbo* L. in einem Walde zwischen Koszlodui und Rahovo;
sonst trafen wir diese Art zwischen anderen auf allen besuchten Brutplätzen, aber nie in überwiegender Anzahl. In der
zweiten Hälfte Mai waren die Jungen bereits ausgebrütet.

Ardea ralloides Scop Stets mehr oder weniger zahlreich
auf den Brutplätzen zusammen mit anderen Arten. Am 26. Mai
bot die Bistrizul-Insel noch kaum bebrütete Eier; am 3. Juni
auf der Calnovoda-Insel kürzlich ausgekrochene Junge; um den
20. Juni bei Zimnitza bereits ziemlich grosse Nestvögel, aber

noch nicht flügge. Ueberwiegend war die Zahl der Schopfreiher auf einem der Brutplätze oberhalb Zimnitza.

Ardetta minuta L. und *Botaurus stellaris* L. kamen uns
nicht zu Gesicht.

Nycticorax nycticorax L. Ueberall in Gesellschaft der anderen
Reiherarten brütend, zahlreicher auf den Inseln, als in den
Colonien der Seen von Sreberna und Rasova. Anfangs Juni
(auf der Calnavoda-Insel) waren die Jungen einige Tage alt.

Gallinulidae.

Fulica atra L. und *Gallinula chloropus* L. Einzeln überall,
namentlich bei stabilen Sümpfen und Lachen.

Scolopacidae.

Totanus ochropus L. und *T. hypoleucus* L. An der Balta
und am Donauufer bei Zimnitza.

Anatidae.

Von Enten wurden ausser der überall am häufigsten an-
betroffenen *Anas boscas* L., noch mit Sicherheit dort und da
constatirt:

Anas clypeata L., *A. strepera* L., *A. querquedula* L., *A.
crecca* L., *Fuligula ferina* L. und *F. nyroca*. Güld. — *Tadorna todorna* brütet oberhalb Nicopolis und vielleicht auch in
den Lehmbrüchen nächst dem See von Rasova.

Anser segetum L Auf der Bistrizul-Insel wahrscheinlich
brütend.

Colymbidae.

Colymbus cristatus L. mit Jungen am See von Sreberna;
C. nigricollis am See von Rasova.

Pelecanidae.

Pelecanus crispus Bruch. In circa 5 Paaren am See von
Sreberna, nach Bericht auch am See von Rasova im Röhricht
brütend. Sonst waren Pelikane von Rahovo an hie und da,
meist nur vereinzelt, zu sehen und fiel die geringe Zahl der
beobachteten Vögel im Gegensatze zu den Erzählungen über
deren sonst häufiges Vorkommen auf. — *P. onocrotalus* L. wurde
nicht mit Sicherheit constatiert, obwohl diese Art früher gleich
der vorstehenden zahlreich gewesen sein soll.

Phalacrocorax carbo L. trafen wir in grösseren Gesellschaften auf einer Insel unterhalb Widin (am 25. Mai noch

keine Jungen in den Nestern gehört) und neben grauen Reihern
am bulgarischen Ufer zwischen Koszlodui und Rahovo. Ausserdem zeigten sich einige in den gemischten Reihercolonien, namentlich auf der Bistrizal- und auf der Kalnavoda-Insel, wo am 28. Mai
und 3. Juni Junge in den Nestern getroffen wurden. Auf dem
letzteren Platze nistete auch *Phalacrocorax pygmaeus* Pall, dessen
Fehlen in den anderen Colonien befremdete.

Laridae.

Möven gab es im ganzen auch nicht sehr viele. *Larus
ridibundus* L., anfangs überall ab und zu vereinzelt, wurde erst
unterhalb Sistov stellenweise zahlreich. — Bei Braila und
Galaz zeigte sich *Larus argentatus* Brünn.

Sternidae.

Hydrochelidon nigra L. war vom ersten Beginn der Reise
überall gemein, während *Hydrochelidon leucoptera Schinz* und
Sterna hirundo L. viel weniger häufig erschienen. Andere Arten
habe ich nicht mit Sicherheit im Fluge erkannt.

Einige Lokalnamen aus Böhmen.

Von JUL. MICHEL.

Die erhöhte Bedeutung, welche man gegenwärtig wieder
den Lokalnamen der Vögel beilegt, scheint mir nicht ungerecht-
fertigt. Wenn auch ein grosser Theil der gebräuchlichen Volks-
bezeichnungen nichts anderes als eine grössere oder geringere,
durch den betreffenden Dialekt verursachte Verstümmelung der
weitverbreiteten allgemeinen hochdeutschen Bezeichnungen ist,
so trifft man doch auch wieder auf so originelle Ausdrücke
und charakteristische Benennungen, bei denen oft der gesunde
Volkshumor eine bedeutende Rolle spielt, dass man wirklich
seine Freude daran hat.

Manche davon sind uns allerdings durch die Tradition in
so veränderter Form überliefert worden, dass uns jetzt entweder
ganz oder doch theilweise das Verständnis dafür verloren ge-
gangen ist. Die Mehrzahl aber liefert uns Beweise für die
scharfe Beobachtung des Volkes (besser gesagt, der seit dem

„grauen Alterthume" existierenden „Vogelnixe" und „Vogel-
tobiese" denn von ihnen giengen ja die Bezeichnungen aus),
indem diese Lokalnamen in kurzer und bündiger Weise auf Eigenthümlichkeiten in der Gestalt und Lebensweise hinweisen, Klang-
bilder der Stimme des betreffenden Vogels bieten, auf Aehnlich-
keiten mit allbekannten Vögeln aufmerksam machen u. dgl. mehr.

Wie noch jetzt solche Neubezeichnungen entstehen, hatte
ich Gelegenheit vor einigen Jahren zu beobachten. Als nämlich im Herbste nach langer Zeit die weissbindigen Kreuzschnäbel (*Loxia bifasciata*) das erstemal wieder im Iser-
gebirge erschienen, eilte ich sofort hin und besuchte auch in
der Folge noch mehreremale dieselbe Gegend, um so viel
Exemplare als möglich für meine Sammlung zu erbeuten. Da
fand ich denn bei meiner ersten Anwesenheit, dass die mit
bekannten Vogelsteller noch keine besondere Bezeichnung für
denselben hatten.

Durch die sich bald steigernde Nachfrage wurden die
Leute auf den Vogel aufmerksam, und so erhielt ich bei einer
späteren Anwesenheit von einer Frau, welche ich nach
„Krimsen" überhaupt und insbesondere nach solchen mit
weissfleckigen Flügeln frug, die Antwort: „O ja, Krimse han
mer; es sein o'a paar „neumod'sche" drunder!"[1]) Dieser Ausdruk
„neumod'sche Krimse" kehrte dann öfters wieder, doch hörte
ich auch schliesslich von jüngeren Vogelfängern die ganz
treffende Bezeichnung „Finkenkreuzschnabel".

Als ferner vor ca. 4 oder 5 Jahren der Sumpfrohrsänger
(*Acrocephalus palustris*) sich das erstemal in den hiesigen
Weidenpflanzungen an der Elbe hören liess, wurden die Vogel-
freunde um den Namen nicht verlegen und hiessen den Vogel
seines nächtlichen Gesanges wegen kurzweg den „Nachtschläger"
oder „Nachtsänger".

Dass diese Neubildungen jetzt spärlich erfolgen, ist leicht
erklärlich, da ja verhältnismässig sehr wenig neue Arten massenhaft auftreten und an diesen wieder manche, wie z. B. das
Steppenhuhn (*Syrrhaptes paradoxus*), schon durch die gewöhnlichen
Tagesblätter vorher angekündigt worden, wodurch zugleich der
wissenschaftliche Name allgemein bekannt wurde. Die vereinzelten seltenen Erscheinungen bleiben entweder unbemerkt

---

[1]) a wird wie oa ausgesprochen. Dies gilt auch für die später angeführten Lokalbezeichnungen.

oder werden öfter als „Bastarde" zwischen bekannten Formen angesehen und nicht besonders benannt.

Naturgemäss beschränken sich diese Localnamen mehr auf die kleineren Arten, insbesondere die Singvögel, da ja nur diese es sind, mit welchen das Volk in stete, innige Berührung kommt. Der meist pfeilschnell erscheinende und ebenso geschwind wieder enteilende Raubvogel bleibt ihm fremder, und nur die allgemeinsten, häufigsten Arten sind ihm geläufig. Mit dieser Gesellschaft hat mehr der Forstmann als Heger und Beschützer seines Wildstandes zu thun, und dieser als „Geschulter" wendet auf die einzelnen Vertreter der geflügelten Räuber die in Lehrbüchern gebräuchlichen Namen an. Manche derselben dringen dann ins Volk und werden nur durch den Dialect einigermassen verändert.

Der Mann aus dem Volke hat nur wenig Bezeichnungen für den Raubvogel. Jeder grössere ist für ihn gewöhnlich ein „Geier", jeder kleinere ein „Stösser" oder „Stiesser".

Aehnlich verhält es sich mit den in unseren an grösseren stehenden und fliessenden Gewässeru armen Gegenden Nordböhmens verhältnismässig selten auftretenden Sumpf- und Wasservögeln. Da gibt es wiederum nur „wilde Enten, wilde Gänse, Schnepfen, Störche, Reiher, Wasserhühnl, Möven" und günstigenfalls „Strandläufer".

Im nachstehenden gebe ich eine kleine Auslese solcher Localbezeichnungen, wie sie in der Umgebung von Bodenbach, sowie vorzüglich im Iser- und Lausitzer-Gebirge heimisch sind. Auch einige andere aus verschiedenen Gegenden Böhmens, die ich mir im Laufe der Jahre notierte, sind mit angeführt. Die vielen, nur durch den Dialect schwach veränderten allgemeinen Bezeichnungen sind fast durchgehends weggelassen und nur die mehr abweichenden angeführt.

Falco tinnunculus — Rittelgeier (ziemlich überall in Nord-Böhmen gebräuchlich) — Rittelweib (Nieder-Grund a./E.

Falco subbuteo — Schwarzbackl (Iser-Gebirge).

Falco peregrinus — Bloofuss (Niedergrund).

Astur palumbarius — Habicht, grusser Stiesser, Hühner- oder Taubenstiesser (Nord-Böhmen).

Accipiter nisus — Kleiner Stiesser, Vogelstiesser (Nord-Böhmen) — Sparbach (Nieder-Grund).

Pandion haliaëtus — Weissbauch (gr. Iser Gebirge)

Pernis apivorus) Stookurl (eine Verstümmlung von Stock-
Buteo buteo   )   Aar) Elbsandsteingebirge.

Archibuteo lagopus — Schniegeier (ganz Nordböhmen).

Carine noctua — Todteule (Nieder-Grund) — Vogleule (Elbsandstein-Gebirge).

Grössere Eulen, wie Waldkauz etc. werden auch „Stock- oder Boomeulen" genannt.

Bubo bubo — Buhu (Nord-Böhmen) — Buchu (Nieder-Grund a./E.).

Caprimulgus europaeus — „Nachtschatn" (ganz Nord-Böhm.).

Micropus apus — Thumschwalbe, Feuerschwalbe (Nord-Böhmen) — Ringschwalbe (Tetschen).

Hirundo rustica - Stachelschwalbe (Bodenbach) — Roochschwalbe (Lausitz).

Hirundo urbica — Hausschwalbe. (Nord-Böhmen).

Corvus cornix) Gake (Elbthal), — Kro-e (Lausitz- und
  „ *corone*) Isergebirge).

Corvus frugilegus — Gake (Bodenbach und Umgebung) — Rabe (Lausitzergebirge).

Pica pica — Alaster und Schalaster (ganz Nord-Böhm.)

Garrulus glandarius — Nussthakl (Lausitzer- und Isergebirge — Nusshäcker (Nieder-Grund).

Picus viridis — Spacht (Niedergrund).

Dryoscopus martius - Holkron (Isergebirge) — Rittlweibl (Isergebirge: Polaun). „Wenns Rittlweibel schreit, wird's bahn renn'[1]), heisst es von ihm. — Klirvogel [2]), (Nieder-Grund).

Sitta caesia — Bloospecht und Boomrotscher (Isergebirge). Sautreiber und altes Weib[3]) (Bodenbach und Umgebung), Boomlist (Isergebirge: Liebwerda).

Certhia familiaris — Boomhutscher (Niedergrund), Boomreiter (Reichenberg) — Boomkraxler (Bensen und Umgebung).

---

[1]) renn' = regnen.
[2]) Klangbild des Rufes: klie, klie.
[3]) Des eintönigen Rufes wegen so genannt.

Lanius excubitor — Mejswolf[1]) (Isergebirge) — türkische Elster (Elbthal: Schwaden)

Lanius collurio — Gerrten (Dittersbach bei Friedland), klenner Mejswolf (Isergebirge : Polaun), Dornhacker (Isergebirge) — Dorndraer und Dornbeisser (Lausitz`, Luhkatze[2]) (Markersdorf bei Bensen) — Wojnkränklich und Wojnplempe[3]) (Reichenberg und Umgebung), Dambejsser (Nieder-Grund).

Muscicapa grisola — Fliegenschnapper und Binschnapper[4]) (Iser- und Lausitzergebirge).

Muscicapa atricapilla — Buschfinke[5]) (Bodenbach), Sistral (Nieder-Grund).

Accentor modularis — Kähler[6]) (Iser-Gebirge : Polaun) Fronelle (Markersdorf).

Troglodytes troglodytes — Schniekinch (ganz Nord-Böhmen).

Parus communis (fruticeti) — Hanfmejse (Nieder-Grund) — Buschmejse (Markersdorf) — Dreckmejse (Krischwitz, Elbthal).

Parus ater — Tannmejse (Elbthal) — Zinzmejse (Iser-Gebirge : Polaun) — Buschmejse (Tetschen).

Parus major — Finkmejse (Iser-Gebirge : Polaun).

Parus cristatus — Koppmejse (Markersdorf) — Schandarml[7]) (Krischwitz).

Parus caeruleus — 's Bimejs'l (Kommotauer Gegend).

Accedula caudata — Watervogel[8]), Mahlmejse[9]) und Hundsbutzu[10]) (Nieder-Grund — Möllermejse[11]) (Markersdorf) — Langschwanz (Tetschen), Schniemejse (Iser-Gebirge)

Regulus regulus   ⎫   Goldzizl und Goldhahnl (Elbsand-
Regulus ignicapillus ⎭   steingebirge). Der letzte Ausdruck in ganz Nord-Böhmen.

---

[1]) Mejse = Meise.
[2]) Luh = Lohe, der braunen Rückenfarbe wegen.
[3]) Wojn = Wagen, Plempe = alter Säbel oder etwas Herumbaumelndes überhaupt.
[4]) Bin = Bienen.
[5]) Der weissen Flügelbinde wegen.
[6]) Köhler = Kohlenbrenner.
[7]) Verkleinerungsform von „Gensdarm“.
[8]) Bei seinem Erscheinen soll anderes Wetter eintreten.
[9]) Mahl = Mehl.
[10]) Butzelig = locker, wollig.
[11]) Möller = Müller.

Phylloscopus trochilus — Der Barmherz'che und Ardzeisel[1])
(Iser-Gebirge) — Ardzeischgel (Nieder-Grund)   Ard-
wistlich (Reichenberg).

Phylloscopus rufa — Zilp-zalp, Tschilp-tschalp und Zim-zel
(Isergebirge) — Ardzeisel (Markersdorf) — Ziegenmelker (Niedergrund).

Für *Phylloscopus sibilator* konnte ich bisher keinen
Namen finden, obwohl er hier häufig ist.

Hypolais philomela — Sprachmejster (ganz Nord-Böhmen)
— Spottvogel (Niedergrund).

Acrocephalus palustris — Nachtschläger oder Nachtsänger
(Bodenbach).

Für die Grasmücken herrscht im Isergebirge der allgemeine Ausdruck „Hetsche"[4]).

Sylvia hortensis — Grashetsche (Isergebirge : Polaun).

Sylvia curruca — klene Hetsche und Lillehetsche[5]) Reichenberger Gegend).

Sylvia sylvia (cinerea) — Orgelhetsche (Reichenberger
Gegend).

Sylvia atricapilla — Schwarzblatl (ganz Nord-Böhmen).

Turdus pilaris — In Markersdorf bezeichnet man eine
„Art Ziemer" mit dem Namen „Quietschel". Ob da
vielleicht Altersunterschiede massgebend waren, weiss
ich nicht.

Turdus viscivorus — Schnarre (ganz Nord-Böhmen).

Turdus musicus — Zippe oder Ziepe (ganz Nord-Böhmen)
— Drucksl (Bensen) — Drustl (Lausitz).

Turdus iliacus — Hejddross'l (Neustadtl).

Turdus torquatus — Schnieamsel (Isergebirge) — Schnee-
kater (Winterberg, Böhmerwald).

---

[1]) Weil der Gesang barmherzig (in Moll) klingt.

[2]) Ard = Erde, Zeisel und Zeischgel = Zeisig.

[3]) Dieser Name ist sehr charakteristisch, da er den einförmigen, sich in
den zwei Tönen bewegenden Gesang mit dem Geräusche vergleicht, welches
entsteht, wenn beim Melken der Ziegen oder Kühe die Milch in die Blech-
kannen (Gelten) spritzt.

[4]) Hetsch = etwas Niedriges zum sitzen, z. B. ein Bänkchen etc. (Zu
Kindern sagt man: „Hatsch dich nieder!" = setz dich nieder). Hier hat das
Wort wohl die Bedeutung von „Niedrigsitzen", also ein tief sitzender Vogel.

[5]) Klangbild.

Ruticilla titis — Schwarzwistlich (Nord-Böhmen), Schwarzwisblich (Nieder-Grund).

Ruticilla phoenicura — Ruthwistlich[1]) (Nord-Böhmen überhaupt), Buschwistlich (Polaun).

Erithacus cyaneculus — Blookahln und Blookathl (Nord-Böhmen).

Erithacus rubeculus — Ruthkahlen und Ruthkathl (Nord-Böhmen). Im Lausitzer Gebirge unterscheidet man „Wippelkathl", welche am Wipfel der Bäume singen und „Strauchkathl", welche unten sitzen; die ersteren sollen besser singen.

Saxicola oenanthe — Steijntletscher[2]) (Isergebirge : Polaun).

Pratincola rubetra — Krautvogel (Lausitzergebirge) — Disteltink (gilt in der Gegend von Reichenberg auch zugleich für Prat. rubicola).

Anthus pratensis - heisst in dem Klein-Iser mit der folgenden Art „Spietzlerche" — Kornspitze (Polaun).

Anthus trivialis — Spietzlerche (Nustadtl, Isergebirge) — Buschlerche (Markersdorf) — Hejdelerche (Nieder-Grund).

Galerida cristata — Kepplerche (Nord-Böhmen) — Kopplerche (Markersdorf).

Emberiza calandra (miliaria) — Strumpfwirker[3]) (Teplitzer Gegend).

Emberiza citrinella — Golder (Polaun) — Ammerling (an einigen Orten der Umgebung von Bodenbach).

Passer domesticus — Sparlch (Nord-Böhmen).

Passer montanus — Ringelsparlch (Lausitzer-Gebirge).

Fringilla montifringilla — Quäker (ganz Nord-Böhmen).

Coccothraustes coccothraustes — Lassich und Lasken (ganz Nord-Böhmen).

Chloris chloris — Grünhäntlich (Nord-Böhmen).

Acanthis cannabina — Ruthhäntlich (überall). Der junge Vogel heisst „Grohäntlich".[4])

---

[1]) ruth = roth.
[2]) Fletschen = bequem, breit hinsetzen.
[3]) Weil sein Gesang dem Klirren des Strumpfwirkerstuhles gleicht.
[4]) Gro = grau.

Acanthis linaria — Tschetscher (ganz Nord-Böhmen)

Serinus serinus — Gerlitzer (Neustadtl, Iser-Gebirge) —
Wilder Canarievogl (Polaun) — Grünling (Markersdorf) — Oesterreicher (Bensen und Umgebung) —
Rauscher[1]) (am rechten Elbufer bei Aussig, mehr
im Gebirge).

Pyrrhula europaea — Buchfinke (überall verbreitet).

Loxia pityopsittacus — Stock- oder Büffelkrims (Iser-
Gebirge)   Habergrins (Elbsandstein-Gebirge)

Loxia curvirostra — Krims und Krins (Isergebirge u. hier).

Loxia bifasciata — Neumodscher Krims und Finkenkreuz-
schnabl (Iser-Gebirge).

Tetrao bonassia — Haselhinl (Nieder-Grund).

Perdix perdix — Rabhinl (überall). Die in Klein-Iser
manchmal erscheinenden sogenannten Wanderreb-
hühner nennt man dort „Bloolissl".

Ardea cinerea — Fischrejcher (Nieder-Grund).

Crex crex — Wachtelkinch[2]) (Nord-Böhmen) und ale
Mad [3]).

Ortygometra porzana — „Steestar" hörte ich den Vogel
einmal in Pömerle a. E. nennen.

Gallinula chloropus }
Fulica atra   } Wasserhinl (Nord-Böhmen).

Anas querquedula — Duckentl (Iser-Gebirge).

Anas crecca — Schnarrente (Iser-Gebirge).

Larus ridibundus — Meve (Elbthal).

Bodenbach, 17. September 1892.

Tagebuchnotizen von Madeira.

Von P. ERN. SCHMITZ.

15. September. Zum zweitenmale innerhalb der vielen
Jahre, die ich schon in Madeira zugebracht, habe ich das
Glück, eine lebende, ganz junge *Columba trocaz* Heinek., Ma-

---

[1] Rauscher nennt man dort einen Menschen, der rtel „hermacht" viel
Ansehen zu erregen sucht: „s steckt ne vill drhinder!" sagen die Leute.

[2]) Kinch — König.

[3]) Ale Mad = alle Magd.

deiratanbe, zu sehen. Sie wurde bei einem Sturme hoch im
Gebirge bei Seixal an der Nordwestküste gefangen und zeigte
noch einige Flaumhaare auf der Brust Von der erwachsenen
unterscheidet sich die junge Madeirataube: 1. durch dunkleren
Ton des ganzen Gefieders; 2. Fehlen des silbernen Halsringes,
während der röthliche Anflug auf der Brust bereits sichtbar
ist; 3. schwarzgrauen, statt rothen Schnabel; 4. schwarzrothen,
statt karminrothen Tarsus. Auffallend war für mich auch eine
tiefe Furche, die das Gefieder in der Mittellinie der Brust
bildete.

Die Taube war schon seit mehr als eine Woche mit ge-
kochtem Maismehl und Kohlblättern gefüttert worden. Letztere
mussten aber in der Hand gehalten oder zum Abreissen fest
aufgehängt werden.

Schon im vorigen Jahre machte ich die Erfahrung, dass
die sonst so scheue Madeirataube sich derart an den Menschen
gewöhnt, dass sie am liebsten die Nahrung direct aus seiner
Hand nimmt.

Die Frage nach der Fortpflanzung der Madeirataube in
Gefangenschaft dürfte noch immer eine offene sein. Hier in
in Madeira scheint sie nie gelungen zu sein. Augenblicklich
sind hier in Funchal, soweit mir bekannt, nur 2 lebende *trocaz*-
Taube in Gefangenschaft. Ob Lord Lilford in Lilford Hall,
Northampton, der mit grossen Kosten vor 2 Jahren 4 Madeira-
tauben erlangt hat, besseren Erfolg erzielte, ist mir unbekannt.

23. September. Es werden mir 2 Nicht-Brutvögel gebracht: *Tringa subarcuata* aus Machico und *Numenius phaeopus*
juv. aus Funchal selbst. Da letzterer Jahr für Jahr hier getroffen
wird, muss er wohl als Wintergast betrachtet werden.

30. September. Es wird mir eine *Strix flammea* zum Kaufe
angeboten. Sie war mit einem Steinwurf in S.-Martinho getödtet
worden. Ich sah früher Exemplare mit völlig weisser Brust.
Diese hatte dieselbe ziemlich dunkel. *Strix flammea* scheint auf
Madeira ausschliesslich in Felslöchern zu nisten und ist ein
häufiger und überall auf der Insel verbreiteter Brutvogel.
Jedes Jahr höre ich selbst hier in Funchal sein Gekrächze.
Dieses Jahr sind mir circa ein Dutzend Exemplare vorgezeigt
worden. Eigenthümlich ist die in Madeira verbreitete Meinung

im Volke, dass das gedörrte und zerstossene Fleisch dieser Eule Heilmittel gegen Schwindsucht sei!

4. October. In dem Gebirgsbach von S. Martinho wurden mehrere wilde Enten (*Anas boscas*) erlegt.

13. October. *Strepsilas interpres* in der Nähe Funchals erlegt. Von diesem Vogel darf wohl auch das oben von *Numenius phaeopus* Gesagte gelten.

14. October. Es wird mir eine lebende *Fulica atra* zum Kaufe angeboten. Der Umstand, dass dieser Vogel mit einem besonderen Namen „mancao" im Volke bekannt ist, beweist zur Genüge sein regelmässiges und häufiges Vorkommen in Madeira.

21. October. Lebendes Exemplar einer *Larus*-Art (*fuscus*?) erhalten, die mir unbekannt ist; Herrn W. Hartwig in Berlin zum Bestimmen übersandt. *)* Gew. 278 gr., Länge 47 cm.; Iris dunkel braun, Schnabel grauschwarz, Tarsus weissblau, Zehen und Schwimmhaut schwarz. Wurde im Hafen Funchals durch einen Fischerjungen gefangen.

2. November. Eine schöne *Sylvia atricapilla* ♀ todt auf dem Wege gefunden. Eigenthümlicherweise ist die Spitze der 8. Schwinge des linken Flügels weiss.

11. November. In Seixal wurden mehrere *Motacilla alba* beobachtet. Sie ist hier ein seltener Gast und erregt sofort die Aufmerksamkeit, da in Madeira nur die *M. melanope* heimisch ist.

13. November. Aus Machico erhalte ich einen *Larus*, der mit den unter dem 21. October erwähnten grosse Aehnlichkeit hat, besonders was die Tarsus-Färbung betrifft. Es ist ein junges ♂.

Funchal, 15. November 1892.

Ueber Vorkommen einiger zum Theil seltenerer Vögel Ost-Preussens.

Von v. HIPPEL.

Weindrossel (*Turdus iliacus L.*) Wandert in grossen Zügen im October und Anfang April durch. Als Brutvogel konnte ich sie noch nicht feststellen.

Ringdrossel *(Turdus torquatus* L.) Hat sich bereits einige-male im Herbst im Dohnensteige gefangen, so hauptsächlich im Samland, wo z. B. vor einigen Jahren auf dem Rittergute Gaffken bei Fischhausen 1 Stück erbeutet wurde.

Beutelmeise *(Aegithalus pendulinus* (L.) Bis jetzt nur einmal auf dem Rittergute Parnehuen im Kreise Wehlau beobachtet, wird aber sicherlich in den Rohrwäldern der masurischen Seen häufiger vorkommen. Mir fehlen bisher weitere Beobachtungen und Nachrichten darüber.

Hakengimpel *(Pinicola enucleator* (L.) War diesen October recht häufig in kleineren und grösseren Schwärmen in dem Ostrawischker Forst (Kr. Insterburg). Am 3. November erhielt ich von dort ein Paar, das sich im Dohnensteig gefangen hatte.

Rosenstar *(Pastor roseus* L.) Wurde im Juni vor ca. 14—15 Jahren, als sich bei Doromberg ein Heuschreckenschwarm niedergelassen hatte, im Garten des Gutes Kruglanden am Goldaggarsee (Nord-Masuren) vom Besitzer desselben, Herrn v. Morstein, aus einem grossen Schwarme erlegt. Dies ist der einzige Fall, der mir bisher zu Ohren gekommen ist.

Pirol *(Oriolus oriolus* L.) In Lithauen nicht gerade sehr häufig, in Masuren häufiger, stellenweise recht häufig, so im Kreise Oletzko an den mit Erlen und Pappeln bestandenen Vukowker, Duttker und Dworatzker Seen, wo er sich hauptsächlich auf den mit alten Bäumen bewachsenen Inseln aufhält. Heuer im Herbste erhielt ich ein Exemplar aus dem Ostrawischker Forst. Es wurde dort als Seltenheit angesehen und erlegt. Ueber sein Vorkommen in Nathangen bin ich nicht orientiert.

Seidenschwanz *(Bombycilla garrula* (L) Erscheint jeden Winter in der Provinz. Auffallend war es mir, dass ich ihn in manchen Theilen Masurens während der letzten Winter 1890 und 1891, so z. B. im Kreise Oletzko, gar nicht gesehen hatte, wobei natürlich nicht ausgeschlossen ist, dass sich kleinere Gesellschaften der Beobachtung entzogen haben.

Blauracke *(Coracias garrula* L.) In Lithauen und Natangen seltener. Besonders fiel es mir auf, dass ich in den Brotlaukener und Ostrawischker Forsten, welche dem Vogel alle Bedingungen zu seinem Aufenthalte bieten würden, nur wenige Exemplare antraf. Häufiger findet sich die Blauracke in Masuren, so besonders in dem Grondowker Forst bei Orys und in dem

3

Polommer Forst bei Wronken und Wessolowen im Kreise Oletko. Hier sahen wir manchmal, wenn wir die bloss 10 Minuten durch den Wald führende Strasse befuhren, bis zu sieben Stück auf den Telegraphendrähten sitzen.

Eisvogel *(Alcedo ispida* L.) Nirgends sehr häufig, fehlt er manchen Localitäten, so theilweise in Masuren, trotz des Wasserreichthums, vollständig. Häufig trifft man ihn im Kreise Insterburg, in Samland dagegen recht selten. An Flüssen und Bächen, wo Forellenzucht getrieben wird, siedelt er sich gerne an. Dies war auch auf dem Gute Czychen im Kreise Oletko der Fall, wo er aber verfolgt und abgeschossen wurde.

Schwarzspecht *(Dryocopus martius* (L.) In allen grösseren, wenig beunruhigten Forsten Lithauens und Masurens brütend, aber überall sparsam. Häufiger fand ich ihn in dem Ostrawisch-ker Forst bei Insterburg.

Grosse Rohrdommel *(Botaurus stellaris* (L) Selten in Samland. Ueber das übrige Lithauen und Nathaugen fehlen mir Nachrichten. Häufiger findet sie sich in Masuren, fehlt aber im Kreise Oletzko, trotz der vielen Seen, da selbe ungenügende Schilf und Rohrbestände besitzen. Häufig brütend traf ich sie auf dem Oryssee bei Orys.

Zwergrohrdommel *(Ardetta minuta* (L.) Tritt entschieden überall weit seltener auf als vorige. Ich vermisste sie vollständig in meinem Haupt-Beobachtungsgebiete dem Kreise Oletzko, traf sie aber in mehreren Paaren auf dem Oryssee. In Lithauen und Natangen wird sie wohl gar nicht vorkommen, da es ihr dort an geeigneten Oertlichkeiten mangelt.

Schwarzer Storch *(Ciconia nigra* L.) Wird in der ganzen Provinz, stets aber einzeln angetroffen. In den grossen zusammenhängenden königlichen Forsten horstet er heute noch. Speciell bekannt ist mir sein Vorkommen im Kreise Insterburg, Wehlau — kürzlich wurde einer auf dem Gute Gr.-Schirrau geschossen —, Oletzko und Johannisburg. Im Samland beobachtete ich dieses Jahr nur ein Exemplar.

Grosse Trappe *(Otis tarda* L.) Ihr Vorkommen zählt bei uns zu den grössten Seltenheiten. In Lithauen sind in den letzten Jahren zwei Stück vorgekommen, eines bei Goldap, das andere im Kreise Insterburg, worüber Herr Oberförster Robitzsch

(Ornith. Jahrb. I. 1890. p. 63.) bereits berichtete. Aus Masuren ist mir kein Fall bekannt.

Flussuferläufer *(Totanus hypoleucus (L.)* Ueberall, wo Wasser, ungemein häufig.

Punktierter Wasserläufer *(Totanus ochropus* L.) Im letzten Sommer constatierte ich sein Brüten im Ostrawischker Forste. Ich traf die beiden Alten mit drei oder vier kaum vollständig flugfähigen Jungen auf einem Holzstosse sitzen. Als wir vom Wagen stiegen, erhob sich die ganze Gesellschaft und verschwand in den Bäumen. Bald darauf umkreisten uns die Alten ängstlich rufend Wir fanden die Jungen nach und nach am Grabenrande und im hohen Grase, wo sie aufgejagt, bald wieder einfielen.

Triel *(Oedicnemus oedicnemus* (L.) Soll in Masuren häufiger vorkommen. Ein Exemplar wurde auf den Feldern des Gutes Kruglanken vom Sohne des Besitzers vor einigen Jahren erlegt.

Flussregenpfeifer *(Charadrius curonicus* Gm.) Weit weniger häufig als der Flussuferläufer und stellenweise gar nicht mehr anzutreffen.

Goldregenpfeifer *(Charadrius pluvialis* L.) Erscheint auf seinem Zuge im Herbst und Frühjahr in grossen Scharen in Ost-Preussen. Gegen Mitte Mai dieses Jahres waren noch zahllose Exemplare auf den Insterwiesen vor Georgenburg bei Insterburg zu sehen, die aber mit Abnehmen der Ueberschwemmung verschwanden.

Pfeifente *(Anas penelope* L.) Nistet alljährlich in mehreren Paaren auf dem Dammteich des Fritzener Forstes in Samland.

Moorente *(Fuligula nyroca* (Güld.) Dieses Jahr traf ich sie brütend auf dem Oryssee.

Gänsesäger *(Mergus merganser* L.) Fand ihn überall geradezu selten. Der Oryssee beherbergt einige.

Insterburg, den 18. November 1892.

Von der Nord-Tatra (1891 bis 1. Febr. 1892).

Von ANT. KOCYAN.

Im Januar 1891 zeigte sich *Fringilla montifringilla* massenhaft, verschwand jedoch vom 10. bis 28., um sich in derselben Menge auf einige Tage in der zweiten

3*

Februarhälfte wieder einzustellen. Gegen Ende des Monates sah man nur einzelne, im März keine mehr. In ihrer Gesellschaft befanden sich auch mehrere *Chloris chloris*, die in den tieferen Gegenden nistet, aber in den höher gelegenen, trotz der Samenjahre selten zu finden ist.

Parus major und *caeruleus* war im Herbste gegen andere Jahre in geringer Zahl vorhanden, ebenso im Januar und März, während man sie sonst täglich die alten Weiden absuchen sehen konnte.

Spechte zeigten sich gar nicht.

Am 24. März sah ich die erste *Ruticilla titis* (graues ♂) und dann ein ebensolches im April.

Motacilla melanope gab es den Sommer über sehr wenige.

Jynx torquilla traf ich zuerst am 19. April. Dieses Jahr zeigten sie sich häufiger und hielten sich bis 15. Mai auf. Am Herbstzuge bekam ich den 8. und 9. September 3 jüngere Exemplare zu Gesicht.

Die hier zu beiden Zugzeiten stets anzutreffenden *Mus cicapa grisola* und *atricapilla* fehlten vollkommen.

Hypolais philomela war gar nicht zu sehen, während 1890 2 Paare hier brüteten.

Schwalben (*Hirundo rustica* und *urbica*) und Segler (*Micropus apus*) traten, trotz der schlechten Witterung, häufiger als sonst auf.

In Bjelipotok bei Podbjel nistete in einem Steinbruche ein Paar *Monticola saxatilis*, wovon ich 2 Junge erhielt.

Am 26. October traf ich ziemlich hoch in den Vorbergen 3 Stück *Alauda arborea*.

Das anhaltend schöne Wetter zur Zugzeit war für den Verlauf des Vogelzuges jedenfalls das denkbar günstigste, da man fast nur ausnahmsweise einen der Durchzügler beobachtete.

Zuberecz i. d. Arva, Februar 1892.

Circaëtus gallicus im Isergebirge erbeutet.

Von JUL. MICHEL.

Am 10. October d. J. erhielt ich von Voigtsbach bei Reichenberg ein prächtiges ♂ von *Circaëtus gallicus* behufs Präparation zugeschickt. Es ist dies meines Wissens das erste

Exemplar, das im Isergebirge erlegt wurde und besitzt eine
Länge von 74 cm. und eine Flugweite von 176 cm. Der Vogel
ist auffallend hell, doch zeigen bereits einige neue Federn am
Kropfe und im Nacken, dass das nächste Kleid viel dunkler
gewesen wäre.

Im Magen fand ich Bruchstücke einer Heuschrecke, einige
Flügeldecken von Laufkäfern (Feronia-Arten). sowie Körper von
sehr kleinen Rüsselkäfern und etwas Mäusewolle.

Auffallend erschien es mir, dass der grosse Vogel so
winzige Käferchen aufgenommen hatte.[1])

Der glückliche Erleger, Herr Förster Pohl, schreibt mir
über die Erlegung Folgendes:

„Am 8. October wurde ich bei Begehung meines Forstes
durch das klägliche Geschrei einiger Krähen aufmerksam und
bemerkte auf 600 Schritt Entfernung einen grossen, weissen
Vogel, der auf einem hohen Felsen sass und fortwährend von
den Krähen umschwärmt wurde. Da dieser Felsen aus einer
ungefähr 3 M. hohen Cultur aufragt. so war es mir leicht, ihn
gedeckt anzupürschen. Als ich aber auf 40 Schritt herangekommen
war, bemerkte mich der Vogel und strich ab, worauf ich ihm
eine Schrotladung Nr. 5 nachsandte und ihn flügelte. Als ich
mit dem Hunde nahe kam, lief er in den 50 Schritt entfernten
Bach und legte sich mit ausgebreiteten Flügeln auf die Wasser-
fläche. Ich gab ihm mit dem Stocke einen Schlag auf den Kopf,
wodurch er betäubt schien. Bald kam er jedoch wieder zu sich
und legte sich auf den Rücken Ich trat ihm mit dem Fusse
auf den Brustkorb, wobei er mir mit den Fängen durch den
Stiefel griff. Nach einigen Minuten wollte ich ihn aufheben,
bemerkte aber zu meinem Erstaunen, dass er nochmals die Augen
aufschlug und die Flügel regte. Ich hielt ihm nun meinen Stock
vor, welchen er mit den Fängen krampfhaft umfasste, und trug
ihn so nach Hause, wo ich ihn erst durch einen Stich ins
Genick tödtete.

Bereits tags zuvor hatten meine Leute den Vogel bemerkt,
wie er meine Wohnung tief umkreiste.

Am 7. und 8. October herrschte starker Wind."

Bodenbach a. E., am 29. 12. 1892.

---

[1]) Ich habe den Mageninhalt behufs etwaiger genauer Untersuchung
aufbewahrt.

Kleine Notizen.

Pinicola enucleator in Ost-Preussen.

Gegen Ende October traf hier der Hakengimpel in grossen
Zügen ein und verblieb bis zum 5. November; seit dem sind
die Vögel wieder verschwunden.

Ihre Lieblingsnahrung bildeten die Beeren der Eberesche.
Sie zeigten sich so beispiellos zutraulich, dass ich sie mittelst
einer Schlinge, die an einer Ruthe befestigt war, fieng und
selbst, wenn ich zu diesem Zwecke den Baum bestieg, so
konnte ich oft mehrere erbeuten, ehe die anderen abflogen.
Aber auch dann kehrten sie bald wieder zurück und liessen
sich auf's neue berücken, ohne durch Erfahrung vorsichtiger
geworden zu sein.   A. Sondermann.

Paossen v. Skaisgirren, November 1892.

Unbeweibte weisse Störche.

In diesem Jahre trieben sich in hiesiger Gegend Flüge
von 10—20 Störchen während der Brutzeit umher, wo sich die
gepaarten Störche doch immer in der Nähe der Horste aufhalten.
Es waren diese in Trupps auftretenden Vögel offenbar
ungepaarte. Eine grössere Anzahl zum Zwecke der Untersuchung
im Sommer erlegter Exemplare erwies sich ausschliesslich als
Männchen. Der Mageninhalt bestand in erster Linie aus Mäusen
und Fröschen, in zweiter aus Dungkäfern, Larven und Gewürm
und bei einem aus 5 jungen Feldlerchen.

Paossen b. Skaisgirren in O.-Preussen, Ende Sept. 1892.

Sondermann.

Seestrandläufer (Tringa maritima Brünn.) in Böhmen erlegt.

Den 12. September d. J. erhielt ich von Herrn Ferd. Khittl,
Bürgermeister von Franzensbad, zwei sehr schöne Exemplare
dieser Art, die dessen Sohn eine Viertelstunde von hier, am
Sirmitzteiche geschossen hatte.

Fritsch (Die Wirbelth. Böhm. p. 77) kennt nur zwei im
Lande erlegte Stücke.

Franzensbad, September 1892.

W. J. Wagner.

Stercorarius pomatorhinus (Temm.) in Böhmen erlegt.

Am 8. October d. J. wurde in dem fürstlich Fürsten-
berg'schen Jagdreviere Lána ein schönes Exemplar der mittleren Raubmöve erlegt und mir zum Präpariern für das fürstliche Museum überbracht.

Kruschowitz, 25. Oct. 1892.

H. Hüttenbacher.

Aberration von Motacilla alba.

Soeben bekam ich eine weisse Bachstelze, ♂, welche bei
Littai in Krain am 26. d. M. erlegt wurde, die eine schöne
Farben-Aberration darstellt.

Der Vogel hat den Kopf, Oberkörper, Bürzel, Brust, die
kleinen Flügeldecken und den Schwanz reinweiss, in letzterem
die 3. und 4. Feder auf linker Seite dunkelbraun. Die Wangen
sind gelblich überflogen, die Schwungfedern sind graubraun,
die Augen dunkel.

Laibach, 27. October 1892.

Ferd. Schulz.

Otis tarda in Krain

Am 1. November erhielt ich eine Zwergtrappe, ♂, von Herrn
Dr. H. Dolenc auf dem Laibacher Moor am 31. October erlegt.

Seit 1863 wurde dieser für uns seltene Vogel in Krain
nicht mehr beobachtet.

Laibach, 2. November 1892.

Ferd. Schulz.

Literatur.

Berichte und Anzeigen.

Scientific Results of the Second Yarkand Mission: based
upon the Collections and Notes of the late Ferdinand Stoliczka. Aves.
By **R. Bowdler Sharpe**. Published by order of the Gouvernement of
India. gr. 4. London, 1891. XVIII and 153 pp. and XXIV. Pl.

Wie aus der Einleitung zu ersehen, trägt die Schuld an dem so ver-
späteten Erscheinen der Resultate der von dem verstorbenen Dr. F. Stoliczka
während der II. Yarkand Expedition (1873—74) angelegten ornithologischen
Sammlungen der Umstand, dass das von Mr. Allan Hume darüber verfasste
Manuscript während des Umbaues eines Theiles seines Museums in Simla

von einem Diener entwendet und auf dem Bazar als Maculatur verkauft
wurde. Sharpe brachte, als er die grosse Sammlung Mr. Hume's aus Indien
holte, auch die Stoliczka's nach England, war aber durch amtliche Geschäfte
genöthigt, die Bearbeitung vorliegenden Werkes hinaus zu schieben. Um dasselbe zu einer möglichst vollständigen Avifauna Yarkand's zu gestalten,
wurden darin, ausser jenen Arten, welche die Sammlung enthielt und über
welche die Tagebücher Stoliczka's näheren Aufschluss gaben, auch jene aufgenommen, welche Dr. Henderson während der ersten und Dr. Scully während
der zweiten Expedition gesammelt hatten, ebenso die Notizen, die Colnel
Biddulph, welcher der letzteren Mission attachiert war, Mr. Hume übergab
und die von dem Schicksale der Manuscripte dieses verschont bleiben.

Im ganzen werden 350 Arten aufgezählt und 14 davon auf XV Tafeln
in Handcolorit dargestellt. Es sind folgende: I?. I. *Hierofalco gyrfalco*, II.
Scops brucii, III. *Carine bactriana*, IV. *Podoces biddulphi*, V. *Rhodopechys
sanguinea*, VI. *Carpodacus stoliczkae*, VII. *Aegithalus coronatus*, VIII. *Lepto-
poecile sophiae*, IX. *Tribura major*, X. *Phylloscopus tytleri*, XI. *Cettia orientalis*,
XII., XIII. *Dendrocopus leucopterus*, XIV. *Turtur stoliczkae*, XV. *Tetraogallus
himalayensis*

Als Anhang sind 9 weitere Tafeln Vögel beigefügt, welche für das von
Mr. Hume geplante Werk über die Avifauna des britisch-asiatischen Reiches
bestimmt waren und von diesem der India Office zur Disposition gestellt
wurden. Sie enthalten: Pl. XVI–XIX *Hierofalco saker*, XX. *Scops balli*, XXI
Carine pulchra, XXII. *Heteroglaux blewitti*, XXIII. *Garrulus leucotis*, XXIV
Cyanops incognita. Ein kurzer Text begleitet dieselben.

Der Name des berühmten Autors bürgt für die Gründlichkeit des
Werkes, welches eine wertvolle Bereicherung der ornithologischen Literatur
bildet. Die Ausstattung des Buches ist eine vorzügliche.

Der Staar (Sturnus vulgaris L.) in volkswirthschaftlicher
und bibliographischer Beziehung. Ein Beitrag zur Vogelschutzfrage
von Dr. O. Koepert — Altenburg. 1892. gr. 8. 115 pp. [aus: „Mittheil. a.
d. Osterlande". N. Folge V. Bd.]

Eine für die Reichslande erlassene Verordnung der Regierung von
Elsass-Lothringen, worin der Staar als vogelfrei erklärt wurde, veranlasste
den Verfasser auf Anregung von Hofrath Dr. Th. Liebe, eine Serie von
Aufsätzen in der „Ornithol. Monatsschr.", Jahrg. 1891, zu veröffentlichen,
welche der Stellung des „Deutschen Vereines zum Schutze der
Vogelwelt" zu obiger Verordnung Ausdruck geben sollten. In der uns nun
vorliegenden, erweiterten Studie, hat der Verfasser es unternommen, die
ihm aus fast allen Theilen des deutschen Reiches zugekommenen, mehrfach
sehr eingehenden Berichte zu sammeln und mit Benützung der einschlägigen
Literatur zu einem Ganzen zu vereinigen, das ebenso einen guten Ueberblick
über die Biologie des Staares, wobei die Frage seines zweimaligen Brütens und
seines Ueberwinterns zur Sprache kommt, sowie — was hier Hauptzweck — seinen
Nutzen und Schaden gewährt. Da die Schrift in erster Linie Deutschland im
Auge hat, so ist das Ausland minder berücksichtigt, obgleich es auch darüber
an manchen interessanten Angaben nicht fehlt.

Verfasser kommt am Schlusse seiner fleissigen Studie, deren Lectüre wir allen, die sich für unseren Star interessieren, bestens empfehlen können, zu dem Resultat: „dass der Nutzen den Schaden bei weitem überwiegt, insbesondere in Gegenden mit vorwiegenden Ackerbau und Wiesenwirtschaft. Im Wald ist der Staar nützlich; in Gegenden mit Wein- und Obstbau hingegen ist er schädlich".

Rundschau*).

The Ibis. Sixth series. Vol. V. Nr. 17, January 1893. R. W. Shuffeldt. Comparative Notes on the Swifts & Humming - birds. — F. E. Blaauw. (*Xema sabinii* 11. X. 92 in Holand Verlegt.) — H. W. de Graaf. (*Numenius tenuirostris & Glareola pratincola* in Holland erlegt.)

Ornithologische Monatsberichte. I. Jan. 1893. No. 1. W. Hartwig: DerGirlitz (Serinus hortulanus Koch), seine gegenwärtige Verbreitung in Mittel und Nord-Deutschland und sein allmähliches Vordringen polwärts — A. v. Homeyer: Neu-Vorpommern und Rügen vor 50 Jahren und jetzt. — Ad. Walter: Sonderbarer Nistplatz einer Amsel — Notizen, Nachrichten, Verkehr.

Ornithologische Monatsschrift Nr. 1. 1893. Th. Liebe: Sand- und Staubbäder der Raubvögel und Eulen; Altum: Ueber eine Neuansiedelung des Girlitz und Auftreten des Nachtreihers. K. Junghans: Bemerkungen über *Turdus merula* und *T. musicus* u. a.; A. v. Homeyer: Nach Ungarn und Siebenbürgen IV.; A. Herrmann: Meine Wasserschmätzer; Kleine Mittheilungen, Literarisches.

Mittheilungen des ornithologischen Vereines in Wien (Die Schwalbe.) 1893. Nr. 1. Altum: Durch Gätke's „Vogelwarte Helgoland" anzugende Forschungs-Themata; Kleinere Mittheilungen.

Zeitschrift für Ornithologie und praktische Geflügelzucht XVII. Jan. 1893 No 1. K. Wenzel: Die Rabenarten Norddeutschlands.

Annalen des k. k. naturhistorischen Hofmuseums in Wien. VII. 1892. IV. II.

L. Lorenz v. Liburnau: Die Ornis von Oesterreich-Ungarn und den Occupationsländern im k. k. naturhistorischen Hofmuseum in Wien; ders. Bericht über eine ornithologische Excursion an die untere Donau.

Nachrichten.

Herrn Dr. Lorenz Ritter von Liburnau, Custos-Adjunct am k. k. naturhistorischen Hof-Museum in Wien, wurde die Auszeichnung zutheil, in die Suite Sr. k. und k. Hoheit des Herrn Erzherzog Franz Ferdinand von

---

*) Unter diesem Titel bringen wir von nun an Inhaltsangaben aus den ornithologischen und anderen wissenschaftlichen Journalen, soweit sich dieselben auf das palaearktische Gebiet beziehen.   Der Herausgeber.

Oesterreich-Este, welcher am 15. December v. J. eine Reise um die Welt
antrat, aufgenommen zu werden, um die von dem Erzherzoge beabsichtigten
naturhistorischen, insbesondere zoologischen Sammlungen zu leiten und zu
verwalten.

„Ornithologische Monatsberichte". Herausg. von Dr. A. Reiche-
now. Unter obigem Titel erscheint mit dem Neujahre im Verlage von R. Friedländer
und Sohn in Berlin eine neue ornithologische Zeitschrift, deren Zweck es
sein soll: „über alle Vorgänge auf dem Gebiete der Vogelkunde, insbesondere
ausführlich und schnell über die neu erscheinende Literatur zu berichten,
eine schnelle Veröffentlichung neuer Beobachtungen und Untersuchungen in
Form kurzer Artikel zu ermöglichen und den Verkehr unter den Ornithologen
zu vermitteln, somit die bestehenden, in längeren Zwischenräumen erscheinenden ornithologischen Zeitschriften zu ergänzen."

Die „Ornithologischen Monatsberichte" sollen kleinere
Aufsätze systematischen, faunistischen und biologischen Inhaltes, Berichte.
über die neu erscheinende ornithologische Literatur, Nachrichten über Reisen.
Museen, Privatsammlungen, zoologische Gärten, sowie Biographien bringen
und einen dem Verkehr und den Anzeigen gewidmeten Theil enthalten.

Die „Ornithologischen Monatsberichte" erscheinen in der
Stärke von wenigstens einem Bogen in gr. 8. zum Preise von Mk. 6 per Jahr.

Infolge Anregung einiger Mitglieder der »British Ornithologists' Union.
(18. Mai v. J.) wurde der Beschluss gefasst, einen „Ornithological Club"
in London ins Leben zu rufen, der monatliche Versammlungen mit Vorträgen
und Demonstrationen bezweckt. Ein Comité, bestehend aus dem Earl of
Gainsborough, Mr. Seebohm, Mr. How. Saunders, Mr. Bidwell und Dr. R. Bowdler
Sharpe, wurde mit den nöthigen Vorarbeiten betraut.

Die constituirende Sitzung fand am 5. October v. J. (Mona Hotel,
Henrietta Street, Convent Garden) statt, wobei die Statuten berathen und festgestellt wurden. Die Wahl in das Comité fiel auf Mr. E Bidwell, den Earl of
Gainsborough, Mr. H. Seebohm, Mr. Ph. L. Sclater, Mr. Howard Saunders
wurde zum Secretär und Schatzmeister des Club gewählt.

Es wurde beschlossen, die Versammlungen vom October bis Juni inclu-
sive an jeden dritten Mittwoch abzuhalten und einen Auszug über die Verhandlungen sobald als möglich unter dem Titel „Bulletin of the British Ornithologists' Club" zu veröffentlichen, der an die Mitglieder gratis versendet wird.
Mit der Herausgabe dieser bei Mr. R. H. Porter, W. Princes Street. Cavendish
Square, W. erscheinenden Bulletins wurde Dr. R. Bowdler Sharpe betraut.

_____

Am 4. October 1892, wurde auf der Generalversammlung der „Allgemeinen deutschen ornithologischen Gesellschaft" zu
Berlin eine Commission zur Zusammenstellung der Trivalnamen
deutscher Vögel gewählt, bestehend aus Dr. C. Floericke (Marburg
i. H.), Dr. P. Leverkühn (München, postlagernd), Dr. E. Schäff (Berlin, landwirtschaftliche Hochschule), Lehrer W. Hartwig (Berlin N., Lot-
tumstr. 14) und Maler H. Hocke (Berlin NO. Linienstr. 1)

Bezüglich des näheren verweisen wir auf das Programm, welches von den Commissions-Mitgliedern erhältlich ist.

———

Dem uns eben zugekommenen Ausweise des „Comité's zur Errichtung eines Brehm-Schlegel-Denkmals" in Altenburg entnehmen wir, dass demselben bis 6. December 1892 4567·05 Mark zu obigem Zwecke zugekommen sind. Weitere Beiträge nehmen die Herren Dr. Koepert und Commercienrath Hugo Köhler in Altenburg entgegen.

———

Die „Ornithologische Monatsschrift des deutschen Vereines zum Schutze der Vogelwelt" erscheint von Januar 1893 an einmal monatlich in der Stärke von 2—3 Bogen mit einer Annoncenbeilage als Umschlagblatt.

———

Die Mittheilungen des ornithologischen Vereines in Wien „Die Schwalbe" erscheinen von 1893 an nur einmal im Monat.

An den Herausgeber eingelangte Schriften.

A. v. Buda. Unsere seltenen Gäste im Comitate Hunyad [Sep. a.: „Hauptber. II. intern. orn. Congr. Budapest" 2. Th.] 1. 4 pp. — Vom Verf.

L. Stelke. Taschenbuch für Sammler auf das Jahr 1893. — Vom. Verl.

C. Floericke. Versuch einer Avifauna der Provinz Schlesien. — Marburg a. L. 1892. gr. 8. 1. Lief. 157 pp. m. 1. Taf. — Vom Verf.

The Auk. A quarterly Journal of Ornithology. – New-York. 1892. IX. No. I—IV. — Von d. Am. Orn. Un.

Ornithologische Monatsschrift des deutschen Vereines zum Schutze der Vogelwelt. Redigiert von Dr. Liebe, Dr. Frenzel, Dr. Rey & Thiele. — Halle a. S. 1892. XVII. No. 1—17. Vom Ver.

Mittheilungen des ornithologischen Vereines in Wien. „Die Schwalbe". Redigiert von C. Pallisch u. C. Claus. — Wien, 1892. XVI. No. 1—24. Vom Ver.

Zeitschrift für Ornithologie und praktische Geflügelzucht. Herausgegeben und redigiert vom Vorstande des ornithologischen Vereines in Stettin. — Stettin, 1892. XV. No. 1—12. — Vom Ver.

The Naturalist. A monthly Journal of Natural History for the North of England. — London, 1892. No. 198–209. — Von d. Redact.

Ornithologist & Oologist. Published by Frank B. Webster. — Boston Mass. 1892. XVII. No. 1—12. Vom Herausgeb.

Nordböhmische Vogel- und Geflügelzeitung. Herausgegeben vom ornithologischen Vereine für das nördliche Böhmen. — Reichenberg. 1892. V. No. 1—12. — Vom. Ver.

Vesmir. Obrázkový časopis pro šíření věd přiodnich. Herausgegeben von Prof. Dr. Ant. Fritsch, redigiert von Prof. Fr. Nekut. — Prag 1892. XXI· No. 6—24; XXII. No. 1—8. — Vom Herausgeb.

Die Gefiederte Welt. Herausgegeben von Dr. K. Russ. — Berlin 1892.
    XXI. No. 1—52. Vom Herausgeb.
Rivista italiana di scienze naturali e Bollettino del Naturalista collettore,
    allevatore, coltivatore. Direttore Sigism. Brogi. — Siena, 1892. XII. No.
    1—XII. — Vom Herausgeb.
Annalen des k. k. naturhistorischen Hof-Museums. Redigiert von Dr.
    Ritter v. Hauer. — Wien. 1892. VII. No. I—IV. — Vom Mus.
Bulletin of the American Museum of Natural-History. — New-York. 1892.
    Vol. IV. 1892. No. 1. p. 1—385. — Vom Mus.
Mittheilungen der Section für Naturkunde des Oesterreichischen Touristen-
    Club. — Wien, 1892. IV. No. I—XII. — Vom Club.
Mittheilungen des Nordböhmischen Excursions-Club. — Leipa. 1892. XIV.
    No. I—IV. — Vom Club.
Der Zoologische Garten. Redigiert von Dr. F. B. Noll. — Frankfurt
    a. M. 1891. XXXII. No. 10—12; 1892. XXXIII. No. 1—XI. — Vom Verl.
Die Thierwelt. Zeitung für Ornithologie, Geflügel- und Kaninchenzucht.
    Fischerei, Acclimatisation, Thierhandel, zoologische Anlagen und all-
    gemeine Zoologie. Redigiert von P. Lüscher und G. Heinemann. — Aarau.
    1892. II. No. 1—45. — Vom Verl.
Verhandlungen und Mittheilungen des Siebenbürgischen Vereines für
    Naturwissenschaften in Hermannstadt. — Hermannstadt. 1891. XLI. —
    Vom Ver.
Jahres-Bericht des städtischen Museum Caro ino-Augusteum zu Salzburg,
    für 1890, 1891. — Salzburg. 1891 und 1892. — Vom Mus.
Allgemeine Encyklopädie der gesammten Forst- und Jagdwissenschaften. —
    Wien und Leipzig. VII. Bd. Lief. 7—18. VIII. Bd. 1—4. — Vom Verl.
Bulletin de la Société impériale des Naturalistes de Moscou. — Moscou,
    1891. No. 1. — Von d. Ges.
Report of the U. S. National Museum, under the Direction of the Smithsonian
    Institution for the Year ending Juni 30, 1889. — Washington 1891. XVII.
    883 und 50 pp. With CVII Pl., 137, Fig. & 7, maps, Vom Mus.
Fünfzigster Bericht über das Museum Francisco-Carolinum. Nebst der XXIV
    Lieferung der Beiträge zur Landeskunde von Oesterreich ob der Enns.
    — Linz a. d. 1892. Vom Mus.
Heitmann's Rathgeber. Illustrierte Halbmonatsschrift für alle Liebhabereien
    auf dem Gebiete des Sammelns. Redigiert von A. Bennstein. Druck und
    Verlag von F. Heitmann. — Leipzig. Kl. 4. No. 1—XI. Von d. Redact.
Mittheilungen aus dem Osterlande. Herausgegeben von der naturforschenden
    Gesellschaft des Osterlandes zu Altenburg i. S. A. Neue Folge. V. Bd. —
    Altenburg. 1892. — Von der Gesellsch.

—

Verantw. Redacteur, Herausgeber und Verleger: Victor Ritter von Tschusi zu Schmidhoffen, Hallein
    Druck von J. L. Bondi & Sohn, Wien, VII., Stiftgasse 3.

Ornithologisches Jahrbuch.

ORGAN

für das

palaearktische Faunengebiet.

Jahrgang IV. März — April 1893. Heft 2.

Versuch einer Avifauna des Regierungsbezirkes Gumbinnen.

Von A. SZIELASKO.

Das Beobachtungsgebiet umfasst ausschliesslich den Regierungsbezirk Gumbinnen, welcher die Provinz Ostpreussen gegen Russland abschliesst. Nur wenige Beobachtungen sind im Regierungsbezirke Königsberg angestellt worden.

Während ich die Vogelfauna in den Gegenden bei Lyck, Sorquitten, Altukta, Stallupönen und Tilsit mehrere Jahre hindurch zu beobachten Gelegenheit hatte, waren die Herren Forstmeister Robitzsch in Waldhausen, Forstmeister Juedtz in Warnen, Förster Gerhard in Skirwieth und Förster Franz in Tinkleningken so freundlich, mir schätzenswertes Material über die dortigen Gegenden zu liefern. Genannten Herren möchte ich hierfür auch an dieser Stelle meinen verbindlichsten Dank aussprechen. Herr Forstmeister Robitzsch hatte ausserdem die Güte gehabt, mir vortreffliche Notizen seines leider so früh verstorbenen Sohnes, welcher zu Lebzeiten im „Ornitholog. Jahrbuche" manches Interessante mitgetheilt hat, zur Einsicht zu überlassen.

Bevor ich jedoch über die im Regierungsbezirke Gumbinnen vorkommenden Vögel berichte, will ich einiges über die Beschaffenheit des Beobachtungsgebietes mittheilen, was das seltenere oder häufigere Auftreten mancher Arten erklärt.

In ornithologischer Hinsicht möchte ich den Regierungsbezirk Gumbinnen in 4 Theile eintheilen:

Masuren, das obere Lithauen, das untere Lithauen und die Niederung.

Masuren umfasst den südlichsten Theil und wird nach Norden ungefähr durch die Linie Goldap-Angerburg begrenzt. Es ist ein plateauartiges Hügelland des uralisch-baltischen Landrückens, dessen Charakter sich zumeist in Gruppen von sandigen und lehmigen Hügeln und einzelnen Bodenerhebungen, welche bald durch kesselartige Senkungen, bald durch ausgedehntere Partien flachen Landes von einander geschieden werden, documentiert. Zu diesen Bergen gesellt sich eine ungewöhnlich reiche Fülle von grossen und kleinen Seen, welche theils durch natürliche, theils künstliche Wasseradern in Zusammenhang stehen und oft durch grosse Schilfpartien eingerahmt sind.

Infolge des Wasserreichthums hat Masuren eine Menge Schwimmvögel, wie Enten, Taucher, Möven und Seeschwalben aufzuweisen. Da man ausgedehnte Moore seltener findet, und Sümpfe zumeist nur an den Flüssen und Seen vorkommen, so ist es erklärlich, dass manche Arten von Sumpfvögeln gerade nicht häufig sind; Reiher und Kraniche werden nur an besonders zusagenden Stellen beobachtet. Wiesen und Weideland sind in Masuren des bergigen Landes wegen ebenfalls nur in beschränktem Masse zu finden und daher Staare, Wiedehopfe, Saatkrähen und manche andere Arten viel seltener anzutreffen als in Litauen. Es ist hier eine verbreitete, aber durchaus irrige Ansicht, dass diese Vögel im Bezirke Gumbinnen überall gemein sind.

Zu den vorhin erwähnten Bergen und Seeen, welche Masuren seinen reizvollen Charakter verleihen, tritt der herrliche, in weiten Complexen zusammenhängende Wald, der hier zum grössten Theile aus Fichten und Kiefern besteht. Gemischter Wald wechselt oft ab, reiner Laubwald ist selten. Der dichte, oft düstere Wald ist der Aufenthalt der verschiedensten Raub- und Singvögel; Tauben und Spechte sind ebenfalls vertreten. Sehr arm ist Masuren dagegen an Erdsängern, als Roth- und Blaukehlchen, weil es hier kein ausgedehntes Busch- und Strauchholz gibt, und selbst der Sprosser, welcher in ganz Lithauen zahlreich ist, wird in Masuren nur spärlich gefunden. Von Waldhühnern haben nur wenige Gegenden

namhaftes aufzuweisen, während die Feldhühner überall zahlreich vertreten sind.

Verlassen wir nun Masuren und steigen nach Norden die
sandigen Berge hinab, so treten wir in die obere lithauische
Ebene ein, welche zum grossen Theils noch von den hügeligen Ausläufern des masurischen Höhenzuges eingenommen wird.
Nach Norden wird diese Ebene ungefähr durch die Linie Eydt-
kuhnen-Insterburg begrenzt.

Seeen fehlen diesem Theile vollständig, weshalb die
Wasservögel nur in beschränktem Masse zu finden sind. Ebenso
reichen die kleinen Sümpfe und Moore nicht aus, um eine
grössere Anzahl von Sumpfvögeln beherbergen zu können. In
den Nadelwaldungen findet sich wohl dieselbe Vogelfauna wie
in denen Masurens. Die fruchtbaren Felder und Wiesen, welche
mit üppigem Strauchwerke abwechseln, sind der Aufenthalt
vieler Lerchen, Pieper und einiger Erdsänger.

Sobald wir auf unserer Wanderung nach Norden die obere
lithauische Ebene hinter uns haben, tönt uns das bekannte Geschrei der Saatkrähen entgegen, die Staare zeigen sich in ganzen Gesellschaften, der Wachtelkönig lässt auf den ausgedehnten Wiesen und Kleefeldern seinen eintönigen Ruf erschallen,
Kibitze umfliegen uns schreiend, und an heiteren Frühlings-
abenden erfreut uns nah und fern der Sprosser mit seinem
herrlichen Gesange. Die Gegend ist eine andere geworden.
So weit das Auge reicht kein Berg, kein See, nur eine weite
Ebene von üppigen Wiesen und fruchtbaren Feldern, welche
mit kleinen und grösseren Waldungen abwechseln. Wir befinden uns in der unteren lithauischen Ebene, die im westlichen
Theile von mehreren kleinen Flüssen durchzogen wird. Im
Norden wird diese Ebene ungefähr durch die Linie Gilge-
Ragnit-Laugszargen begrenzt.

Neben den ausgedehnten Wiesen und Feldern, welche
hier vorherrschend sind, finden sich grosse Sümpfe und Torf-
moore, weshalb die umpfvögel zahlreich vertreten sind. Die
kleinen Flüsse und Bäche können hier im Frühjahre der niedrigen Ufer wegen austreten und die umliegenden Wiesen, wenn
auch nur wenig, unter Wasser setzen. Zur Zeit des Zuges
finden sich dann auf diesen Plätzen Kampfhähne, Strandläufer,
Regenpfeifer, nordische Enten und Gänse ein. An einheimischen

Schwimmvögeln ist die untere lithauische Ebene eben nicht
reich, da hier keine namhaften Binnengewässer zu finden sind.
Desto häufiger trifft man aber die Singvögel, besonders Erd-
und Laubsänger an, welche in den buschreichen Gegenden
ungestört ihr Wesen treiben können. Die Wälder tragen hier
im ganzen denselben Charakter wie in Masuren, nur sind sie
nicht so ausgedehnt. Die Vogelfauna in diesen Wäldern ist
wohl dieselbe wie die Masurens, jedoch werden die grösseren
Raubvögel, wie Steinadler, Seeadler, Uhu, in der unteren
lithauischen Ebene nicht so oft beobachtet. Dass Weihen und
Hühnerarten auf den ausgedehnten Feldern und Wiesen ein
günstiges Terrain haben, ist erklärlich.

Der letzte und nördlichste der vier Theile des Regierungsbezirkes Gumbinnen ist die Niederung oder das Gebiet des
Memeldeltas. Was die Flüsse in der unteren lithauischen Ebene
nur im kleinen vermögen, das thut die Memel hier im grossen.
In jedem Frühjahre tritt sie aus ihren Ufern und überschwemmt
meilenweit das Land, so dass die ganze sichtbare Gegend wie
ein gewaltiger See erscheint, aus welchem niedrig stehende,
kleinere Fichten- und Kiefernbestände wie immergrüne Inseln
hervorragen. So imposant dieser Anblick für den ruhigen Be-
schauer ist, so beklagenswert ist zu dieser Zeit das Los der
hier wohnenden Landleute.

Wenn nun die Memel ihre Wassermassen in das kurische
Haff ergossen und sich in ihr Flussbett zurückgezogen hat,
lässt sie auf den Wiesen eine Menge Schlamm zurück, in welchem zur Zeit des Zuges tausende von Schwimm- und Sumpfvögeln Nahrung finden. Die Niederung, wo ausgedehnte Strauch-
partien häufig sind, ist das Eldorado für Erdsänger. Rohrsänger, Lerchen und Pieperarten sind wegen des zusagenden
Terrains häufig. Die gemischten Waldungen beherbergen eine
Menge der verschiedensten Raub- und Singvögel. Rabenarten,
Tauben, Spechte und Feldhühner sind zahlreich vertreten,
während Waldhühner selten beobachtet werden. Im äussersten
Westen der Niederung, am kurischen Haff, nisten alljährlich
Seevögel. Hier finden wir regelmässig hochnordische Seevögel
auf dem Zuge, hier endlich ist für Deutschland die einzige
Brutstätte des Moorschneehuhns in den grossen, im Sommer
ganz unzugänglichen Mooren.

Nach dieser allgemeinen Schilderung des Beobachtungsgebietes will ich über das Vorkommen der Vögel im Regierungsbezirke Gumbinnen das wiedergeben, was die anfangs erwähnten Gewährsmänner und ich Jahre hindurch beobachtet haben.

Der Kürze halber sollen im Folgenden die einzelnen Theile des Gebietes durch Zahlen angegeben werden: Masuren = 1, obere lithauische Ebene = 2, untere lithauische Ebene = 3, Niederung = 4.

1. *Erithacus philomela* (Bechst.) Regelmässiger Brutvogel; in 1 selten, 2 vereinzelt, 3 und 4 häufig.

Erithacus luscinia (L.). Nirgends constatiert

2. *Erithacus cyaneculus* (Wolf). Unregelmässiger Brutvogel; in 1 sehr selten (den 4. Mai 1880 ein Nest mit 6 Eiern bei Lyck gefunden), 2 selten, 3 nach Förster Franz häufiger Durchzugsvogel, 4 selten.

3. *Erithacus rubeculus* (L.). Regelmässiger Brutvogel; in 1 und 2 vereinzelt, 3 und 4 häufig.

4. *Erithacus phoenicurus* (L.). Regelmässiger Brutvogel; in 1 und 2 vereinzelt, 3 selten, 4 häufig.

5. *Erithacus titis* (L.). Unregelmässiger Brutvogel, im ganzen Gebiete vereinzelt.

6. *Pratincola rubetra* (L.). Regelmässiger Brutvogel, im ganzen Gebiete vereinzelt.

P. rubicola (L.). Soll in 3 beobachtet sein, was jedoch fraglich ist.

7. *Saxicola oenanthe* (L.). Regelmässiger, überall häufiger Brutvogel.

8. *Turdus musicus* L. Regelmässiger Brutvogel, überall häufig.

9. *Turdus iliacus* L. Regelmässiger Durchzugsvogel; in 1 und 2 vereinzelt, 3 und 4 häufig.

10. *Turdus viscivorus* L. Regelmässiger Brutvogel; in 1, 2 und 4 häufig, 3 selten.

11. *Turdus pilaris* L. In 1 regelmässiger, vereinzelter Durchzugsvogel, 2 regelmässiger, vereinzelter-, 3 regelmässiger, häufiger-, 4 regelmässiger, seltener Brutvogel.

T. varius Pall. Im Regierungsbezirke Gumbinnen noch kein Stück beobachtet. Bei Elbing wurde ein Stück erlegt, das sich im zoologischen Museum in Königsberg befindet.

12. *Turdus merula* L. Regelmässiger, überall häufiger Brutvogel.

13. *Regulus regulus* (L.). Regelmässiger Brutvogel; in 1 und 2 vereinzelt, 3 und 4 häufig.

14. *Regulus ignicapillus* (Br.). In 1 und 4 nicht beobachtet, 2 und 3 nach Forstmeister Juedtz und Förster Franz seltener Durchzügler.

15. *Phylloscopus rufus* (Bechst.) In 1 und 2 nicht beobachtet, 3 und 4 regelmässiger Brutvogel.

16. *Phylloscopus trochilus* (L.). In 1, 2, 3 selten, 4 vereinzelt brütend.

17. *Phylloscopus sibilator* (Bechst.). Regelmässiger Brutvogel; in 1 und 2 vereinzelt, 3 und 4 häufig.

18. *Hypolais philomela* (L.). Regelmässiger Brutvogel; in 1, 2, 3 häufig, 4 vereinzelt.

19. *Locustella naevia* (Bodd.). Regelmässiger Brutvogel; in 1, 2 vereinzelt, 3 und 4 häufig.

20. *Locustella fluviatilis* (Wolf. In 1, 4 nicht beobachtet, 2 selten, aber regelmässig, 3 nach Förster Franz häufig und regelmässig brütend.

21. *Acrocephalus schoenobaenus* (L.). Regelmässiger, doch seltener Brutvogel im ganzen Gebiete.

22. *Acrocephalus palustris* (Bechst.). In 1 und 4 nicht beobachtet, 2, 3 seltener, unregelmässiger Brutvogel.

23. *Acrocephalus streperus* (Vieill.). In 2 und 4 nicht beobachtet, 1 und 3 selten und unregelmässig nistend.

24. *Acrocephalus arundinaceus* (L.). Regelmässiger Brutvogel; in 1, 3, 4 häufig, 2 vereinzelt.

25. *Sylvia atricapilla* (L.). Regelmässig brütend; in 1 selten, 2 vereinzelt, 3, 4 häufig.

26. *Sylvia curruca* L. Regelmässiger Brutvogel; in 1 und 2 vereinzelt, 3, 4 häufig.

27. *Sylvia sylvia* (L.). Regelmässiger, überall häufiger Brutvogel.

28. *Sylvia hortensis* Bechst. Desgl.

29. *Sylvia nisoria* (Bechst.) Unregelmässiger Brutvogel; in 1 selten (ich fand nur 2 Nester Ende Mai bei Birkenwalde, Kreis Lyck), 2, 3, 4 nicht beobachtet.

30. *Accentor modularis* (L.). Regelmässiger, überall häufiger Brutvogel.

31. *Troglodytes troglodytes* (L.). Regelmässiger Brutvogel; in 1, 2, 4 häufig, 3 vereinzelt.

32. *Acredula caudata* (L.). Regelmässiger, überall häufiger Brutvogel.

33 *Parus cristatus* L. Regelmässiger Brutvogel; in 1 vereinzelt, 2 selten, 3, 4 häufig.

34. *Parus caeruleus* L. Regelmässiger Brutvogel; in 2 gemein, 1, 3, 4 häufig.

35. *Parus fruticeti* Wallgr.. Unregelmässiger Brutvogel; in 1 und 2 selten, 3 und 4 vereinzelt.

36. *Parus ater* L. Regelmässiger Brutvogel, überall häufig.

37. *Parus major* L. Desgl.

38. *Sitta caesia* Wolf. Regelmässiger Brutvogel; in 1, 2 vereinzelt, 3, 4 häufig.

39. *Certhia familiaris* L. Regelmässiger, überall häufiger Brutvogel.

40. *Alauda arvensis* L. Desgl.

41. *Galerita arborea* (L.). Desgl.

42. *Galerita cristata* (L.). Regelmässiger Brutvogel; in 1, 2 häufig, 3, 4 gemein.

43. *Budytes flavus* (L.). Regelmässiger Brutvogel; in 1, 2 vereinzelt, 3, 4 häufig.

44. *Motacilla alba* L. Regelmässiger, überall häufiger Brutvogel.

45. *Anthus pratensis* (L.). Desgl.

46. *Anthus trivialis* (L.). Regelmässiger Brutvogel, aber überall vereinzelt.

47. *Anthus campestris* (L.). Regelmässiger Brutvogel: in 1, 2, 4 vereinzelt, 3 häufig.

48. *Emberiza schoeniclus* (L.). Regelmässiger, überall häufiger Brutvogel.

E. hortulana (L.). Mit Sicherheit nirgends beobachtet.

49. *Emberiza citrinella* L. Regelmässsiger Brutvogel, überall gemein.

50. *Emberiza calandra* L. Regelmässiger Brutvogel; in 1, 2, 4 häufig, 3 gemein.

51. *Loxia curvirostra* L. In 1, 2 unregelmässiger, vereinzelter Brutvogel, sonst im ganzen Gebiete häufiger, regelmässiger Durchzügler.

52. *Loxia pityopsittacus* Bechst. In 1 nicht beobachtet, 2, 3, 4 seltener, unregelmässiger Durchzugsvogel.

53. *Pyrrhula pyrrhula* (L.). Regelmässiger Durchzugsvogel; in 1, 2 selten, 3, 4 häufig, in 3 von Förster Franz auch vereinzelt als Brutvogel beobachtet.

54. *Pinicola erythrinus* (Pall.). In 1, 2 überhaupt nicht beobachtet, 3, 4 seltener, unregelmässiger Durchzügler. Bei Königsberg ist diese Art bereits brütend gefunden worden.

55. *Pinicola enucleator* (L.). In 1 niemals beobachtet, 2 seltener, unregelmässiger Durchzügler, 3, 4 häufiger, unregelmässig durchziehend, heuer in Scharen.

56. *Carduelis carduelis* (L.). Regelmässiger Brutvogel, überall häufig.

57. *Chrysomitris spinus* (L.) In 1, 2 regelmässig, aber vereinzelt brütend, 3, 4 nur regelmässig durchziehend.

58. *Acanthis cannabina* (L). Regelmässig, überall häufig auftretender Brutvogel.

59. *Acanthis flavirostris* (L.). In 1, 2, 4 nicht beobachtet, 3 seltener, unregelmässiger Durchzugsvogel.

60. *Acanthis linaria* (L.). Regelmässig durchziehend; 1, 2 vereinzelt, 3, 4 häufig.

61. *Chloris chloris* (L.). Regelmässiger Brutvogel; 1, 2 vereinzelt, 3, 4 häufig.

62. *Fringilla coelebs* L. Regelmässig und überall häufig brütend.

63. *Fringilla montifringilla* (L.). In 2, 3 unregelmässiger Durchzügler, 1, 4 nicht beobachtet.

64. *Coccothraustes coccothraustes* (L.). Regelmässiger Brutvogel; in 1, 4 vereinzelt, 2, 3 häufig.

65. *Passer montanus* (L.). Regelmässiger, überall gemeiner Brutvogel.

66. *Passer domesticus* (L.). Desgl.

67. *Sturnus vulgaris* L. Regelmässiger Brutvogel; in 1 vereinzelt, 2 häufig, 3, 4 gemein.

68. *Oriolus oriolus* (L.). Regelmässiger Brutvogel; in 1, 2, 3 vereinzelt, 4 selten.

69. *Nucifraga caryocatactes* (L.). In 1 von Hartert einmal als Brutvogel gefunden, sonst im ganzen Gebiete häufiger, regelmässiger Durchzügler.

70. *Garrulus glandarius* (L.). Regelmässig und überall häufig brütend.

71. *Pica pica* (L.). Regelmässiger Brutvogel; in 1, 2 vereinzelt, 3, 4 häufig.

72. *Colaeus monedula* (L.). Regelmässiger Brutvogel; in 1, 2, 3 häufig, 4 vereinzelt.

73. *Corvus frugilegus* L. Regelmässiger Brutvogel; in 1, 4 vereinzelt, 2, 3 gemein.

74. *Corvus cornix* L. Regelmässiger, überall gemeiner Brutvogel.

75. *Corvus corax* L. Regelmässiger Brutvogel, aber im ganzen Gebiete selten.

76. *Lanius collurio* L. Regelmässig und überall häufig brütend.

77. *Lanius senator* L. Im ganzen Gebiete sehr selten.

78. *Lanius minor* Gm. Regelmässiger Brutvogel; in 3 vereinzelt, 1, 2, 4 selten.

79. *Lanius excubitor* L. Regelmässiger Brutvogel; in 1 vereinzelt, 2, 3, 4 häufig.

80. *Muscicapa atricapilla* L. In 1, 2 nicht beobachtet, 3, 4 unregelmässig und vereinzelt brütend.

81. *Muscicapa grisola* L. Regelmässig und überall häufig brütend.

82. *Bombycilla garrula* (L.). Unregelmässiger Durchzugsvogel; in 1, 2 selten, 3, 4 häufig, manche Jahre scharenweise.

83. *Chelidonaria urbica* (L.). Regelmässig und überall gemeiner Brutvogel.

84. *Clivicola riparia* (L.). Desgl.

85. *Hirundo rustica* L. Desgl.

86. *Micropus apus* (L.). Desgl.

87. *Caprimulgus europaeus* (L.). Regelmässiger Brutvogel, im ganzen Gebiete aber nur vereinzelt.

88. *Coracias garrula* L. Regelmässiger Brutvogel; in 1, 2, 3 häufig, 4 vereinzelt.

89. *Upupa epops* L Regelmässiger Brutvogel; in 1, 2, 4 vereinzelt, 3 häufig.

Merops apiaster L. Zwei Stück, welche im zoologischen Museum in Königsberg aufgestellt sind, wurden vor vielen Jahren in Ostpreussen (Samland) geschossen.

90. *Alcedo ispida* L. In 1, 2 seltener, regelmässiger Brutvogel, 3 nur vereinzelter Durchzügler, 4 überhaupt nicht beobachtet.

91. *Picus viridis* L. Regelmässiger Brutvogel; in 1, 2 vereinzelt, 3 häufig, 4 selten.

92. *Picus viridicanus* Wolf. In 1, 4 nicht beobachtet, 2, 3 sehr selten und unregelmässig nistend.

93. *Dendropicus minor* (L.). Regelmässiger Brutvogel; in 1, 2 vereinzelt, 3, 4 häufig.

94. *Dendropicus medius* (L.). In 1 nicht beobachtet, 2. 3, 4 vereinzelter, unregelmässiger Brutvogel.

95. *Dendropicus major* (L). Regelmässiger Brutvogel; in 1, 2, 3 häufig, 4 selten.

96. *Dryocopus martius* (L.). Regelmässiger Brutvogel; in 1, 2, 4 vereinzelt, 3 häufig.

97. *Jynx torquilla* L. Regelmässiger Brutvogel; in 1, 3, 4 häufig, 2 vereinzelt.

98. *Cuculus canorus* L. Regelmässiger Brutvogel, aber im ganzen Gebiete vereinzelt.

99. *Strix flammea* L. In 1 und 4 nicht beobachtet, 3 unregelmässiger, vereinzelter Durchzugs-, 2 unregelmässiger, seltener Brutvogel.

100. *Carine passerina* (L.). In 1, 2 seltener, unregelmässiger Brutvogel. Diese Art mag wohl in unsern Wäldern häufiger vorkommen, wird aber wahrscheinlich oft übersehen. In 3 seltener, unregelmässiger Durchzugsvogel, 4 nicht beobachtet.

101. *Carine noctua* (Retz.) Im ganzen Gebiete vereinzelt, aber regelmässig brütend.

102. *Nyctea ulula* (L.) In 1, 4 nicht beobachtet, 2, 3 von Forstmeister Robitzsch, Forstmeister Juedtz und Förster Franz mit Bestimmtheit als sehr seltener, unregelmässiger Brutvogel constatiert. Im genannten Gebiete kommt die Sperbereule als unregelmässiger Durchzugsvogel öfters vor.

103. *Nyctea scandiaca* (L.). In 1 nicht beobachtet, 2, 3, 4 selten und unregelmässig auf dem Durchzuge.

104. *Syrnium aluco* (L). Regelmässiger Brutvogel; in 1, 2 vereinzelt, 3, 4 häufig.

105. *Syrnium uralense* (Pall.). In 1, 2, 4 nicht beobachtet, 3 selten und unregelmässig horstend. Am 4. April 1878 schoss der Sohn des Forstmeisters Robitzsch in Kranichbruch bei Interburg ein ♀ mit starkem Brutfleck. Im Winter erscheint die Habichtseule öfters in diesem Bezirke.

106. *Syrnium lapponicum* (Sparrm.). Nur einmal von Robitzsch jun. in 3 erlegt, sonst nirgends beobachtet.

107. *Asio accipitrinus* (Pall.). Unregelmässiger Brutvogel; in 2, 4 vereinzelt, 1, 3 unregelmässiger, seltener Durchzügler.

108. *Asio otus* (L.). Regelmässig und überall häufig brütend.

109. *Bubo bubo* (L.). Regelmässiger Brutvogel; in 1, 2, 3 vereinzelt, 4 häufig.

110. *Falco vespertinus* L. In 2 vom Forstmeister Juedtz als seltener, unregelmässiger Brutvogel constatiert, 1, 3, 4 überhaupt nicht beobachtet.

111. *Falco subbuteo* L. Regelmässiger Brutvogel; in 1, 3, 4 häufig, 2 vereinzelt.

112. *Falco aesalon* Tunst. In 2 seltener, unregelmässige Durchzügler, 1, 3, 4 nicht beobachtet

113. *Falco tinnunculus* L. Regelmässiger Brutvogel; in 1 häufig, 2 vereinzelt, 3, 4 selten.

114. *Falco peregrinus* Tunst. Regelmässiger Durchzugsvogel; in 1 vereinzelt. 2, 3, 4 selten. Wurde bei Königsberg horstend gefunden.

115. *Aquila pomarina* Br. Regelmässiger Brutvogel; in 1 vereinzelt, 2, 3, 4 selten.

116. *Aqula chrysaëtus* (L.). In 1, 2 unregelmässiger Brutvogel und vereinzelt, 3 ebenso, aber selten, 4 nur selten und unregelmässig am Durchzuge.

117. *Archibuteo lagopus* (Brünn). In 2 von Forstmeister Juedtz als seltener Brutvogel beobachtet, sonst im ganzen Gebiete vereinzelter, regelmässiger Durchzügler.

118. *Buteo buteo* (L.). Regelmässig und überall häufig brütend.

119. *Haliaëtus albicilla* (L.). Regelmässiger Brutvogel; in 1, 4 vereinzelt, 2, 3 selten.

120. *Pandion haliaëtus* (L.). Im ganzen Gebiete seltener, unregelmässiger Durchzugsvogel.

121. *Pernis apivorus* (L.) In 1, 2, 4 nicht beobachtet, 3 seltener, unregelmässiger Brutvogel. Vor mehreren Jahren wurde ein Paar bei Königsberg horstend gefunden.

122. *Milvus migrans* (Bodd.). Unregelmäsiger Brutvogel; in 1, 2 vereinzelt, 3, 4 selten.

123. *Milvus milvus* (L.). Regelmässiger Br..tvogel; in 1 häufig, 2, 3 vereinzelt, 4 selten.

124. *Accipiter nisus* (L.). Regelmässig horstend; in 1, 2, 4 häufig, 3 vereinzelt.

125. *Astur palumbarius* (L.). Regelmässiger Horstvogel; in 1, 3, 4 häufig, 2 vereinzelt.

126. *Circus aeruginosus* (L.). Regelmässig brütend; in 3 häufig, 4 gemein, 1, 2 nicht beobachtet.

127. *Circus cyaneus* (L.). Unregelmässiger Brutvogel; in 1, 2 selten, 3, 4 häufig.

128. *Circus macrurus* (Gm.). 1, 3 seltener, unregelmässiger Durchzugsvogel (9. September 1880 wurde ein Exemplar bei Johannisburg geschossen), 2, 4 überhaupt nicht beobachtet.

129. *Circus pygargus* (L). In 1, 2, 4 nicht beobachtet, 3 regelmässiger, aber vereinzelter Brutvogel.

130. *Gyps fulvus* (Gm.). Im August 1881 hatte sich eine Gesellschaft von 6 Stück im Revier Abracken bei Stallupönen gezeigt, aus der ein Exemplar geschossen wurde. Ein bei Bartenstein erlegtes Stück ist im zoologischen Museum zu Königsberg aufgestellt.

131. *Tetrao bonasia* L. Regelmässiger Brutvogel; in 2 vereinzelt, 1 häufiger, 3 selten, 4 fehlend.

132. *Tetrao tetrix* L. Brutvogel; in 1, 2 vereinzelt, 3 häufiger, 4 selten.

133. *Tetrao urogallus* L. Regelmässiger Brutvogel; in 1 vereinzelt, 3 in der Oberförsterei Jura häufig, 2, 4 fehlend.

134. *Lagopus lagopus* (L.). In 1, 2 fehlend, 3 seltener, unregelmässiger Durchzugs-, 4 ebensolcher Brutvogel.

135. *Coturnix coturnix* (L.). Regelmässiger Brutvogel; in 1, 3, häufig, 2 vereinzelt, 4 selten.

136. *Perdix perdix* (L.). Regelmässiger, überall häufiger Brutvogel.

137. *Phasianus colchicus* L. Nur in 1 grössere Fasanerien, in 2, 3, 4 in unbedeutender Zahl.

138. *Turtur turtur* (L). Regelmässiger Brutvogel, überall häufig.

139. *Columba palumbus* L. Desgl.

140. *Columba oenas* L. Regelmässiger Brutvogel; in 1, 2, 3 häufig, 4 vereinzelt.

141. *Ardea cinerea* (L.). Regelmässiger Brutvogel; in 1, 2 vereinzelt, 3 häufig, 4 selten.

142. *Ardetta minuta* (L.). In 1, 2 nicht beobachtet, 3 selten und unregelmässig am Durchzuge, 4 häufiger, regelmässiger Brutvogel.

143. *Botaurus stellaris* (L.). In 1, 2 selten, unregelmässig durchziehend, 3, 4 häufig, regelmässig brütend.

144. *Ciconia ciconia* (L.). Regelmässiger, überall häufiger Brutvogel.

145. *Ciconia nigra* (L.). Regelmässig brütend; in 1, 2 selten, 3 vereinzelt, in 4 nicht beobachtet.

146. *Syrrhaptes paradoxus* (Pall.) In 1, 2, 4 nicht beobachtet, 3 auf dem letzten Durchzuge nur vereinzelt erschienen.

147 *Fulica atra* (L.). Regelmässiger Brutvogel; in 1, 3, 4 häufig, 2 selten.

148. *Gallinula chloropus* (L.). Desgl.

149. *Ortygometra pusilla* (Pall.). Ein Exemplar erhielt Conservator Künow in Königsberg, das am Kurischen Haff erlegt wurde.

150. *Ortygometra porzana* (L.). Regelmässiger Brutvogel; in 1 vereinzelt, 2 selten, 3, 4 häufiger.

151. *Crex crex* (L.). Regelmässiger Brutvogel; in 1, 4 häufig, 2, 3 gemein.

152. *Rallus aquaticus* (L.). Desgl.; in 1 vereinzelt, 2 selten, 3, 4 häufig.

153. *Grus grus* (L.). Desgl.; in 1, 2, 3 vereinzelt, in 4 häufig.

154. *Otis tetrax* L. In 3 wurde vor einigen Jahren ein verirrtes ♂ von Forstmeister Robitzsch bei Waldhausen erlegt.

155. *Otis tarda* L. In 2, 3, 4 niemals beobachtet, in 1 wurde bei Goldap im Herbste 1886 ein Stück geschossen.

156 *Scolopax rusticula* L. Regelmässiger Brutvogel; in 1, 2 vereinzelt, 3, 4 häufig.

157. *Gallinago gallinula* (L). In 1 nicht beobachtet, 2 nach Forstmeister Juedtz seltener, unregelmässiger, 3 und 4 von Förster Franz und Gerhard als häufiger, regelmässiger Brutvogel constatiert.

158. *Gallinago gallinago* (L.). Regelmässiger Brutvogel; in 1, 2 vereinzelt, 3, 4 häufig.

159. *Gallinago major* (Gm.). In 1, 2 regelmässig, aber vereinzelt auf dem Durchzuge. 3, 4 regelmässiger, vereinzelt auftretender Brutvogel.

160. *Numenius phaeopus* (L.). In 1, 2, 3 nicht beobachtet, 4 selten, unregelmässig auf dem Durchzuge.

161. *Numenius arcuatus* (L). In 1 nicht beobachtet, 2, 3 4 seltener, regelmässiger Durchzügler.

162. *Limosa lapponica* (L.). In 1, 2, 3 nicht beobachtet, 4 unregelmässig und vereinzelt durchziehend.

163. *Totanus pugnax* (L.). In 1, 2 nicht beobachtet, 3 regelmässiger, häufiger Durchzügler, 4 nach Förster Gerhard regelmässiger, häufiger Brutvogel.

164. *Totanus hypoleucus* (L.). In 1, 2 nicht beobachtet, 3, 4 regelmässiger, vereinzelter Brutvogel.

165. *Totanus ochropus* (L.). In 1. 3 nicht beobachtet, 2 seltener, unregelmässiger Durchzügler, 4 regelmässiger, vereinzelter Brutvogel.

166. *Tringa alpina* L. In 1, 2, 3 nicht beobachtet, 4 regelmässig und häufig am Durchzuge.

167. *Tringa canutus* L. In 1 fehlend, 2, 3, 4 selten, unregelmässig auf dem Durchzuge.

168. *Vanellus vanellus* (L.). Regelmässiger Brutvogel; in 1, 2 häufig, 3, 4 gemein.

169. *Charadrius curonicus* Gm. Desgl.; in 1, 3, 4 gemein, 2 vereinzelt.

170. *Charadrius alexandrinus* L. 1 nicht beobachtet, 2, 3, 4 unregelmässig und selten auf dem Durchzuge.

171. *Charadrius hiaticula* L. In 1 nicht wahrgenommen, 2, 3 seltener, unregelmässiger Durchzügler, 4 regelmässiger aber vereinzelter Brutvogel.

172. *Charadrius pluvialis* L. In 1 nicht beobachtet, 2, 3, 4 seltener, regelmässiger Durchzügler.

173. *Arenaria interpres* (L.). In 1, 2 fehlend, 3, 4 selten, unregelmässig durchziehend.

174. *Cygnus olor* (Gm.). Unregelmässiger Durchzügler; in 1, 4 häufig, 2, 3 selten.

175. *Cygnus cygnus* (L.). In 1, 2 nicht beobachtet, 3 selten, unregelmässig-, 4 häufig und regelmässig durchziehend

176. *Anser albifrons* (Scop.). Nur in 2 als seltener, unregelmässiger Durchzügler nachgewieson.

177. *Anser segetum* (Gm.). Regelmässig durchziehend; in 1, 2 selten, 3, 4 häufig.

178. *Anser anser* (L.). Regelmässiger Durchzügler; in 1, 3, 4 häufig, 2 selten.

179. *Tadorna tadorna* (L.). In 1, 2, 3 nicht beobachtet, 4 selten und unregelmässig durchziehend.

180. *Anas crecca* L. Regelmässiger Brutvogel; in 1, 3, 4 häufig, 2 vereinzelt.

181. *Anas querquedula* L. Desgl.; in 1, 2, 3 vereinzelt, 4 häufig.

182. *Anas acuta* L. Im ganzen Gebiete seltener, unregelmässiger Brutvogel.

183. *Anas penelope* L. Regelmässig durchziehend; in 1, 2 selten, 3 vereinzelt, 4 häufig.

184. *Anas strepera* L. In 1, 2, 4 nicht beobachtet, 3 unregelmässig und vereinzelt als Brutvogel.

185. *Anas clypeata* L. In 1, 2 seltener, unregelmässiger Durchzugs-, 3 seltener, regelmässiger, 4 häufiger, regelmässiger Brutvogel.

186. *Anas boscas* L. Regelmässiger Brutvogel; in 1, 3, 4 häufig, 2 vereinzelt.

187. *Fuligula hyemalis* (L.). In 1, 2 nicht beobachtet, 3 selten, unregelmässig durchziehend, 4 regelmässig auf dem Durchzuge, oftmals in grossen Scharen.

188. *Fuligula clangula* (L.). In 1, 2, 3 nicht beobachtet, 4 unregelmässiger, vereinzelter Durchzugsvogel.

189. *Fuligula nyroca* (Güldenst.). In 1, 2, 4 nicht beobachtet, 3 seltener, unregelmässiger Durchzügler.

190. *Fuligula ferina* (L.). Unregelmässiger Durchzugsvogel im ganzen Gebiete vereinzelt.

191. *Fuligula marila* (L.). Desgl.; in 1. 2, 3 selten, 4 vereinzelt.

192. *Oidemia nigra* (L.). Conservator Künow in Königsberg erhielt im Jahre 1886 ein Exemplar, das am Kurischen Haff erlegt wurde.

193. *Mergus serrator* L.ʾ Im ganzen Regierungsbezirke Gumbinnen habe ich diese Art nur auf dem Gehlandsee bei Sorquitten in 1 brütend gefunden, woselbst alljährlich 8—10 Paare nisten. In 2 seltener, unregelmässiger Durchzügler, 3, 4 überhaupt nicht beobachtet.

194. *Mergus merganser* L. Regelmässiger Durchzugsvogel; in 1, 2 vereinzelt, 3, 4 selten. In 1 vielleicht seltener Brutvogel, da fast alljährlich im Mai und Juni einige Exemplare in Masuren erlegt werden.

195. *Phalacrocorax carbo* (L.). Nur ein Exemplar in 1 bei Lyck vor mehreren Jahren erlegt, sonst nirgends beobachtet.

196. *Hydrochelidon nigra* (L.). Regelmässiger, überall gemeiner Brutvogel.

197. *Sterna hirundo* L. Desgl.

198. *Rissa tridactyla* (L.). In 1 fehlend, 2, 3 seltener, unregelmässiger Durchzügler, 4 unregelmässig und vereinzelt erscheinend.

199. *Larus ridibundus* (L.). Regelmässiger Brutvogel; in 1, 4 gemein, 2, 3 selten.

200. *Larus canus* L. In 1 fehlend, 2, 3 seltener, unregelmässiger-, 4 häufiger, regelmässiger Durchzügler

201. *Colymbus fluviatilis* Tunst. In 1 regelmässig als Brutvogel auftretend, aber vereinzelt, 2, 4 nicht beobachtet, 3 selten, unregelmäsig durchziehend.

202. *Colymbus nigricollis* (Br.). In 1 seltener, unregelmässiger Durchzugsvogel, 2, 3, 4 nicht beobachtet.

203. *Colymbus auritus* L In 1, 2 desgl., 3, 4 nicht beobachtet.

204. *Colymbus griseigena* Bodd. In 1, 2, 4 nicht beobachtet, 3 seltener, unregelmässiger Durchzügler.

205. *Colymbus cristatus* (L.). In 2 regelmässig, aber vereinzelt auf dem Durchzuge, 3 unregelmässig, vereinzelt brütend, 1. 4 regelmässig und häufiger brütend.

206. *Urinator arcticus* (L.). In 1 fehlend, 2, 3 selten und unregelmässig durchziehend, 4 unregelmässig und nur vereinzelt auf dem Durchzuge.

Tilsit, im December 1892.

_____

Die Vögel Hannovers und seiner Umgebung.

Von H. KREYE.

Seit einer längeren Reihe von Jahren habe ich mich bemüht, das Material für eine Zusammenstellung der bei Hannover vorkommenden Vögelarten zu sammeln. Der Gedanke lag nahe; mein Geschäft, Lehrmittelhandlung, gleichzeitig Präparation naturhistorischer Objecte, brachte mich mit allen Liebhabern, Jägern u. s. w. in Berührung. Namentlich verdanke ich Herrn Kreisthierarzt Rotermund, ferner unseren im hohen Alter stehenden Custos Herrn Braunstein manche wertvolle Mittheilung.

Die stets frisch an mein Geschäft gelieferten Vögel brachten mich auf den Gedanken, den Mageninhalt zu untersuchen, um hieraus bei einer grösseren Anzahl ein und derselben Art den Schluss auf die Ernährung zu ziehen.

Das zu beobachtende Gebiet nahm ich auf eine Entfernung bis sechs Stunden von dem Mittelpunkte der Stadt Hannover an. Dasselbe ist sehr günstig, da Feld, Wald und Wiesen mit einander abwechseln und auch Felspartien (am Ith und Hohenstein) sich finden, die dem Wanderfalken Gelegenheit zum Horsten bieten; im Nordosten tritt Heide, Sumpf und Moor dicht an die Stadtgrenze heran. Die nicht zu weite Entfernung des Meeres bedingt es, dass mancher Küstenbewohner bei ungünstigem Wetter in unser Gebiet verschlagen wird. Möven, Seeschwalben ziehen, namentlich bei Hochwasser, die Weser, Aller und Leine herauf.

Hieraus resultiert, dass die Anzahl der zu beobachtenden Vögel ziemlich bedeutend ist. Festgestellt sind bis jetzt 195

Arten, sowie eine hybride Form. Ueber einige Arten Sumpfrohrsänger und Wasserläufer fehlen mir noch sichere Nachweise
über ihre Brüten, was ich später festzustellen hoffe.

Die Notizen der im Hildesheimer Museum befindlichen
Pralle'schen Eiersammlung hätten vielleicht darüber Auskunft
geben können; der verdienstvolle Leiter desselben konnte mir
jedoch auf mein Ersuchen die Besichtigung nicht ermöglichen,
da sich die Sammlung in einem ungeheizten Raume befindet
und nur während der Sommermonate zugänglich ist.

Es wird mich freuen, wenn mein Verzeichnis Interesse
erregen und zu weiteren Mittheilungen von Beobachtungen
Veranlassung geben sollte, die ich gelegentlich als Nachtrag
veröffentlichen würde.

Hannover, 18. December 1892.

1. *Milvus milvus* (L.). Rother Milan, Gabelweihe.

Ist bei uns ein ziemlich häufiger Brutvogel, dessen Horst
sich in grösseren Feldhölzern befindet. Der Milan nährt sich
in überwiegender Weise von Mäusen und ist hiedurch sehr
nützlich. Sind Mäuse nicht vorhanden, müssen Frösche und
Kerbthiere herhalten. Junge Hasen werden auch nicht verschont, und sehr zuverlässige Jäger theilten mir mit, dass auch
halbwüchsige und kranke Hasen nicht vor den Angriffen ge-
sichert seien.

2. *Falco tinnunculus* L. Thurmfalk.

Unter den eigentlichen Falken findet sich der Thurmfalk
bei uns am zahlreichsten und überwintert zuweilen, wie z. B.
1892 93, häufig. Die Nahrung besteht aus Mäusen und Insecten,
namentlich Käfern. Wenn sich der Thurmfalk auch ab und
zu an kleineren Vögel vergreift, so ist derselbe doch der verhältnissmässig unschädlichste unter ihnen.

3. *Falco aesalon* Tunst. Merlinfalk.

Während der Thurmfalk gewöhnlich nur vereinzelt in hiesiger Gegend überwintert, scheint der Merlinfalk ständig[1]) bei

---

[1]) Da diese Angabe Bedenken erregen musste, theilte ich diese Herrn
Kreye mit, welcher mir nun schreibt, dass er am 3. Mai 1889 ein vom Jagdaufseher Busse in Isernhagen erlegtes Exemplar und im Juli 1891 zwei stark

uns vorzukommen. Auch bei dieser Art dürfte der Nutzen durch Mäuse- und Kerbthiernahrung den verhältnissmässig geringen Schaden an Vögeln überwiegen.

4. *Falco subbuteo* L. Baumfalk.

Nicht häufig, aber sehr schädlich auftretender Vogel. Hauptnahrung Lerchen, schlägt jedoch auch grössere Vögel z. B. Drosseln. Der Baumfalk ist Brutvogel und verlässt uns im Herbste. Eine interessante Beobachtung machte Herr Kreisthierarzt Rotermund. Im April des Jahres 1886 fand derselbe in der Nähe von Eilte bei Ahlden den Horst eines Kolkraben, welcher mit vier Jungen besetzt war, die der Genannte ausnehmen liess. Der auf einer hohen Föhre befindliche Horst war 4 Wochen später von einem Baumfalkenpärchen in Beschlag genommen. Um es auf dem grossen Kolkrabenhorste einigermassen wohnlich zu haben, hatten die Alten aus den umliegenden Marschen eine Menge Schafwolle zusammengeschleppt und und hieraus in der Mitte des Horstes ein kleineres Nest gebildet. Das aus drei Eiern bestehende Gelege bewahrt Herr Rotermund.

5. *Falco peregrinus* Tunst. Wanderfalk.

Brütet an der Hirschkuppe des Hohensteins, circa 5 Stunden von Hannover, wo ich ein Exemplar von dem in der unzugänglichen Felswand befindlichen Horste abstreichen sah. Als Brutort ist mir ferner der Ith genannt worden. Der Wanderfalk wird von den Brieftaubenzüchtern wohl mit Recht sehr gefürchtet; bei dem äusserst seltenen Vorkommen des Vogels in unserer Gegend kann ich über die bevorzugte Nahrung nichts mittheilen. In einem Exemplare fand ich Ueberreste vom Feldhuhn.

6. *Astur palumbarius* L. Hühnerhabicht.

Verweilt während des ganzen Jahres bei uns und brütet in Feldhölzern. Ein am Horste geschossenes Weibchen, welches starke Brutflecken hatte, trug während dieser Zeit noch das Jugendkleid; nur an den Hosen zeigten sich einige quergestreifte Federn.

---

in der Mauser befindliche Junge erhalten habe. Letzterer Fall scheint allerdings für das wenigstens bedingte Horsten des Zwergfalken in der Provinz Hannover zu sprechen, worüber Herr Kreye, weitere Nachforschungen anzustellen, versprach.   Der Herausgeber.

Die Nahrung besteht überwiegend aus grösseren Vögeln; Ringeltauben und Feldhühner werden bevorzugt.

7. *Accipiter nisus* L. Sperber, Taubenhabicht.

In der ganzen Umgebung ist der Sperber ein sehr häufiger Brutvogel und hierdurch für uns der schädlichste und frechste Räuber. Oft kommt es vor, dass derselbe bei Verfolgung seiner Beute durch offene Thüren oder Fenster fliegt und lebend gefangen wird. Ich konnte einen charakteristischen Zug der Mordgier beobachten. Ein durch Schrottkörner in den Bauch schwerverletzter Sperber wurde mir in einem Korbe lebend gebracht. Als ich den Deckel desselben öffnete flog der Sperber heraus und stürzte sich auf das Bauer meines Kanarienvogels. Der Vogel hatte in dem Augenblicke seine schwere Wunde und die Gegenwart der Menschen vollständig vergessen.

Die Nahrung des Sperbers besteht überwiegend aus kleineren Vögeln; das grössere Weibchen ist für die Brieftaubenzüchter ein sehr gefährlicher Vogel.

8. *Pandion haliaëtus* (L.) Fischadler.

Streicht nur selten in die unmittelbare Umgebung Hannovers, ist häufiger an der Aller und am Steinhudermeer. In grösserer Anzahl wird der Fischadler jährlich am Entenfang bei Celle erbeutet.

9. *Aquila pomarina* Br. Schreiadler.

Brutvogel im Wietzenbruch. Ein Gelege von dort befindet sich im Besitze des Herrn Director Mühlenpfordt. Bei einem Schreiadler fand ich Ueberreste eines jungen Hasen, sonst stets Mäuse. Herr Kreisthierarzt Rotermund beobachtete den Schreiadler als Brutvogel im Krelingerbruch.

10. *Aquila fulva* L. Steinadler.

In unserem Museum befinden sich drei Exemplare aus der Provinz Hannover. Hiervon ist ein Exemplar in der Umgebung von Nienburg erlegt, ein zweites in der Görde und da dritte wurde todt im Wietzenbruch gefunden, welches letzteres wahrscheinlich für Füchse ausgelegtes vergiftetes Fleisch verzehrt haben dürfte.

11. *Circaëtus gallicus* (Gm.) Schlangenadler.

In unserem Museum befinden sich zwei vom Hofjäger Grume in Rebberlah am 1. Mai 1859 und 20 Mai 1860 erlegte Exem-

plare; ein drittes Exemplar wurde Herrn Custos Braunstein
aus Celle zugesandt.

12. *Haliaëtus albicilla* (L.) Seeadler.

Der Seeadler, der noch vor 12 Jahren ziemlich regelmässig jedes Jahr beobachtet wurde, wird jetzt sehr selten.
Den modernen Schusswaffen gegenüber können sich die
grösseren Raubvögel nicht .halten; auch bei der Gabelweihe ist
die rasche Verminderung sehr auffällig.

13. *Pernis apivorus* (L.) Wespenbussard.

Der Wespenbussard ist bei uns Brutvogel, kommt aber
nicht sehr häufig vor Ein Gelege des Wespenbussards aus dem
Deister fand ich in der Amsberg'schen Sammlung.

Der Kropf der erlegten Stücke ist meistens mit Wespen
gefüllt, seltener finden sich Bienen und Frösche darin. Der
Custos am hiesigen Museum, Herr Braunstein, fand bei einem
Wespenbussard Ueberreste von jungen Singdrosseln.

14. *Archibuteo lagopus* (Brünn). Rauhfussbussard.

Der Rauhfussbussard erscheint während des Durchzuges
und weilt zum Theile auch über den Winter hier.

Die Hauptnahrung bilden Mäuse, doch ist der Rauhfussbussard bei weitem schädlicher wie der Mäusebussard;
Ueberreste von jungen und halbwüchsigen Hasen finden sich
sehr häufig bei ihm.

15. *Buteo buteo* (L.). Mäusebussard.

Der Mäusebussard ist sehr gemein, brütet in der Eilenriede, sowie in allen umliegenden Feldhölzern.

Für die Landwirthschaft ist er der unbedingt nützlichste
Vogel. Oft fand ich im Magen und Kropfe die Ueberreste von
15—20 Mäusen, niemals Federn, häufiger Frösche und Dung-
käfer, seltener Eidechsen, Feld- und Maulwurfsgrillen, einmal
auch eine Blindschleiche, wogegen niemals Ueberreste von
wirklichen Schlangen (wir haben bei uns glatte Natter, Kreuzotter und Ringelnatter). Die Beobachtungen beziehen sich auf
mehrere hundert Exemplare. Schmachvoll ist es daher,
dass für die Fänge des Bussards ein regelmässiges Schussgeld
gezahlt wird. Wenn der Bussard auch in sehr seltenen Fällen —

ich fand dies nur zweimal — ein junges Häschen ergreift, so
gibt dies jedenfalls nicht die Berechtigung, einen derart nützlichen Vogel zu Dutzenden auf der Krähenhütte abzuschiessen.

16. *Circus aeruginosus* (L.), Rohrweihe.

Nicht selten in unseren Mooren. Nahrung Mäuse und
Frösche. Die Rohrweihe ist bei uns Brutvogel.

17. *Circus cyaneus* (L.). Kornweihe.

Dieselbe ist Brutvogel und wird namentlich während der
Mauserzeit (Mitte August) häufig geschossen. Der Nutzen dieser
Art durch Mäusevertilgung wird durch den Schaden, den dieselbe unseren Singvögeln, namentlich den Lerchen zufügt,
vollständig ausgeglichen.

18. *Circus macrurus* (Gm.). Steppenweihe.

Drei durch den verstorbenen Herrn Postdirector Pralle
bestimmte Exemplare befinden sich in unserem Provincial-
Museum.

19. *Circus pygargus* (L.) Wiesenweihe.

Nicht selten.

20. *Nyctea ulula* (L.). Sperbereule.

Dieser seltene Gast wurde im Herbst 1880 bei Warm-
büchen geschossen. Das sehr schöne Exemplar befindet sich
im Besitze des Herrn W. v. Cranach in Weimar.

21. *Carine noctua* (Retz). Käuzchen.

Häufiger Standvogel, der gern in Weidenstümpfen brütet.
In den Mägen fand ich wie bei den folgenden Eulen nur Ueberreste von Mäusen, sehr selten Insecten.

22. *Syrnium aluco* (L.). Waldkauz.

Häufiger, in der ganzen Umgegend vorkommender Brutvogel.

23. *Strix flammea* L. Schleiereule.

Dieselbe ist sehr häufig, brütet auf wenig begangenen
Böden, in altem Gemäuer, Kirchthürmen u. s. w. Bei strenger
Kälte zieht sie sich gerne in Scheunen, Stallungen, Tauben-
schläge und wird leider aus Rohheit oft getödtet und an die
Scheunenthore genagelt.

24. *Asio otus* (L.). Waldohreule.

Etwas seltener wie die folgende Art.

25. *Asio accipitrinus* (Pall.). Sumpfeule.

Sämmtliche Eulen sind für Land- und Forstwirthschaft von bedeutendem Nutzen, und unter allen Eulen hat diese durch ihr häufiges Vorkommen, durch ihr eifriges Jagen nach Feldmäusen (Hauptnahrung *Arvicola arvensis* und *Mus sylvaticus*) die grösste Bedeutung. Die Sumpfeule ist bei uns Brutvogel.

26. *Caprimulgus europaeus* L. Nachtschwalbe.

Die Nachtschwalbe oder der Ziegenmelker ist bei uns ein sehr häufiger Brutvogel. Wenn man sich abends im Moor befindet, dann hört man plötzlich den eigenthümlichen Ruf der Nachtschwalbe und bald darauf sieht man einen ziemlich grossen Vogel vorbeischweben und in der Dämmerung verschwinden. Jetzt ist es Zeit, sich ruhig zu verhalten. Bald belebt sich die Fläche mehr und mehr mit den ihrer Nahrung nachjagenden Vögeln, die reissenden Fluges dahinziehen; jähe Wendungen bezeichnen den Fang eines für uns unsichtbaren Kerbthieres.

Der Mageninhalt weist nach, dass die Nachtschwalben nächst dem Kukuk die gefrässigsten Thiere sind. Die Nahrung bilden hauptsächlich Schilfeulen, Mücken u. s. w., doch finden auch grössere Käfer, wie Ross- und Maikäfer in dem weitgeöffneten Rachen ihren Untergang.

27. *Micropus apus* (L.). Mauersegler.

Hier meistens Thurmschwalbe genannt. Ist ein sehr gewöhnlicher Brutvogel. Das Nest befindet sich unter Dachziegeln auf wenig benützten Böden. Nahrung: Mücken, Fliegen, überhaupt kleinere Insecten. Durch das Anfliegen gegen die Telephondrähte gehen viele Segler zugrunde.

28. *Hirundo rustica* L. Rauchschwalbe.

Ist ein häufiger Brutvogel, legt ihr Nest gern in Stallungen, Scheunen u. s. w. an.

29. *Hirundo urbica* L. Mehlschwalbe.

Wie die vorige Art zahlreich auftretender Brutvogel. Die Nahrung der Schwalben besteht aus kleineren Insecten. Wie es scheint, ziehen sich die Schwalben, wahrscheinlich wegen der Telephondrähte, mehr und mehr aus der Stadt fort.

30. *Hirundo riparia* L. Uferschwalbe.

Brütet zahlreich in Steinbrüchen u. s. w.

31. *Cuculus canorus* L. Kukuk.

Ist bei uns überall häufig und in den Heidewäldern eine gewöhnliche Erscheinung. Noch hat der Kukuk hier viele Gegner, namentlich unter der Landbevölkerung herrscht allgemein der Glaube, dass er sich des Winters in einen Sperber verwandle.

Schaden richtet der Kukuk allerdings durch sein Brutgeschäft an, und manches Gelege unserer lieblichen und nützlichen Sänger wird dadurch betroffen; doch sein Nutzen ist so bedeutend, dass der Schaden bei weitem zurücksteht. Kein Vogel ist wie er befähigt, die im Walde so schädlich auftretenden Raupen der Nonne, des Processionsspinners, in Gärten die des Ringelspinners, Goldafters, Schwammspinners, des Kohlweisslings u. s. w. zu vertilgen. Sein grosser Hunger verlangt ununterbrochen Befriedigung, ständig ist sein Magen mit Nahrung gefüllt und in welcher Weise dies geschieht, mag aus folgender Notiz hervorgehen.

Am 3. Juni erhielt ich ein Kukuk ♂, geschossen am 1. Juni. Der Magen enthielt die Ueberreste von ca. 80 Raupen, hierunter eine 7 Ctm. lange Raupe von *Las. potatoria*; die übrigen waren entschieden von Eichen gesucht, grösstentheils Spannerraupen, einige von *Cul. trapezina* und andere. Die tief im Magen liegenden Raupen waren bereits bis auf die Köpfe verdaut, und ich musste mich beschränken, diese zu zählen. Ein Kukuk schafft also reichlich so viel Nutzen wie 4—5 Grasmücken, die sonst etwa das Gelege gebildet hätten. Noch eines möchte für die grösste Schonung des Kukuks sprechen: er ist der wahre Bote des Frühlings; mit seinem Rufe zieht Leben und Freude in die Wälder, er kündigt nicht das Erwachen der Natur an, sondern dass dieselbe bereits erwacht ist.

32. *Alcedo ispida* L. Eisvogel.

Ich beobachtete den Eisvogel in der unmittelbaren Umgebung Hannovers, an den Grenzgräben der Eilenriede, an den Teichen des Georgengartens sowohl, wie an der Leine und Ihme. Der Eisvogel brütet bei uns.

Wo sehr wertvolle Fische gezüchtet werden, halte ich es für gerechtfertigt, den Eisvogel abzuschiessen Liegt dieser Grund nicht vor, sollte man diesem durch seine Farbenpracht an exotische Vögel erinnernden fliegenden Juwell seinen Lebens unterhalt gönnen.

33. *Coracias garrula* L. Mandelkrähe.

Erhielt ich öfters aus der Umgegend von Celle und Peine, wo dieselbe Brutvogel zu sein scheint. Aus der unmittelbaren Umgebung Hannovers kam mir bislang kein Exemplar zu.

34. *Oriolus oriolus* (L.) Pirol, Vogel Bülow.

Wie die vorige Art einer der schönsten Vögel unserer Heimat. Derselbe brütet bei uns. Der Schaden, welcher durch Beraubung der Kirschbäume entsteht, wird durch Vertilgung von Kerbthieren, namentlich unbehaarter Raupen, reichlich ausgeglichen.

Den flötenden Ruf lassen beide Geschlechter ertönen. Ein Forstbeamter lockte in meiner Gegenwart durch Nachahmung des Rufes einen Pirol. Der Vogel kam rufend näher, setzte sich auf eine Kiefer und wurde auf 20 Fuss Entfernung mitten im Rufen erlegt. Zu meiner Verwunderung fand ich, dass es ein altes Weibchen war. Um mich keiner Täuschung auszusetzen, habe ich den Körper untersucht und fand das Ovarium stark entwickelt.

35. *Sturnus vulgaris* L. Star.

Sehr gemeiner Brutvogel, der uns im Spätherbst verlässt und nach den Witterungsverhältnissen unter Umständen schon Ende Januar zurückkehrt. Der Star gehört zu den nützlichsten Kerbthierfressern und zeichnet sich als solcher namentlich während der Flugzeit der Maikäfer aus. Seine Morgenspaziergänge in den Wiesen gelten Regenwürmern und Nacktschnecken.

36. *Colaeus monedula* (L.). Dohle.

Die Dohle ist hier in grosser Anzahl und nistet unter Dächern. Ihre Nahrung besteht im Winter aus allen möglichen Abfällen des menschlichen Haushalts und aus Mäusen, im Sommer fast ausschliesslich aus Obst. Kirschen interessieren sie nicht besonders, dagegen übt das Kernobst, namentlich Birnen grosse Anziehungskraft auf sie aus. Man muss nur eine solche

Gesellschaft an der Arbeit sehen, um den Schaden ermessen zu können, den sie anzustellen vermag. Es ist für den Besitzer wahrlich keine Freude, wenn sich auf einem Birnbaume 5—6 Dohlen abmühen, ihm die Arbeit der Ernte zu erleichtern. Jede Dohle sucht eine Birne mit den Füssen zu ergreifen, hackt dieselbe an und fliegt mit der Beute am Schnabel eilig zu ihrem Versteck, um binnen kurzer Zeit wieder zu kommen und neuen Vorrath zu holen. In den meisten Fällen werden erst 3 und mehr Birnen angehackt, ehe eine festsitzt; die übrigen liegen alsdann mit einer Menge anderer, die durch das Rütteln der Zweige abfallen, als wertloses Fallobst am Boden. Sind die Birnen zu Ende, so geht es an die noch unreifen Wallnüsse. Hier arbeitet die Dohle mit demselben Eifer und gleichem Erfolge wie auf den Birnbäumen. Obstgartenbesitzer halten sich die Dohlen am besten dadurch ferne, wenn sie des Morgens — die Dohlen kommen früh im Morgengrauen — aufpassen und einige aus der Gesellschaft abschiessen; die anderen kommen dann sicher nicht wieder.

37. *Corvus corax* L. Kolkrabe.

Ist als Brutvogel selten bei uns. Ein Paar brütete im Jahre 1885 in der Nähe von Bischofshole; das ♀ wurde aber erlegt, worauf das ♂ verzog. In den letzten Jahren erhielt ich verschiedene Exemplare aus dem Fuhrenkamp hinter Hainholz. Der Wietzenbruch soll den Kolkraben ständig als Brutvogel beherbergen. Für die Jagd ist er einer der schädlichsten Vögel und wird deshalb möglichst vertilgt.

38. *Corvus corone* L. Rabenkrähe.

Ist ein sehr gewöhnlicher Brutvogel, nützt durch Vertilgung der Mäuse und Kerbthiere, namentlich der Engerlinge.

39. *Corvus cornix* L. Nebelkrähe.

Weilt während des Winters in grosser Anzahl bei uns und macht sich alsdann durch Mäusevertilgung nützlich. Sie verlässt uns im Frühjahr und gilt dann mit Recht in anderen Gegenden als arge Nestplünderin.

40. *Corvus frugilegus* L. Saatkrähe.

Ist ein sehr häufiger und nützlicher Vogel. Unfern der Stadt finden sich Brutcolonien am Reitwall und in den Bäumen

des von Hinüberschen Gartens. Hauptnahrung Würmer und
Engerlinge.

41. *Pica pica* (L.). Elster.

Überall verbreitet. Die Spitzen hoher Pappeln werden
zur Anlage des Nestes bevorzugt. Die Nahrung besteht aus
Kerbthieren, jungen Vögeln und Mäusen. Ist als arge Nester-
plünderin bekannt.

42. *Garrulus glandarius* (L.). Eichelheher.

Ist einer unserer häufigsten und schmucksten Vögel, der
sehr zur Belebung des Waldes beiträgt. Als arger Nesträuber
bekannt, wurde demselben im Jahre 1881—82 der Krieg angekündigt, und fast täglich erschienen Artikel in den hiesigen
Zeitungen, welche die Ausrottung des Hehers verlangten. Vom
Herbste 1881 bis Herbst 1882 wurden an mein Geschäft
83 Heher geliefert. Ich untersuchte Mägen und Kröpfe auf die
Ernährung des Vogels und fand bei 72 nur Eicheln und Buch-
kerne, bei 5 Exemplaren war nichts zu finden, 2 hatten neben
Eicheln Überreste von Rosskäfern, einer einen Maikäfer und
2 nur Rosskäfer in sich. Auch später, nachdem ich noch eine
sehr grosse Anzahl Heher zu untersuchen Gelegenheit hatte,
fand ich niemals Vogelüberreste. Es ist ja ausser allem Zweifel,
dass der Heher Nester plündert und halbflügge Vögel tödtet;
ich glaube jedoch, dass dem Heher viele Sünden der Würger
und der Elster auf sein Conto geschrieben werden.

43. *Nucifraga caryocatactes* (L.). Tannenheher.

Im Winter 1885—86 war dieser Vogel in grosser Anzahl
bei uns. Sein Wesen war mehr als vertrauend; ich erhielt
Exemplare, die mit einem Stock erschlagen waren. Der Tannenheher nährte sich hier von dem Samen der Nadelhölzer.

44 *Picus viridis* L. Grünspecht.

Derselbe ist ein recht häufiger Brutvogel. Öfters fand
ich in seinem Magen kleinere Steine, die nach meiner Ansicht
bei dem Aufnehmen von Ameisen hineingekommen sind. Überreste von Ameisen finden sich bei dieser Art häufig.

45. *Picus viridicanus* Wolf. Grauspecht.

Ist seltener wie die vorige Art, doch wird er wahrscheinlich gleichfalls bei uns brüten.

46. *Dryocopus martius* (L.). Schwarzspecht.

Ist in der unmittelbaren Umgebung Hannovers sehr selten
geworden. Ich erhielt Exemplare aus dem Forstorte Cananoch,
aus Nejenborn und das letzte Exemplar im Juli d. J (1892) aus
Misburg. Der Schwarzspecht brütet an diesen Plätzen. In den
Heidewaldungen ist derselbe häufiger.

47. *Dendropicus major* (L.). Grosser Buntspecht.

Sehr häufiger Brutvogel. An dieser Stelle möchte ich die
interessante Thatsache bekannt geben, dass der Custos unseres
Provincial-Museums, Herr Braunstein, in den Vierziger-Jahren
ein Exemplar von *D. leoconotus* (Bechst.) aus dem Solling erhalten hat.

48. *Dendropicus medius* (L.). Mittlerer Buntspecht.

Ziemlich selten bei uns, wahrscheinlich aber Brutvogel.

49. *Dendropicus minor* (L.). Kleiner Buntspecht.

Brutvogel, nicht selten. Unter den Spechten sind die
Buntspechte, die ihre Thätigkeit auch auf die Obstgärten aus-
dehnen, am nützlichsten.

50. *Iynx torquilla* L. Wendehals

Ziemlich häufiger Brutvogel.

51. *Sitta caesia* Wolf. Kleiber.

Ein häufiger und sehr nützlicher Brutvogel. Die Nahrung
besteht aus Insecteneiern, glatten Raupen und kleineren Käfern

52. *Certhia familiaris* L. Baumläufer.

Wie die vorige Art ein sehr häufiger und nützlicher
Brutvogel. Während des Winters hält sich der Baumläufer gern
in Gesellschaft von Meisen, des Kleibers und des grossen
Buntspechtes auf und wird durch das Absuchen der durch-
winternden Raupeneier äusserst nützlich.

53. *Upupa epops* L. Wiedehopf.

Brütete früher in unserem Stadtwalde Eilenriede. Die
Bewirthschaftung des Waldes hat dem Vogel jedoch alle Nistgelegenheit genommen, und so ist derselbe jetzt fortgezogen.
Häufig findet sich der Wiedehopf noch in der Heide. Die Nahrung wird durch Nacktschnecken und Würmer gebildet, vereinzelt fand ich Raupen, bei einem Exemplar 15 Stück von

Agrotiden; diese werden heil verschlungen und der Inhalt von dem Magen aufgesogen. Die zusammengeschrumpften Raupenhäute finden sich unverdaut im Darm und scheinen so abgeführt zu werden.

54. *Lanius excubitor* L. Grosser Würger.

Bei uns Brut- und Standvogel. Seine Nahrung besteht während des Sommers aus Kerbthieren und jungen Vögeln. Während des Winters finden sich im Magen meistens Überreste vom Goldhähnchen und den Meisenarten; ich fand jedoch auch die gesammten Überreste eines Haussperlings vor. Ein Würger, den ich lebend hielt, ergriff seine Beute wie ein Raubvogel mit den Fängen; der Schnabel diente alsdann zum Tödten und Zerkleinern derselben.

55. *Lanius minor* Gm. Schwarzstirniger Würger.

Seltener wie die vorige Art, aber Brutvogel. Kommt häufiger in der Heide vor. Diejenigen Exemplare, die ich erhielt, hatten sich von Insecten ernährt.

56. *Lanius senator* L. Rothköpfiger Würger.

Bei uns die seltenste Art, aber wie die vorige Brutvogel. Das letzte Exemplar erhielt ich am 2. October 1891.

57. *Lanius collurio* L. Neuntödter.

Ein sehr häufiger Brutvogel. Die Nahrung besteht aus Hummeln, Bienen, Käfern u. s. w., ferner Fröschen und namentlich jungen Vögeln. Wahrscheinlich werden viele Sünden dieser Art auf den Heher geschoben.

58. *Muscicapa grisola* L. Fliegenschnäpper.

Sehr gewöhnlicher und durch Insectenvertilgung nützlicher Brutvogel.

59. *Muscicapa atricapilla* L. Schwarzrückiger Fliegenschnäpper.

Nicht häufiger Brutvogel. Ein Nest fand ich im Jahre 1883 in einer Kugelakazie auf dem Nicolaikirchhof.

(Schluss folgt.)

Ueber einen abnormen Krähenschnabel.

Ein Beitrag zur Lehre von der Regeneration der Organe.

Von HERM. JOHANSEN. Mag. d. Zoologie.

Am 12./24. April 1890 gelangte ich im Gouvern. Smolensk in den Besitz eines *Corvus frugilegus* L., indem ich auf einen Habicht schoss, der die Saatkrähe in seinen Fängen trug und nach erhaltenem Schusse sie noch lebend zu Boden fallen liess. Dieselbe, ein recht mageres Exemplar, erregte sofort meine Aufmerksamkeit durch das Ungewöhnliche ihrer Schnabelbildung, deren Beschreibung ich veröffentliche, erstens, weil diese Abnormität einen immerhin seltenen Fall repräsentiert, und zweitens, weil dieselbe, wenn man die Ursache ihres Auftretens erkannt hat, einiges Licht auf die Bedeutung zu werfen im Stande ist, welche die Reibung und gegenseitige Abnutzung der beiden Hälften des Vogelschnabels für das Wachsthum der die Skelettheile überziehenden Hornsubstanz haben. Bei der Beschreibung liegt mir der Schädel des Thieres sammt dessen Hornbekleidung vor; bei der Maceration wurde der Hornschnabel von der Knochensubstanz abgezogen und auch letztere einer Untersuchung unterworfen.

Das Auffallende an dem Schnabel besteht darin, dass die Hornbekleidung des Unterkiefers sich in einem 20 mm. über das Ende des Oberkiefers erstreckenden Fortsatz auszieht, der, 3 bis 4 mm. breit, ohne sich am Ende zuzuspitzen, unter einem geringen Winkel nach der linken Seite von der Längsaxe des Schädels gerichtet ist und sich dabei sanft nach oben wendet. Die untere Fläche dieses Fortsatzes ist glatt und weist keine Abgrenzung gegen den übrigen Unterschnabel auf. Die obere Seite des Fortsatzes ist rinnenförmig ausgehöhlt, d. h. die Vertiefung zwischen den beiden Unterkieferästen setzt sich unmittelbar auch auf den Fortsatz in dessen ganzer Ausdehnung fort. Der Hornschnabel weist am Oberkiefer an der Spitze desselben eine Verletzung auf, die in schräger Richtung einen Theil der Hornbekleidung entfernt und auch die Knochensubstanz des Oberkiefers beschädigt hatte. Die Spitze des Unterkiefers hat sich in den Hornfortsatz ausgezogen, der an seinem Ende ebenfalls eine in derselben schrägen Richtung verlaufende Beschädigung wahrnehmen lässt. Die Knochen-

substanz des Unterkiefers zieht sich nicht in den Hornfortsatz
hinein, weist keinerlei Verletzung auf und weicht in keiner
Beziehung von der Norm ab.

Als Grund der Bildung des Fortsatzes kann ich nur die
Beschädigung des Oberschnabels ansehen, und von Bedeutung
erscheint besonders der Umstand, dass diese Verletzung sich
auch auf die Knochensubstanz des Oberkiefers ausgedehnt
hatte, während die Knochensubstanz des Unterkiefers unverletzt
blieb. Welcher Art die Verletzung des Schnabels gewesen
sein mag, die zur Ursache des monströsen Wachsthumes wurde,
lässt sich nicht mit Sicherheit erkennen. Sie könnte ebenso-
gut als Schussverletzung angesehen werden, wie beim Bohren
mit dem Schnabel in dem Boden durch irgend einen scharfen
Gegenstand in demselben verursacht sein. Jedenfalls ist eine
Verletzung des Schnabels an dessen Spitze, die den Oberkiefer
bis auf dessen Knochensubstanz traf, während nur die Spitze
der Hornsubstanz des Unterkiefers von ihr berührt wurde,
die Ursache eines besonderen, ungleichmässigen weiteren Wachsthumes der beiden Theile des Schnabels geworden. Im normalen Vogelschnabel findet eine gleichmässige Abnutzung der
Hornsubstanz beider Theile aneinander statt, indem die untere
Hälfte sich an der meist etwas längeren oberen und vice versa
abnutzt. Findet nun eine Verletzung des Oberkiefers bis auf
den Knochen statt, so dass die Matrix der Hornsubstanz, das
Rete Malpighii, entfernt ist, so muss hier die weitere Bildung
von Hornsubstanz durch Nachschub von Seiten der Matrix
unterbleiben, oder wenigstens für einige Zeit, falls die Matrix
sich regenerirt, unterbrochen werden. Diesen Fall repräsentiert
der Oberschnabel, wo eine Neubildung von Hornsubstanz an
der verletzten Stelle nicht stattgefunden hat und wo von den
Wundrändern her die Wundstelle durch Hornsubstanz bloss
etwas überwallt ist. Am Unterkiefer dagegen war nur die Horn-
spitze verletzt, das unverletzte Rete Malpighii lieferte immer
weitere Hornsubstanz, und der Schnabel wuchs in seinem
unteren Theile weiter, da er an der oberen Hälfte keinen
Widerstand und keine Abnützung finden konnte.

Die Magerkeit der Krähe steht in gutem Einklang mit
der Abnormität des Schnabels. Es mag immerhin recht schwer
gewesen sein, mit einem derartigen Organe sich Nahrung zu

verschaffen. Vor wie langer Zeit die Verletzung stattgefunden hat, lässt sich schwer beantworten, da mir Daten über das Wachsthum der Hornsubstanz fehlen. Es war jedenfalls ein mindestens ein Jahr altes Exemplar, da die Saatkrähen, als ich in den Besitz dieser Abnormität kam, eben erst zu brüten begonnen hatten.

Aus der Literatur sind mir ähnliche Fälle nicht bekannt geworden: einen Fall will ich jedoch nicht mit Schweigen übergehen, der, obwohl nicht speciell beschrieben, von Professor Dr. J. v. Kennel in seiner Rede „Ueber Theilung und Knospung der Thiere"*) jedoch erwähnt ist. Derselbe bezieht sich nicht auf abnorme Bildung von Hornsubstanz, lässt sich aber bei der Beleuchtung unserer Abnormität sehr wohl verwenden. Ich führe hier des Redners Worte an: „Das hiesige (Dorpater) zool. Museum bewahrt den Schädel eines Storches auf, der einen vollkommen normal ausgebildeten Schnabel besitzt, obwohl ihm der Oberschnabel zufällig in der Mitte abgebrochen und darauf der Unterschnabel an der gleichen Stelle abgesägt worden war." Ich kenne aus eigener Anschauung diesen für die Frage nach der Regeneration der Organe höchst interessanten Schädel und unwillkürlich drängt sich hier die Frage auf, ob nicht auch in diesem Falle die Hornsubstanz eine ähnliche abnorme Bildung aufgewiesen hätte, wenn das Absägen des Unterschnabels unterblieben wäre. Nach dem beschriebenen Krähenschädel zu urtheilen, müsste eine solche geradezu nothwendiger Weise eingetreten sein, wenn der Unterschnabel in seinem Wachsthum nicht durch chirurgischen Eingriff gehindert worden wäre.

Twer, den 15./27. December 1892.

Hahnenfedrige Birkhenne in der Schweiz erlegt.

Von E. H. ZOLLIKOFER.

Am 3. December v. J. wurde in der Gegend von Andeer im Canton Graubünden, als demjenigen schweizerischen Jagdgebiet, von welchem heutzutage der Sammler noch am ehesten etwas

*) Festrede zur Jahresfeier der Stiftung der Universität Dorpat, am 12. December 1887, pag. 18.

„Gutes“ zu erwarten Chance hat, ein *Tetrao tetrix* geschossen,
der mit Rücksicht auf sein sonderbares Aussehen von dem betreffenden Jäger an das rhätische Museum in Chur eingesandt
wurde, von woher ich ihn mit der Anfrage zur Präparation
erhielt, ob es sich nur um einen jungen, im Übergangsstadium
begriffenen Hahn handle oder wohl gar eine Bastardierung
z. B. mit *T. bonasia* vorliege. Zu meiner grossen Freude ent-
puppte sich der Vogel beim Auspacken, dem oben notierten
Erlegungsdatum entsprechend, richtig nicht a's ein *tetrix* ♂ im
Übergangskleide — junge Birkhähne pflegen um genannte Zeit
ja schon längst das erste Altersgewand zu besitzen — allerdings auch nicht als irgendwelches Kreuzungsproduct, wohl aber
als eine hahnenfedrige Henne, und dürfte es mit Bezug darauf,
dass bisher noch sehr wenige derartige Vorkommnisse schweizc-
rischer Provenienz zur Beobachtung gelangt zu sein scheinen,
nicht unangezeigt sein, eine kurze Beschreibung davon zu
fixieren.

Länge von der Schnabel- bis zur Schwanzspitze	51	cm
Breite mit ausgespannten Flügeln	75·5	„
Flügellänge	. 23·3	„
Schnabellänge (von der Mundspalte an)	3·1	„
Schnabelhöhe (über dem Nasenloch)	1·2	„
Mittelzehe (ohne Nagel) . . .	3·2	„
Äusserste Stossfedern (gestreckt) .	16	„
Mittlere Stossfedern	9·2	„

Aus diesen Massangaben geht hervor, dass die Totalgrösse
ungefähr derjenigen einer normalen Birkhenne, der Stoss aber
dem eines jüngeren Hahnes gleichkommt.

Was die Färbung betrifft, steht dieselbe, wie schon aus
oben angedeutetem hervorgeht, mit der soeben erwähnten
starken Stossausbildung nicht in gleich vorgeschrittenem Verhältnisse, indem der Gesammteindruck ebensowohl an eine Henne,
wie an einen Hahn erinnert, also etwa die sogenannte Mittel-
stufe repräsentiert. Am ausgeprägtesten hahnenartig ist auch
gemäss Farbe der Stoss, der im allgemeinen ähnlich dunkel
wie bei einem ♂ jun. erscheint, nur sind auf der Oberseite die

Aussenfahnen an der Wurzelhälfte stärker hellbraun gewässert,
die 2 Mittelfelder sogar fast ganz braun, alle am Ende weiss
gerandet. Stossunterseite wie bei einem Hahn einfärbig und
glänzend schwarz, an der Wurzelhälfte graulich, gegen die
Mitte zu wie oben etwas gewässert; Schäfte am Grunde weiss.
Unterstoss rein weiss, mit Ausnahme einiger Federn, welche
unregelmässige schwarze Flecken zeigen (annähernd wie solche
bei sehr alten Hühnen vorzukommen pflegen). Der Bürzel
weist die gleiche Mischung von vereinzelten hennenartig braun
gebänderten und von graugewässerten und schwärzlichen
Federn wie die Oberseite im allgemeinen auf. Am Halse gewinnt die Hahnenfärbung insofern die Oberhand, als hier die
Befiederung scharf und gleichmässig braun und blauschwarz ge-
streift ist. Stirn. Scheitel, Zügel- und Ohrengegend undeutlich
schwärzlich und braun gestrichelt. Ein Fleck vor dem Auge,
sowie eine halbmondförmige Zeichnung unter der Kehle sehr
hell, mit nur schmalen, dunklen Endsäumen. Kinn, Kehle und
Backenpartie ebenfalls weisslich, aber breit stahlblau gebändert.
Die Kropfgegend zeigt einzelne rein hahnenartige, blauschillernde
Federn, ebenso erscheint die Bauchmitte einfarbig mattschwarz,
die übrige Unterseite dagegen schwärzlich, grau gewässert
und hennenähnlich meliert. Auf den Flügeln ist der weisse
Spiegel genau wie bei einem jungen Hahn vorhanden; auch sind
die Aussenfahnen der Handschwingen analog gewässert, aber
gelbbraun (statt graulich): Schäfte derselben ebenfalls hell. An
der Spitze sind die Armschwingen fast so stark, aber verschwommener weiss gesäumt als bei ♂ ad., sonst am Aussen-
rand auch gewässert, jedoch stärker als bei ♂ juu. Von den
Deckfedern I. Ordn. erscheint die eine Hälft. hennenartig, die
andere ausgesprochen dunkler; diejenigen II. Ordn. zeigen sozusagen alle viel Neigung zu Schwarz. während jene III. Ordn.
sich umgekehrt verhalten und hier die weisse Schaft- und
Tropfen-Zeichnung (welche dem ♂ ad. ganz fehlt) noch intensiver als bei einem jungen ♂ auftritt. Die Unterseite der Flügel sieht derjenigen eines soeben genannten Vogels gleich, abgesehen davon, dass die Deckfedern am Handgelenk zum Theile
reichlicher dunkel gefleckt sind. Wenn ich noch hinzufüge,
dass die nackte Haut über den Augen nicht stärker entwickelt
als bei einem gewöhnlichen ♀, Schnabel- und Augenfarbe

normal, dagegen die schwärzliche Innenseite der Zehen mit
horngelben Flecken gezeichnet und endlich über gewisse Ge-
fiederpartien jener „Fasanschimmer" ausgebreitet erschien, den
Henke in dem Prachtwerk von Dr. A. B. Meyer treffend erwähnt, dürfte sich der geneigte Leser so ziemlich ein Bild von
unserer, demnächst also das rhätische Museum in Chur zieren-
den rara avis machen können.

Schliesslich soll nicht unerwähnt bleiben, dass sich bei
der Section ein anscheinend ganz gut entwickelter, zeugungs-
fähiger Eierstock constatieren liess und im weitern aus der
Zubereitung und Verspeisung des Fleischkörpers resultierte, dass
wir es hier mit einem jedenfalls nicht mehr jungen, vielmehr
ziemlich alten Individuum zu thun haben.

Ueber 1—2 weitere, eventuell noch interessantere Fälle
von Hahnfedrigkeit, die mir bei *T. urogallus* unter die Hände
gekommen, jedoch in der heillosen Arbeitsüberhäufung ver-
gangener Jagdsaison unverzeihlicher Weise nicht näher untersucht wurden, weshalb ich für deren Echtheit leider nicht
einstehen kann, werde ich demnächst in der „Schwalbe" in Wien
einige Notizen bringen.

St. Gallen, Januar 1893.

Kleine Notizen.

Bartmeise (*Panurus biarmicus* (L.) in Krain.

Am 25. October erhielt ich ein ♀ für das hiesige Museum
von Herrn F. Rupnik, Forstmeister in Radmannsdorf (Ober-
Krain), der mir gleichzeitig mittheilte, dass am 21. g. M. bei
starkem Schneegestöber ein grosser Schwarm von mehreren
Familien, bei 60 Stück ungefähr, auf den Wiesen und am
Sandufer der Save beobachtet wurde. Am 22., wo nur noch
4 Stück zu sehen waren, wurde das mitfolgende Exemplar erlegt, später, trotz des eifrigen Suchens, keines mehr gesehen.
Die Bartmeise ist in unserer Gegend als sehr selten anzusehen.
Ich habe während meiner 18jährigen Dienstzeit in Krain noch
keine beobachtet, auch noch keine zum Präpariren erhalten.

Laibach, 25. October 1892.   F. Schulz.

Circaëtus gallicus in Mähren.

Am 26. October d. J. fieng ein Bauer in der Umgebung von Zwittau ein lebendes, aber entkräftetes Exemplar des Schlangenadlers, das drei Tage in der Gefangenschaft lebte. Beim Abbalgen fand sich keine andere Verletzung als ein kreuzergrosser blauer Fleck oberhalb der Ferse.

Zwitta, 4. November 1892.   Jos. Hawlik.

Ciconia nigra und *Bombycilla garrula* in Kärnten.

Ende September dieses Jahres wurden im Lavantthale drei schwarze Störche erlegt, was als eine besondere Seltenheit bezeichnet werden muss.

Am 25. November erschienen grössere Flüge von Seidenschwänzen, welche sich zur Zeit noch in verschiedenen Theilen des Thales herumtreiben.

Lavamünd, 28. November 1892.   F. C. Keller.

Briefliches.

Aus einem Schreiben an Hrn. Dr. Albr. Richter in Wien.

Prinkipo,*) 31. August 1892.

. . . , ... Hier hat die Jagd auf folgende Vögel, von denen ich Federn vom Kropf, Brust, Flügel und Stoss beilege, begonnen. Sie heissen hier türkisch arykusch, d. h. Bienenvogel und werden gegessen. Man betrachtet sie als Vorläufer der Wachteln, da diese bald nach dem Eintreffen jener erscheinen; vorher muss jedoch ein ausgiebiger Regen gefallen sein, sonst bleiben die Wachteln aus, weil dann der Boden der Insel zu hart ist und es auch an trinkbarem Wasser fehlt.   W. Vorgeitz.

[Die eingesandten Federproben lassen unzweifelhaft den gewöhnlichen Bienenfresser (*Merops apiaster*) erkennen.   D. Herausgeb.]

Literatur.

Berichte und Anzeigen.

Altes und Neues aus dem Haushalte des Kukuks von Dr. Eugène Rey — Leipzig. Verlag von R. Freese. 1892. 8. VIII u. 108 pp.

Für die vorliegende Arbeit des oben genannten Forschers ist als oberster Grundsatz geltend: „Zahlen beweisen."

---

*) Eine der Prinzeninseln im Marmarameer.

Die Reichhaltigkeit des für die ausgedehnten und mühsamen Untersuchungen verwendeten oologischen Materiales übertrifft dabei alle Erwartungen.

Die am Schlusse abgedruckten Sammlungs-Kataloge" zeigen, dass die enorme Zahl von 1246 untersuchten Kukukseiern erreicht wurde, welche sich auf 14 verschiedene Collectionen vertheilen. Obenan steht die Sammlung des Verfassers mit 526 Stücken:

Schon aus den neun Capitelüberschriften, welche hier angeführt seien, ist die Bedeutung der Riesenarbeit Rey's zu entnehmen.

Imitative Anpassung der Kukukseier an Eier der Nestvögel; die Kennzeichen der Kukukseier; falsche Kukukseier; die Nestwahl; das Entfernen von Nesteiern; die Legezeit; gleiche Weibchen, gleiche Eier; Zusammenstellung der Eier aller Kukuksweibchen, von denen mehrere Eier aufgefunden wurden; wie viel Eier legt der Kukuk jährlich und in welchen Abständen geschieht dies?

In äusserst kurzer und bündiger Weise werden diese wichtigsten Momente aus dem Leben des merkwürdigen Vogels behandelt. In jedem dieser Capitel dienen eine oder meistens mehrere tabellarische, schematische oder sogar diagrammatische Zusammenstellungen aus dem obenerwähnten überreichen Materiale als beste Stützen aller jener Thesen, welche sich auf pag. 67 und 68 als Gesammt-Ergebnisse in 17 Punkten angeführt finden.

Am überraschendsten wirkt hiebei wohl Punkt 9, welcher auf Grund ganz genügender Beweismittel lautet: Der Kukuk legt im Jahre bis einige zwanzig Eier. Vielleicht wird gerade durch diese hohe Eierzahl der Brutparasitimus des Kukuks bedingt.

Unwillkürlich liegt die Versuchung nahe, die denselben Gegenstand behandelnden Arbeiten von Baldamus und Rey mit einander zu vergleichen. Gar bald ergibt sich hiebei das Resultat, dass sich beide geradezu wunderbar ergänzen. Jedem, der sich für den Kukuk und die merkwürdigen Erscheinungen bei seinem Fortpflanzungsgeschäft nur einigermassen interessiert, muss daher die Anschaffung beider Werke dringendes Bedürfniss sein.   O. Reiser.

Versuch einer Avifauna der Provinz Schlesien. Von Dr. C. Floericke — Marburg a/L. 1892. gr. 8. 1. Lief. 157 pp. m. Taf. 1. (Selbstverlag.)

Seit C. L. Gloger seine „Wirbelthier-Fauna Schlesiens" veröffentlichte, sind 60 Jahre vergangen. Die infolge ihrer so verschiedenartigen Boden-Configuration eine äusserst reichhaltige und interessante Ornis aufweisende Provinz Schlesien bot seit jeher einheimischen und fremden Forschern ein günstiges Beobachtungs-Terrain, über welches im Laufe der Jahre ein wertvolles Material in verschiedenen wissenschaftlichen Journalen niedergelegt wurde, das bei seiner Zerstreutheit nur schwer mehr zu überblicken war. Freudig zu begrüssen ist es daher, dass es Herr Dr. C. Floericke unternommen hat, nicht nur alle diesbezüglichen Veröffentlichungen zu sammeln, sondern auch durch seine eigenen, auf zahlreichen, nach allen Theilen der Provinz unternommenen Sammel - Excursionen gewonnenen Erfahrungen wesentlich zu ergänzen und zu vervollständigen.

Seinem Inhalte nach gliedert sich das Buch in einen A allgemeinen und B in einen speciellen Theil.

Ersterer umfasst I. die Einleitung, II Geschichte der ornithologischen Erforschung Schlesiens, III. Bibliographie, IV. Verzeichnis der Beobachter und Mitarbeiter, V. Verzeichnis der seither in der Provinz nachgewiesenen Vogelarten, VI. allgemeine Charakteristik Schlesiens und seiner Vogelwelt, VII. Zugverhältnise.

Letzterer behandelt die einzelnen Arten, deren systematische Reihenfolge und Nomenclatur sich an A. Reichenow's „Systematisches Verzeichnis der Vögel Deutschlands" anschliesst.

Kurze Diagnosen der Ordnungen, Familien, Gattungen und Arten, zum Theile auch der Subspecies, erleichtern dem Laien die Bestimmung ihm unbekannter Objecte. An die sehr ausführliche lateinis he Synonymie reihen sich in grosser Vollständigkeit die in der Provinz üblichen Trivialnamen an und an die ihnen folgenden Artkennzeichen, Massangaben einheimischer Exemplare. Sehr eingehend und unter Anwendung strenger Kritik ist die Verbreitung behandelt, an. welche nähere Angaben über die Zugverhältnisse, sowie auch die Biologie der einzelnen Arten folgen.

Abgehandelt werden in vorliegender Lieferung sämmtliche Oscines. Eine dem folgenden Hefte angehörende Tafel bringt Köpfe und Füsse der beiden Baumläufer und Flügel der Raubwürgerformen in Schwarzdruck zur Anschauung.

Wir werden auf diese ebenso sorgfältige als gründliche Arbeit, welche uns das ornithologisch reichste und vielleicht interessanteste Gebiet Deutschlands erschliesst, im Verlaufe ihres Erscheinens noch mehrfach zurückkommen und wünschen ihrem Verfasser neben einem raschen Fortgang des Buches auch eine rege Betheiligung an selbem.

Ornithographia Rossica. Die Vogelfauna des russischen Reiches. Von Th. Pleske. — St. Petersburg. 1891. Bd. II. Lief. 5. (p. XLI—LIII u. 561—665 m. Taf. IV. Titelbl. Vorwort p. 1—3. Inhalt p. 4—6. Sylviinae pag. 7—13).

Mit vorliegender Lieferung, in welcher die Genera *Locustella*, *Cettia* und *Urosphena* abgehandelt werden, ist der II. Band, der alle im russischen Reiche vorkommenden *Sylviinen* enthält, abgeschlossen.

Abgebildet werden auf der beigegebenen Tafel IV folgende Arten, Fig. 1. 2 *Locustella ochotensis* ♂ ad., ♂ juv., Fig. 3 *Cettia canturians* ♂, Fig. 4 *Cettia minuta* ad.. Fig. 5 *Urosphena squamiceps* ♂.

Hervorheben wollen wir hier noch die Beschreibung eines neuen Bastardes von *Hypolais rama* × *Acrocephalus streperus*, der von Dr. Ssewerzow am 4. Juni 1858 bei Bischarny am Ssyr—Darja erlegt wurde.

Wie die vorhergegangenen Lieferungen, so zeichnet sich auch diese durch ausserordentlich gründliche und erschöpfende Bearbeitung der Arten der eingangs angegebenen Genera aus.

Wie wir dem Vorworte entnehmen. wird das so grossartig angelegte Werk mit diesem einzigen Bande sein Weitererscheinen einstellen. Wohl jeder Ornithologe mit uns, der Einsicht in die vorliegenden Hefte genommen wird diesen Entschluss des Autors tief bedauern.

Rundschau.

Ornithologische Monatsberichte. I. No. 2. A. v. Homeyer: Neu-Vorpommern und Rügen vor 50 Jahren und jetzt. II.; II. Frhr. v. Berlepsch: Der Steinsperling ein Brutvogel Thüringens; P. Leverkühn: Ein altes Reiher-Schongesetz. — No. 3. W. v. Rothschild und E. Hartert: *Columba rupestris pallida* subsp. nov.; Sommer: *Falco cenchris* in Anhalt; F. Lindner und C. Floericke: Neue Beiträge zur Ornis von Ostpreussen; W. Hartwig: Die Puffinen Madeiras; E. C. F. Rzehak: Die Verbreitung des Girlitz und sein Vordringen polwärts. [Original-]Notizen: C. Ludwig: *Rallus aquaticus* im Jan. bei Potsdam; Sommer: *Bombicilla garrula*, *Nucifraga caryocatactes* etc. bei Bernburg; E. Pfannenschmid: *Cygnus immutabilis* bei Emden; H. Schalow: *Fuligula fuligula* ♂ bei Potsdam erlegt.

Mittheilungen des ornithologischen Vereines in Wien. XVII 1893. No. 2. J. v. Csató: Die Verbreitung und Lebensweise der Nachtraubvögel in Siebenbürgen; V. Čapek: Ankunft der Zugvögel in den Jahren 1891-92; Rob. R. v. Dombrowski: Beitrag zur Ornis von Niederösterreich; v. Kenessey: Ornithologisches aus Ungarn; *Tichodroma muraria* bei Erlach. N.-Oe.; *Cygnus musicus* bei Wien.

Zeitschrift für Ornithologie und praktische Geflügelzucht XVII. 1893. No. 2. A. v. Homeyer: Ornithologischer Jahresbericht für 1892 über Pommern und Rügen; K. Wenzel: Die Rabenarten Norddeutschlands; Kleinere Mittheilungen: F. Koske: *Alauda alpestris*; v. Quistorp: *Lanius borealis*, *Emberiza nivalis*, *Bombycilla garrula* in Pommern. — No. 3. A. v. Homeyer: Ornithologischer Jahresbericht für 1892 über Pommern und Rügen; K. Wenzel: Die Rabenarten Norddeutschlands; W. v. Quistorp: Zu dem Artikel: Die Rabenarten Norddeutschlands.

Zeitschrift für Oologie. II. 1893. No. 10. C. Jex: Der Kukuk; H. Hocke: Der Rabe (*C. corax*) und dessen Eier; Kleinere Mittheilungen: Schellente am Werbellinersee nistend. — No. 11. C. Jex: Der Kukuk; A. K.: Etwas über den Feldsperling (*P. montanus*). Kleine Mittheilungen: Horste des S e adlers im Regbz. Stettin; *Mergus serrator*.

Nordböhmische Vogel- und Geflügel-Zeitung. VI. 1893. No. 3. E. Perzina: Europas befiederte Imitatoren; R. Eder: Kleine Notizen [a. Neustadtl].

Nachrichten.

✝

Victor Aimé Léon Olphe-Galliard
zu Hendaye am 2. Februar d. J., im 68. Lebensjahre.

Stanislaus Alessi
zu Gabes am 14. Januar d. J.

An den Herausgeber eingelangte Schriften.

Rob. Eder. Zur Ornis von Karlsbad. [Separ. a.: „Nordböhm. Vog.- u. Geflüg.-Zeit." 1892]. Kl. 8. 39 pp. Vom Verf.

Aug. Buchmayer. Jahresbericht der Mähr.-schles. Forstlehranstalt zu Eulenberg in Mähren. Studienjahr 1891—1892. — Olmütz 1892. Gr. 8. 56 pp. Von d. Direct.

J. A. Allen. The geographical Distribution of North American Mammals (With 4 Maps, form. Pls. V—VIII). [Auth. edit., extr. from: „Bull. Am. Mus. Nat. Hist" IV. Nr. 1 p. 199—244.] Vom Verf.

Centralblatt für die mährischen Landwirthe. Organ der k. k. mähr.-schles. Gesellschaft zur Beförderung des Ackerbaues, der Natur- und Landeskunde. — Brünn. 1892. LXXII Von d. Ges.

Notizenblatt der historisch-statistischen Section der k. k. mähr.-schles. Gesellschaft zur Beförderung des Ackerbaues etc. — Brünn 1892. Von d. Ges

Th. Pleske. Ornithographia rossica. Die Vogelfauna des russischen Reiches — St. Petersburg 1891. Bd. II. Lief. 5 m. 1 Taf. Vom Verf.

D. V. Vařečka. Ueber Vorkommen der Zwergohreule (Scops zorca, Sav.) in Böhmen, Mähren u. Oesterr.-Schlesien. [Separ. aus: „Mittheil. orn. Ver. Wien", XVI. 1893.] Kl. 8. 13 pp. Vom Verf.

Th. Liebe. Verlorene oder weggelegte Eier. [Separ. a.: „Orn. Monatsschr." XVII. 1892. V.] Gr. 8. 6 pp. Vom Verf.

— Sand- und Staubbäder der Raubvögel und Eulen. [Separ. a.: „Orn. Monatsschr." XVIII. 1893.] Gr. 8. 4 pp. Vom Verf.

A. v. Homeyer, Ornithologischer Jahresbericht für 1892 über Pommern und Rügen. [Separ. a.: „Zeitschr. f. Orn. und prakt. Geflügelz." 1893.] Gr. 8. 10 pp. Vom Verf.

W. v. Rothschild und E. Hartert. *Columba rupestris pallida* subsp. nov. [Separ. a.: „Orn. Monatsber." I. 1893]. 8. 1p. Vom Verf.

A. W. Butler. Notes on Indiana Birds. [Extr.] Vom Verf.

Verantw. Redacteur, Herausgeber und Verleger: Victor Ritter von Tschusi zu Schmidhoffen, Hallein.
Druck von J. L. Bondi & Sohn, Wien, VII., Stiftgasse 3.

Ornithologisches Jahrbuch.

ORGAN

für das

palaearktische Faunengebiet.

| Jahrgang IV. | Mai – Juni 1893. | Heft 3. |

Ornithologische Beobachtungen aus Nord-Ost-Böhmen.

(1888 – 1892.)

Von J. PROK. PRAŽAK. phil. stud.

Das Beobachtungsgebiet, auf welches sich folgende Notizen beziehen, ist die hügelige, theils mit Laubwald und gemischten Beständen, theils mit Feldern und Wiesen bedeckte Gegend des bekannten Schlachtfeldes aus dem Jahre 1866 bei Sadowa und Chlum. Es besteht aus drei Hügelrücken, welche parallel vom Westen gegen Osten laufen; im Osten werden diese Rücken in mässige Terrainwellen, die sich allmählich in der Elbe-Ebene verlieren, umgewandelt. Der westliche Theil unseres Beobachtungsgebietes ist grösstentheils schöne Ebene, in welcher nasse Wiesen vorherrschen; diese Ebene zieht sich längs zwei kleinerer Flüsse (Bystřice und Cidlina) weiter in südwestlicher Richtung gegen Chlumec. Die Wälder bedecken meistens nur die Hügel. In den breiten horizontalen Thälern wird eine rationelle Agricultur getrieben, und die verticalen Thäler sind mit Wiesen bedeckt. Alle vier Flüsse (Cidlina, Bystřice, Trotina und Elbe) strömen im allgemeinen in südlicher Richtung. Die Felder und Wiesen bilden grosse Complexe, die Wälder nur im Südosten und Norden; kleinere Wälder aber, Remisen und vereinzelte Waldparcellen, sind häufig. Die Jahrestemperatur ist im grossen und ganzen mässig; Westwinde sind vorherrschend, grosse Gewitter selten. Diese günstigen Bedingungen für das Gedeihen der Vogelwelt, welche nebendem auch geschont wird, sind paralysiert durch den Mangel an grösseren Teichen; viele

wurden abgelassen (bei Gr. Bürglitz, Hořiňoves u. s. w.), und
jetzt sind im ganzen Kreise nur 4—5 bemerkenswerthe Teiche.

Alle hier angeführten Vögel stammen aus dem Gebiete,
welches annähernd durch die Linie Jaroměř—Königinhof—
Hořic—Neu-Bydschow—Nechanic—Königgrätz—Smiřic begrenzt
werden kann und befinden sich in verschiedenen Privat- und
Schulsammlungen. Der möglichst grossen Vollständigkeit wegen
sind seltenere Gäste, auch aus früheren als den letzten fünf
Jahren, hier genannt.

1. *Vultur monachus* L.   Wurde im Juni 1833 in Předměřic
bei Königgrätz erlegt (Fritsch, Wirbelth. Böhm. p. 39.) Im
Jahre 1886 wurden einige Mönchsgeier bei Alt-Pless (in der
Nähe von Josefstadt) gesehen und einer von ihnen angeschossen
(vgl. „Vesmir“. XV. 203), welcher noch jetzt in der Gesellschaft
von Krähen und Dohlen im grossen Käfig im Stadtpark in
Jaroměř lebt.

2. *Gyps fulvus* (Gm.) Erschien in unserer Gegend schon
einigemal. Im Jahre 1833 bei Königgrätz (Dr. Schier „Ptactvo
české“ I. 14); im Jahre 1866, Juli, nach der Schlacht bei Sadowa
(Fritsch, „Wirbelth. Böhm.“ p. 39); 1873 bei Smidar, Bez. Neu-
Bydschow; 1875, am 18. Juni, wieder 14 Stück bei Smidar;
von diesen wurden ein Exemplar an der Stelle vom Herrn
J. Němec, zwei andere Exemplare bei Přim und Stračov (Bezirk
Königgrätz) einige Tage später geschossen. Die Richtung ihres
Zuges war von West gegen Ost (Schier l. c. I. 12.)

3. *Milvus milvus* (L.) Wurde schon einigemal bei uns er-
legt: a) ♂ juv. von mir am 26. September 1891 geschossen, hatte
Totallänge 61·5 cm., Flügel 50 cm., Schwanz 32 cm. In seinem
Magen fand ich nur Mäuse. b) adult. sehr dunkel, geschossen
in Hustiřau (Bez. Jaroměř) im Sommer 1888; beide Exemplare
in meiner Sammlung. c) ♂ adult. geschossen von Herrn J. Wolf
in Maslojed im April 1889; befindet sich in seiner Sammlung.
Nistet bei Lhota Sárová (Bez. Hořic) und nach Angabe des
Herrn med. stud. J. Deyl auch im Walde bei Hoch Wesseli
(Bez. Neu Bydschow.)

4. *Milvus migrans* (Bodd.) Ein schönes Exemplar wurde bei
Smiřic im April 1890 am Elbe-Ufer geschossen; befindet sich
in der Bürgerschule dortselbst. Totallänge 53 cm., **Flügel**

44 cm, Schwanz 25 cm. Zwei Exemplare der Sammlung des Herrn Wolf in Maslojed wurden in der Umgebung der genannten Ortschaft 1883 und 1889 erlegt.

5. *Falco tinnunculus* L. ♀ adult., geschossen von mir am 10. Juli 1892 bei Hořiňoves (Bez. Jaroměř); im Magen Rebhuhnreste gefunden. In unsere Gegend kommt der Thurmfalke jedes Jahr.

6. *Falco vespertinus* L. Ist in Böhmen sehr selten. In unserer Gegend wurde der Rothfussfalke nur einmal u. zw. ein ♂ adult. im Juli 1888 vom Herrn Wolf in Maslojed (Bez. Jaroměř), wo er sich einige Monate aufgehalten hatte, geschossen

7. *Falco aesalon* Tunst. ♀, geschossen von Herrn Ullmann, Förster in Gross-Petrovic (Bez. Nechanic), im Jahre 1889; befindet sich in der Sammlung des Herrn Wolf

8. *Falco subbuteo* L. Neben dem *Accipiter nisus* ist der Lerchenfalke in unserer Gegend der gewöhnlichste Raubvogel, obzwar er nur selten geschossen wird. In einem der zahlreichen Erlenwäldchen bei Račic nistete er im Jahre 1890, wo ein ♀ adult. von mir am 12. August desselben Jahres geschossen warde, als es abends beim Trotina-Flusse Jagd auf die Schwalben machte.

9. *Falco peregrinus* Tunst. Wird jedes Jahr beobachtet Zum letztenmale wurde beim einsam stehenden Meierhofe „Frantov" bei Hořiněves ein ♂ adult. am 10. April 1891 geschossen. Totallänge 54 cm., Flügel 36, Schwanz 19. Die Landbewohner verwechseln ihn meistens mit dem Habicht („jetřáb").

10. *Accipiter nisus* (L.) Ist sehr gewöhnlich; alljährlich werden mehrere geschossen und nistend gefunden. Ende Mai 1889, dann wieder 1890 und 1891 erzielte ich Junge.

11. *Astur palumbarius* (L) Sehr gewöhnlich; ich selbst habe im Laufe der letzten fünf Jahre 7 Exemplare bekommen.

12. *Aquila fasciata* Vieill. Ein Exemplar. des in Böhmen höchst seltenen Habichtsadlers, ♀ adult., wurde am 2. Juni 1889 bei Čistowes (Bez. Königgrätz) geschossen und befindet sich in der Sammlung des Herrn Dr. med. Hirsch in Maslojed. Der Magen enthielt Reste von Kaninchen.

13. *Aquila fulva* (L.) Geschossen im Walde „Čeberka" bei Hořic in den Jahren 1875 und am 22. October 1876; beim

Walde „u Černé Vody" bei Rokytnic (Bez. Königgrätz) am
16. December 1876. (Dr. Schier „Ptactvo české" I. 18.)

14. *Pernis apivorus* (L.) Nistet nach Angabe in den Wäldern
bei Hořic (vgl. auch Schier l. c. I. 42). Vom Herrn Wolf wurde
der Wespenbussard schon dreimal geschossen, zuletzt im Mai
1892. Im Magen dieses Exemplares wurden nur Frösche und
Maikäfer gefunden; selbes befindet sich in meiner Sammlung.
Totallänge 50 cm., Flügel 40 cm., Schwanz 27 cm.

15. *Archibuteo lagopus* (Brünn.). Ist ziemlich selten; wenigstens
wurden meines Wissens in den letzten fünf Jahren nur zwei
Exemplare erlegt u. zw. 1891 bei Suchá (Bez. Nechanic) und
Habřina (Bez. Jaroměř).

16. *Buteo buteo* (L.) Der Mäusebussard ist in unserem Gebiete eine ganz gewöhnliche Erscheinung, weil er allseitig geschont wird. Man sieht ihn sehr oft, wie er auf einem Grenz-
steine oder einer Latte, welche ihm von dankbaren Leuten
für seine landwirthschaftlichen Verdienste als eine Sitzbank
in den Feldern und Wiesen errichtet wird, ruhig wartend sitzt
und den Menschen bis auf wenige Schritte ankommen lässt.

17. *Circus aeruginosus* (L.) Nistet am Teiche in Alt-Pless
bei Josefstadt, von wo ich sie schon zweimal bekommen habe,
u. zw. vom Herrn Oberlieutenant Bednář im April 1890 (♂ ad.)
und vom Herrn Procházka, Mühlenbesitzer, im Juni 1892 (♀ ad.).
Im Jahre 1891 stöberte ich sie bei der Flusserweiterung der
Bystřice bei Nechanic im Schilfe auf.

18. *Circus cyaneus* (L.). Diesen schönen Vogel habe ich
oft auf den Wiesen bei Račic gesehen, welche die Trotina
durchfliesst, und daselbst ein ♂ adult. im August 1890 geschossen. Am 5. Juni 1890 fand ich sein unordentliches Nest
mit vier Eiern bei Sobětuš (Bez. Nechanic) im hohen Grase.

19. *Circus pygargus* (L). Wurde von mir in unserer Gegend
zweimal gesehen und einmal geschossen u. zw. im dichten
Weidengesträuche bei Račic (1889) und Jeřiček (1891, ♂ ad).
Ein ♀ ad. aus der Umgebung von Neu-Bydschow ist Eigenthum
des Herrn Baumeisters Douša.

20. *Nyctea ulula* (L.) Ein Exemplar hat mir Herr C. Bie-
mann, Lehrer aus Doubravic bei Königinhof im Januar 1891
gebracht. Im Februar 1892 wurde ein schönes, wohl ent-

wickeltes Exemplar von Herrn J. Wolf im Swiber-Walde bei Sadova geschossen.

21. *Carine passerina* (L.). Ein Exemplar bekam ich von Herrn Jirsák, Gutsbesitzer, im Jahre 1890 aus Rychnovek bei Josefstadt.

22. *Carine noctua* (Retz.). Wird sehr oft beobachtet. Ich habe nur ein Exemplar im Jahre 1890 geschossen.

23. *Syrnium aluco* (L.) Nistet in grossen Wäldern bei Lanžov und Hustiřan (Bez. Jaroměř); ich selbst habe sein Nest schon dreimal gefunden. Er wird als schädlich betrachtet.

24. *Strix flammea* L. Ist nicht so selten wie gewöhnlich angegeben wird. Aus Žiželoves (Bez. Jaroměř) habe sie im Jahre 1888 beim Herrn Wolf gesehen, der 3 Exemplare in seiner Sammlung hat. Später wurde sie mir aus derselben Ort-schaft eingeschickt; auch in Velichovek bei Jaroměř habe ich sie gesehen.

25. *Pisorhina scops* (L.) Zwei Exemplare, ♂ und ♀ ad., wurden am 2. October 1892 vom Herrn W. Wolf, Gutsbesitzer in Gross-Petrovic bei Nechanic, geschossen, wo die Art in seinem grossen Obstgarten in einer Baumhöhle, nur 30 Schritte von dem Wohnhause entfernt, durch 2 Jahre nistete. Eier wurden keine gefunden. Beide Exemplare habe ich dem Herrn Ph. C. Dal. Vařečka in Prag, welcher eine Arbeit über das Vorkommen dieses Vogels in Böhmen, Mähren und Schlesien vorbereitete, übergeben. Nach Angabe des Herrn Lehrers Kubik soll diese zierliche Eule auch in Babic bei Nechanic beobachtet werden.

26. *Asio otus* (L.) Ist in unserer Gegend keine Seltenheit; von mir wurde diese Eule an verschiedenen Orten beobachtet und in allen Local-Sammlungen gefunden.

27. *Asio accipiterinus* (Pall.) Wird jedes Jahr oft ge-schossen; im Jahre 1890 erlegte ich im Herbste auch 1 Exem-plar bei Habřina.

28. *Caprimulgus europaeus* L. Ist in unserer Gegend bekannter Nistvogel. Die Sammlung des Herrn Wolf hat drei Exemplare, und 1 ♂ befindet sich in der Volksschule in Petrovic ausgestopft. Ich habe einigemale 4—6 Ziegenmelker auf einem Felde beim Walde, wo frische Düngerhaufen sich befanden, in der Abenddämmerung jagen gesehen.

29. *Micropus apus* (L). Sehr häufig und nistet in vielen Ortschaften, so z. B. in Hořiňoves am Dachboden des Schlosses in staunenswerter Menge.

30. *Hirundo rustica* L. Kommt in den letzten Jahren nicht mehr in solcher Zahl wie früher, was sicher in den kälteren Sommermonaten seine Ursache hat. Es sind nur wenige Ortschaften, wo sie fehlt und durch folgende ersetzt wird.

31. *Chelidonaria urbica* (L.) Die Stadtschwalbe wählt jedes Jahr neue Nistplätze.

32. *Clivicola riparia* (L) Nistet in den erdigen Ufern der Elbe und beim grossen Teiche in Dobrá Voda (Bez. Horič); häufig ist sie Lochenic (Bez. Königgrätz) und Jaroměř. Vor einigen Jahren fanden sich hunderte ihrer Löcher in einer verlassenen Lehmgrube bei Předměřitz (bei Königgrätz).

33. *Cuculus canorus* L. Im ganzen Bereiche dieser Beobachtungen häufig, auch in Obstgärten, selbst in der Mitte der Ortschaften.

34. *Merops apiaster* L. Dieser sehr seltene Gast in Böhmen befindet sich in der Sammlung der Volksschule in Hněvčoves (Bez. Horič), wo er im Jahre 1890 geschossen wurde.

35. *Alcedo ispida* L. Häufig, besonders bei der Elbe in Plácek (bei Königgrätz), bei Smiřic, wo ich schon einige erlegte, bei Jeřiček (Bez. Jaroměř), von wo ich bereits zweimal die Eier (6) bekam. Längs der Elbe findet man den Eisvogel auf mehreren Stellen, ebenso an der Aupa und Mettau bei Josefstadt, an der Cidlina bei Smidar und bei Neubidschow.

36. *Corracias garrula* L. Wurde schon mehrmal constatiert; ich erlegte sie einigemal und sah sehr oft diesen bunten Vogel auch in solchen Häusern ausgestopft, wo sonst keine anderen Vögel zu treffen waren. Im Jahre 1891 fand ich ihr Nest mit 6 Eiern in einem hohlen Baume auf der Waldwiese „u Homole" im Swiberwalde bei Maslojed, wo ich auch ihr lustiges Treiben beobachtete.

37. *Oriolus galbula* L. Vom Mai bis August hört man das melodische Rufen des Pirols in allen unseren Wäldern und Gärten; sein Nest fand ich oft, besonders in der Fasanerie bei Hořiňoves und im jungen Walde „na Svatých" bei Lužan (Bez. Jaroměř). Doch nirgends in unserer Gegend ist er so zahl-

reich wie im Walde „Chlum" und den angrenzenden Obstgärten
bei Prasek und Zechovic bei Neu-Bydschow.

38. *Pastor roseus* (L.) wurde im Jahre 1889 und 1891 bei
uns erlegt; drei Exemplare befinden sich in der Sammlung des
Herrn H. Wolf. Er wurde beobachtet in Hořiňoves, Cerekvic,
Nedělišt und Velichovek. Im Jahre 1875 (am 7. Mai) wurden
einige Exemplare in Všestar (Bez. Königgrätz) geschossen.

39. *Sturnus vulgaris* L. Dieser Liebling der Landbewohner
nistet in allen Ortschaften, z. B. in Hořiňoves sicher 60—70,
in Maslojed 80, Vrechovnic 60 Paare u. s. w. Beim Herbstzuge
hat er seine alten Sammelplätze, z. B. eine Fichtengruppe in
der Heide südwestlich vom Kraliker-Walde bei Neu-Bidschow;
eine alte, einzelnstehende Erle „na Srpkách" bei Hořièves
u. s. w. Er ist sehr nützlich und wird auch allgemein geschont.

40. *Colaeus monedula* (L.. Ist sehr häufig und nistet in
Jaroměř, Neu-Bidschow, im Kirchenthurme in Žiželowes (Bez.
Jaroměř), Cerekvic, Wostroměř (Bez. Hořič) u. s. w. Im Juni
1891 haben alle Dohlen, welche in grosser Anzahl die Kirchen-
thürme und Bastionen in den Schanzen in Königgrätz seit
langen Jahren bewohnten, auf einmal ihre Heimatsstadt verlassen; die Ursache dieses interessanten Exodus ist mir leider
nicht bekannt. (Vgl. „Ratibor" VIII., Nr. 30, p. 355). Heuer
kehrten sie wieder zurück.

41. *Corvus corone* L.

42. *Corvus cornix* L.

43. *Corvus frugilegus* L. Alle drei Arten sind im geschil-
derten Gebiete sehr häufig und als nützliche Vögel anerkannt.
Im Winter kommen sie in ungeheuerer Menge, besonders bei dem
grossen Fehmen bei Hořiňoves und Smiřic vor. Eine grosse
Nist-Colonie ist in den hügeligen Tannenwäldern „na Horkách"
zwischen Račic und Sendražic (Bez. Jaroměř).

44. *Garrulus glandarius* (L.) In grosser Menge vorhanden;
wird verfolgt.

45. *Pica pica* (L.). Ist sehr häulig, besonders im niedrigen
Walde „na Svatých" bei Lužan (Bez. Jaroměř) und bei Lipa
bei Chlum (Bez. Königgrätz); man findet sie aber auch in
grösseren Gärten am Rande der Ortschaften. An der Lisière
grösserer Wälder lebt sie in kleinen Gesellschaften.

46. *Nucifraga caryocatactes* (L). Vom Jahre 1886 angefangen wird der Tannenheher jedes Jahr im Winter bei uns beobachtet; im Winter 1889/90 wurde er besonders oft gesehen, und einige wurden geschossen.

47. *Picus viridis* L. Häufig in Wäldern und Obstgärten, wo ich ihn sehr oft angetroffen habe.

48. *Picus viridicanus* Wolf. Verhältnismässig seltener als P. viridis; ich habe wenigstens nur eine ganz kleine Anzahl von Grauspechten gesehen, und die Angaben der Landbewohner sind sehr unverlässlich, weil grösstentheils eine Verwechslung mit der vorigen Art stattfindet.

49. *Dryocopus martius* (L.) Ziemlich selten; er lebt in tiefen Schwarzwäldern „pod Bohánkou“ bei Gr. Bürglitz (bei Hořič und bei Smržow (in der Nähe von Smiřic). 2 Exemplare befinden sich in der Sammlung des Herrn Wolf.

50. *Dendrocopus major* (L.) Der gewöhnlichste Specht in unserer Gegend. Man findet ihn fast in allen Obstgärten, wo er auch regelmässig nistet.

51. *Dendrocopus leuconotus* (Bechst.) 1 Exemplar besitzt Herr Ullmann, Förster in Gross-Petrovic, welches er im Jahre 1889 erlegte; sonst wurde er nirgends beobachtet.

52. *Dendrocopus medius* (L.) Diesen seltenen Vogel sah ich nur im Swiber-Walde bei Maslojed u. zw. in den Jahren 1890 und 1891. Sein Nest fand ich am 14. April 1890; am 21. waren in ihm schon 6 Eier und am 7. Juni 6 Junge; es befand sich in einem hohlen Baume; 1 Exemplar am 21. Juni 1891 dortselbst geschossen.

53. *Dendrocopus minor* (L.) Ist eine häufige Erscheinung in den Obstgärten.

54. *Jynx torquilla* L. Kommt in allen Gärten vor, obzwar man nicht sagen kann, dass der Wendehals bei uns ein gewöhnlicher Vogel sei. Ich habe ihn besonders in folgenden Ortschaften gesehen: Hořeňoves, Maslojed, Petrovic, Svobodné, Dvory, Chlum, Neznášov, Milovic, Prasek.

55. *Sitta caesia* Wolf. Dieser nützliche Vogel ist häufig und nistet in vielen Obstgärten. Im Jahre 1891 fand ich bloss in Hořiňoves seine Eier dreimal (einmal 6, zweimal 8.)

56. *Certhia familiaris* L. Wird sehr oft getroffen, besonders im Herbste in der Gesellschaft anderer kleiner Vögel.

57. *Upupa epops* L. Im allgemeinen ist der Wiedehopf ziemlich selten; jedoch bekomme ich jedes Jahr die Nachrichten über sein Vorkommen oder sogar 2—3 Exemplare. Von mir wurde er besonders oft bei Neu-Bydschow und Smidar beobachtet.

58. *Lanius excubitor* L. Im Jahre 1888 schoss ich ein Exemplar in Maslojed im Wäldchen „Havranec"; 1891 war wieder ein Paar dort, so wie in der Remise bei Želkovic (Bez. Jaroměř). Vor mehreren Jahren habe ich einen grossen Würger, ein sehr schönes Exemplar, bei der Prager Vorstadt bei König-grätz mit einem Steine getödtet; 1889 wurde auch in Lhota Smidarská bei Neu-Bydschow 1 Exemplar für mich geschossen; in Gross-Petrovic bei Nechanic habe ich einen bei Herrn Jezbera, Oeconomie-Adjuncten, im Jahre 1891 gesehen, und in der Sammlung des Herrn Wolf in Maslojed sind auch 3 Exemplare in verschiedenen Altersstadien vorhanden. Nach dem ist er in Böhmen, wenigstens im Nord-Osten des Landes, nicht so selten, wie man gewöhnlich sagt. (Vgl. Fritsch, „Wirbelth. Böhm." 61.)

59. *Lanius minor* Gm. Ist unbedingt seltener als voriger, obzwar auch keine Rarität. Es sind mir aus unserem Gebiete einige in den letzten fünf Jahren erlegte Exemplare in verschiedenen Sammlungen bekannt. Den letzten kleinen Grauwürger habe ich am 5. Juni 1890 bei Gross-Bürglitz (bei Hořic), von wo auch ein anderes Exemplar meiner Sammlung stammt, geschossen.

60. *Lanius senator* L. Ein Exemplar in der Gymnasial-Sammlung in Neu-Bydschow aus Ohništän bei Smidar; Hr. Wolf hat ihn aus Čistoves, Hr. Ullmann aus Lubno (Bez. Nechanic); ich habe ihn auch bei Sendražic (Bez. Jaroměř) gesehen.

61. *Lanius collurio* L. Ist der gewöhnlichste Würger.

62. *Muscicapa grisola* L. Gewöhnlich in allen Obstgärten.

63. *Muscicapa parva* Bechst. Ist mir aus unserem Gebiete in 2 Exemplaren in der Sammlung des Herrn Wolf (aus den Jahren 1890 und 1891) und weiter auch aus eigener Erfahrung bekannt; im Mai 1891 habe ich sie bei Milctin gesehen, und H. Rudolf, Lehrer, hat mir auch eine aus Lanžow (bei Königinhof) im Juni 1892 geschickt.

64. *Muscicapa atricapilla* L. Keineswegs zu selten. Neben den Exemplaren in der Sammlung des Herrn Wolf, denen der

Bürgerschule in Jaroměř und des Gymnasiums in Neu-Bydschow
besitze ich selbst ein Exemplar, welches ich aus Loučná Hůra
bei Smidar (Bez. Neu-Bydschow) von Herrn med. stud. Deyl
bekommen habe. Ich habe sie auch im Jahre 1890 im Walde
„Lisice" bei Cerekvic (Bez. Hořic) geschossen.

65. *Muscicapa collaris* Bechst. In meiner Sammlung befindet
sich 1 Exemplar, welches ich in Salnai bei Königinhof gekauft
habe; ein anderes stammt aus Voestar (Bez. Königgrätz).

66. *Bombycilla garrula* (L.) Kommt fast jedes Jahr; besonders gross war der Zug im Winter 1888 89. Uebrigens befindet sich fast in jeder Sammlung 1 Exemplar. Im Winter
1890 sah ich bei Maslojed grössere Scharen von 40—70 Stück,
und 1891 erlegte ich bei Hořiněves 17 Exemplare.

67. *Accentor collaris* (Scop.) Die Alpenbraunelle fand ich
seit dem Jahre 1888 nur zweimal u. zw. 1889 im Februar bei
Dubenec (Bez. Königinhof) und 1891, Ende Januar, in Hustiřan,
in der Nähe dieser Ortschaft. Ein Exemplar der Sammlung
des Herrn Wolf stammt von Wostroměř (bei Hořic) aus dem
Jahre 1888.

68. *Accentor modularis* (L.) Ist sehr selten; am 19. October 1890 wurde sie bei Maslojed im Swiber-Walde gefangen
und mir geschickt.

69. *Troglodytes troglodytes* (L.) Ueberall bekannt, beliebt
und geschont. Im lebenden Zaune unseres Gartens in Hořiněves
leben vier Paare dieser wunderlieben Pygmäen; ihre Nester
und Eier finde ich hier jedes Jahr im Mai und Juli, sowie
auch auf anderen Stellen der Umgebung. Dass er mehrere
Nester baut, bevor er die Eier legt, finde ich nicht durch
meine langjährige Beobachtung und Erfahrung bestätigt; ich
fand wenigstens immer alle niedlichen Nester des Zaunkönigs
besetzt. Ein Paar nistete in den Jahren 1891 und 1892 in der
einsam in Feldern stehenden Hütte „Pazderna" bei Hořiňoves.

70. *Cinclus cinclus* (L.) Ist selten bei uns zu sehen; mir
ist er nur von Miřejov und Vellhrádek (Bez. Königinhof) bekannt.

71. *Parus fruticeti* Wallgr. Ziemlich häufig; ich fand sie
fast im ganzen Bereiche des Beobachtungsgebietes und ihre
Nester sah ich in der Fasanerie bei Hořiněves, bei Benatek (Bez.
Jaroměř) im Swiber-Walde, in Podolib bei Nechanic u. s. w.

72. *Parus ater* L. Ist nicht eben häufig. Im Winter wird die Tannenmeise in den Gärten gesehen, wo sie mit anderen Gattungsverwandten herumfliegt. Einige Exemplare bekomme ich jedes Jahr aus verschiedenen Theilen unseres Gebietes.

73. *Parus cristatus* L. Nicht selten. Häufig in den Wäldern bei Liskovic „pod Boháňkou“ bei Gross-Bürglitz (Bez. Hořic) bei Hustiřau (Bez. Jaroměř).

74. *Parus major* L. Ist die gewöhnlichste Meise, welche besonders in der Umgebung von Neu-Bidschow sehr häufig ist und wo auch sehr viele jährlich gefangen werden. Im Winter sieht man sie in grösseren Scharen in den Obstgärten.

75. *Parus caeruleus* L. Sehr häufig in allen Laub- und Nadelwäldern.

76. *Parus cyanus* Pall. Im Winter 1889 hat Herr Wolf eine Lasurmeise in seinem Garten, wo so viele Vögel einen Zufluchtsort finden, in Maslojed (Bez. Jaroměř) geschossen; der schöne, seltene Vogel wurde sonst nie bei uns beobachtet.

77. *Acredula caudata* L. Ist häufig und kommt in die Nähe der Ortschaften nur im strengen Winter.

78. *Panurus biarmicus* (L.) 1 Exemplar in der Sammlung des Herrn Dr. med. Hirsch in Maslojed wurde im Winter 1891 bei Nechanic geschossen. Im Herbste 1892 habe ich eine Bärtmeise aus Alt-Pless bei Josefstadt mit der bemerkenswerten, aber leider unsicheren Mittheilung erhalten, dass sie im Riedgrase am Ufer des dortigen Teiches nistete.

Anmerkung: Dr. Vl. Schier hat neben anderen unverlässlichen Berichten, welche ihm eingesandt wurden, auch eine Reihe von höchst verdächtigen Angaben über das Vorkommen und Nisten des *Aegithalus pendulinus* (L.), in seinem sonst verdienstvollen Werke „Ptactvo české“ (II. p. 59) veröffentlicht. Am angeführten Orte erzählte er, dass ein Nest dieses Vogels bei Plotišt (Bez. Königgrätz) gefunden wurde. Dadurch veranlasst und durch immer neue Nachrichten verschiedener Berichterstatter noch angeregt, habe ich die Ufer der Elbe durchforscht, aber trotz wiederholtem Suchen bis jetzt nichts gefunden.

79. *Regulus regulus* (L.) Ist häufig in unseren grösseren Nadelwäldern. Sein Nest habe ich aber nur einmal im Walde bei Přim (Bez. Königgrätz) gefunden.

80. *Regulus ignicapillus* (Chr. L. Br.) Ist auch keine Seltenheit, obzwar es nicht so häufig zum Vorschein kommt wie das

gelbköpfige. Beide wandern im Winter in der zahlreichen Gesellschaft kleiner Vögel von einem Orte zum anderen Das feuerköpfige Goldhähnchen findet man aber besonders oft im Herbste in kleinen Gesellschaften an der Waldlisiére.

81. *Phylloscopus sibilator* (Bechst.) Scheint ziemlich selten zu sein; ich habe ihn nur einmal im Walde bei Břištan (Bez. Hořic) getroffen. Zwei Exemplare sind in der Sammlung des Herrn Wolf.

82. *Phylloscopus trochilus* (L.) Ist häufig (Hořiněves, Petrovic, Obstgärten bei Rodov).

83. *Phylloscopus rufus* (Bechst) Keineswegs seltener als der vorige; ich fand ihn in vielen Laubwäldern unseres Gebietes, und in meiner Sammlung befinden sich zwei Exemplare aus der Fasanerie in Hořiněvés; auch in einigen anderen Collectionen habe ich ihn gefunden.

84. *Hypolais philomela* (L.) Dieser beliebte Vogel unserer Landbewohner ist im ganzen Bereiche sehr häufig; in manchen Ortschaften haben mehrere Paare ihre alljährlichen Brutplätze. Neben der Nachtigall, der Feldlerche, der Schwalbe, dem Rothkehlchen, dem Stieglitz, dem Star und dem Zaunkönig ist auch der Gartenlaubvogel Liebling unseres Volkes.

85. *Acrocephalus palustris* (Bechst.). Ist ziemlich selten. Ich habe diesen guten Sänger nur an den Elbe-Ufern bei Jerbin (Bez. Jaroměř), Plácka (Bez. Königgrätz) und in Weidengesträuche bei dem Cidlinaflusse bei Humburg (Bez. Neu-Bydschow) beobachtet. Das Exemplar der Sammlung des Herrn Wolf ist von Nechanic.

86. *Acrocephalus streperus* (Vieill.) Wie in ganz Böhmen, auch bei uns der gewöhnlichste aller Rohrsänger. Auf verschiedenen Stellen bei der Elbe, aber auch auf den Ufern anderer Flüsse und Bäche, ist er von Anfang Mai bis Mitte September eine ständige Erscheinung.

87. *Acrocephalus arundinaceus* (L.) Keineswegs so selten, wie Herr Prof. Fritsch in seinem Werke: „Wirb. Böhm." p. 55 glaubt. Die Exemplare, welche ich aus Malšovic (östlich von Königgrätz) bekommen habe, dann einige von mir bei Smiřic und Semonic (Bez. Jaroměř), dann bei Neu-Bydschow erlegte Drosselrohrsänger, beweisen nur ein häufiges Vorkommen in Nord-Ost-Böhmen.

88. *Acrocephalus aquaticus* (Gm.). Scheint sehr selten zu sein. Aus unserer Gegend sind mir nur 2 Exemplare, welche ich aus Alt-Pless (bei Josefstadt), resp. aus Kobilic (bei Nechanic) bekam, bekannt.

89. *Acrocephalus schoenobaenus* (L.) Ist häufig, b' sonders bei Nechanic, Jericek, Holohlav (Bez. Jaroměř) und Plotišt (bei Königgrätz). Ich habe den Schilfrohrsänger auch bei (Neu-Bydschow und bei Račic „v Koutech“ gefunden.

90. *Locustella naevia* (Bodd.) Selten oder seltener zu beobachten als die vorigen Arten der Rohrsänger. Meiner Ansicht nach ist nur sein verborgenes Leben daran schuld, dass wir den Heuschreckenrohrsänger wenig kennen. Ein einziges Exemplar befindet sich in der Sammlung des Ober-Gymnasiums in Neu-Bydschow. Wie mir nun mein Freund, Herr J. Numzar, Mediciner aus Nechanic unlängst schrieb, soll *l. naevia* sich auch in der Sammlung des Herrn Sarhán in Nechanic befinden.

Anmerkung: In der letzten Zeit theilt mir ein ganz glaubwürdiger Berichterstatter mit, er glaube, bei Smiřic auch den Flussrohrsänger, *Locustella fluviatilis* (Wolf.), beobachtet zu haben. Die Bestätigung dieser interessanten Nachricht wäre sehr wünschenswert. Dass *L. fluviatilis* in Böhmen an den Ufern der Elbe vorkommt, ist nach Prof. Fritsch („Wirbelth. Böhm. p. 56) „sehr wahrscheinlich“. Dr. Schier erzählt sogar in seiner unbegreiflichen Leichtgläubigkeit, dass der Flussrohrsänger schon mehrmals beobachtet und geschossen wurde (Ptactvo české III. 16), und Prof. Fritsch, unstreitbar der beste Kenner der böhmischen Avifanna, hat ihn doch in keiner Sammlung gefunden (l. c.)

91. *Sylvia atricapilla* (L.) Ist vom Mai bis Mitte October ziemlich häufig, besonders an den mit niederem Strauchwerk bewachsenen Abhängen „na Horkách“ bei Račic, bei Rtyně (Bez. Jaroměř), Westel (Bez. Königinhof), auch im Kraliker-Walde bei Skřivan (Bez. Neu-Bidschow)

92. *Sylvia curruca* (L.) Sehr häufig, auch in der Mitte der Ortschaften.

93. *Sylvia sylvia* (L.) Ist die häufigste von allen unseren Grasmücken und auch überall bekannt.

94. *Sylvia nisoria* (Bechst.) Sehr selten; ich habe sie nur am Rande der reizenden Fasanerie in Hořiňoves, dieses wirklichen Paradieses befiederter Sänger, im Jahre 1890 nach dem Gesange erkannt und gesehen. 2 Exemplare in der Sammlung

des Herrn Wolf wurden im Walde „na Svatých" bei Lužan im Jahre 1891 (August) geschossen.

95. *Sylvia hortensis* (Bechst.) Ist ziemlich häufig (Horiněves, Račic, Neu-Bydschow, Officiers-Park in Königgrätz) in Gärten und Parkanlagen.

96. *Turdus merula* L.   Sehr häufig, besonders in der Fasanerie bei Horiněves, im Swiberwalde bei Maslojed, im Officiersparke in Königrätz, wo sie auch im Winter bleibt, sowie in anderen grösseren Gärten.

97. *Turdus torquatus* L. Scheint nicht allzusehr selten zu sein. Bei Königinhof und Miletin werden jedes Jahr mehrere gefangen oder geschossen. Südlicher gegen Königgrätz erscheint er höchst selten. 1 Exemplar erlegte ich am 20. Februar 1890 in Lužan (Bez. Jaroměř).

98. *Turdus pilaris* L. Kommt gewöhnlich Mitte November und bleibt bis März, indem sie in der Gegend herumzieht. Bei Königgrätz habe ich zwar die Wachholderdrossel jedes Jahr getroffen, aber ihr Aufenthalt ist dort nur sehr kurz, je nach der Menge der Vogelbeeren. Auch bei Neu-Bydschow und Josefstadt ist sie keine Seltenheit. In grossen Wäldern „pod Bokánkon" bei Gross-Bürglitz und bei Königinhof soll sie auch nisten; ich habe aber ihr Nest nie gefunden, noch sie selbst in Sommermonaten gesehen.

99. *Turdus viscivorus* L. Mehrmals im Walde bei Hustiřau gesehen; im August 1891 erlegte ich dis Misteldrossel auch im Swiber-Walde bei Maslojed; in den Sammlungen fand ich sie überall. Sie scheint aber doch in den letzten Jahren seltener zu werden, als sie früher war.

100. *Turdus musicus* L. Sehr häufig im ganzen Gebiete; bleibt bei uns vom März bis October (1892: 13 März—16. Oct.)

101. *Turdus illiacus* L. Ist ebenso häufig wie T. pilaris L., wird aber so verfolgt, dass seine Zahl sich in den letzten Jahren verminderte; kommt meistens Ende November oder Anfang October und bleibt gewöhnlich bis März, ja bis April. Am 5. April 1890 schoss ich eine Weindrossel bei Vrchovnic (Bez. Jaroměř).

102. *Erithacus titis* (L.)

103. *Erithacus phoenicurus* (L.) Beide Arten sind sehr häufig, ja die Anzahl der Hausrothschwänzchen wird immer

grösser; bloss in unserem Meierhofe in Horiněves nisten 5 **Paare.**
Beide Arten kommen fast zu gleicher Zeit (Ende März), und
auch gleichzeitig ziehen sie ab (Anfang October; 1892 **am**.
9. October). Besonders E. phoenicurus ist sehr beliebt.

104. *Erithacus luscinia* (L.) Die Nachtigall ist in neuester
Zeit wieder häufiger geworden, weil sie weniger verfolgt und
beunruhigt wird, was wirklich nur der lobenswerten Wirksam-
keit der Schule zu verdanken ist. In den Sommermonaten hört
man diesen Lieblingsvogel des Volkes und seiner Lieder an
verschiedenen Orten unserer für ihn so günstigen Gegend seine
Triller schlagen. In der Fasanerie von Horiněves leben seit
undenklicher Zeit 2 Paare; in den letzen 5 Jahren kamen sie
immer Mitte April an. Ein anderer Ort, wo man den Gesang
der Nachtigall hören kann, ist das schöne Wäldchen „Lisice" bei
Cerekvic; in der Umgebung von Neu-Bydschow ist es vor
allem „Chlum", wo sie ihre Lieder ertönen lässt. Im schattigen
Garten des Herrn Bromovský, in der letztgenannten Stadt, habe
ich in den Jahren 1885—1889 ihrem Gesange, manchmal auch
während des Tages, noch am Anfange Juli zugehört. Bei
Jeriček sang auch eine nur während des Tages. Bei Maslojed,
im Swiber-Walde, bei Sedlec, Brištan und Sitkovic (Bez. Hořic)
nistet sie auch. Ein wirklicher Künstler, Virtuos ersten Ran-
ges, in weiter Umgebung als solcher bekannt, produciert sich
in dem idyllischen Winkel im Erlen- und Weidengebüsch bei
der Mühle „v Koutech" an der Trotina bei Račic. Südlicher,
bei Königrätz ist sie seltener; es ist kein Ort auf eine Stunde
weit in der Umgebung der alten Elbestadt, wo sich die Nachtigall aufhält.

105. *Erithacus philomela* (Bechst.) Ist höchst selten. Der
Sprosser, welchen ich in Smiric im Käfige sah, wurde im Jahre
1890 im Mai in Holohlav bei der Elbe, wahrscheinlich am Zuge
gefangen. In einem Vogel, welcher in der Sammlung der Volksschule in Gross-Petrovic (Bez. Nechanic) als Nachtigall bezeichnet war, habe ich positiv den Sprosser erkannt; dieses
Exemplar wurde bei Tüň (Bez. Nehanic) gefangen (14./V 1889),
verendete aber bald darauf. Das Exemplar der Gymnasial-Sammlung in Neu-Bydschow stammt von Zächraśťan und jene 2 der
Collection des Herrn Wolf von Nechanic aus dem Jahre 1890.

106. *Erithacus suecicus* (L.) Wird am Zuge beobachtet und öfters, weil den Vogel zu fangen keine Kunst ist, in der Gefangenschaft gehalten. Das Blaukehlchen kommt im Mai und im September wandert es wieder zurück. Auf ein nistendes*) Paar wurde ich von Herrn Hak in Račic aufmerksam gemacht, und wirklich fand ich das Nest im Trotina-Thale bei Račic.

107. *Erithacus cyaneculus* (Wolf), sowie *var. (wolfi Chr. L. Br.)* Dank der gütigen Hilfe, mit welcher mich zahlreiche Freunde und Bekannte in meinen ornithologischen Beobachtungen bereitwilligst unterstützen, konnte ich auch das Vorkommen des weisssternigen und Wolf's Blaukehlchen in unserer Gegend feststellen. Herr Jirsák in Rychnovek und Herr Dr. med. Zemek in Chotěborek (bei Königinhof) haben die Güte gehabt, mir diese Vögel in 4 Exemplaren einzuschicken (1891). Auch in Jaroměř hat Herr Wolf im Juni 1889 ein lebendiges Exemplar des weisssternigen Blaukehlchens gekauft, welches aber schon 3 Tage darauf verendete; es befindet sich jetzt in seiner musterhaften Sammlung, die unsere ornithologischen Verhältnisse so gut illustriert.

108. *Erithacus rubeculus* (L.) Ist einer der bekanntesten und beliebtesten Vögel. Das Rothkehlchen ist sehr häufig und in mancher Hütte sieht man es lustig, ungezwungen herumfliegen, geliebt von allen.

109. *Saxicola oenanthe* (L.) Ziemlich häufig, besonders bei Zwol (Bez. Jaroměř), auf dem Hügelrücken zwischen Sendražic und Horiněves und auf der Anhöhe „St. Gotthard" bei Hořic u. s. w. Bei Neu-Bydschow habe ich den grauen Steinschmätzer vergebens gesucht.

110. *Pratincola rubetra* (L.) Ist ziemlich häufig auf der Wiese beim Walde „na Svatých" im Gebüsche längs des Wassergrabens, bei Hněvčeves (Bez. Hořic), zwischen Prasek und Řehst (Bez. Neu-Bidschow) u. s. w. Der braunkehlige Wiesenschmätzer kommt Ende März oder Anfang April und zieht erst im September wieder weg.

---

*) Bei dem Umstande, dass das rothsternige Blaukehlchen bei uns zu den Seltenheiten gehört — die Zahl der in der Literatur angeführten verbürgten Fälle ist bei uns äusserst gering — zogen wir obige Angabe in Zweifel. Der Autor versichert uns jedoch auf's bestimmteste, dass ein Irrthum vollkommen ausgeschlossen sei.   Der Herausgeber.

111. *Pratincola rubicola* (L.) Seltener als *P. rubetra*. Ich habe das Schwarzkehlchen nur auf wenigen Orten gefunden, so auf der Anhöhe bei Sendražic und Račic (Bez. Hořic), auf dem bekannten Rücken von Chlum (bei Lipa) und auf dem buschigen Abhange bei Vilantic (Bez. Jaroměř). Auch von Hořic und Königinhof habe ich Exemplare bekommen. Am 6. Juni 1889 fand ich auch sein Nest mit 5 Eiern bei Račic.

112. *Motacilla alba* L. Ein sehr häufiger Vogel. Sie kommt sehr bald (z. B. nach Horiněves 1888: 26. II.; 1889: 4. III.; 1890: 1. III. u. s. w.) und bleibt bis October. Bei Hněvčoves (Bez. Hořic) sah ich die Bachstelze noch am 22. October 1892. Sie nistet in Ortschaften, oft in unmittelbarer Nähe von Menschenwohnungen. Im Jahre 1889 fand ich ihr Nest im Garten des Herrn Doušа in Neu-Bydschow, 6 Schritte vor dem Hauseingange, zwischen 3 Ständern, in welchen sich Oleander befanden; am 12. Mai hatte sie zum erstenmale und am 8. Juli zum zweitenmale dort ihre Jungen ausgebrütet.

113. *Motacilla melanope* Pall. Sehr selten. Nur bei dem kleinen Bache im Walde „pod Bohánkon" bei Gross-Bürglitz, dann bei Poličan und Lanžov. Exemplare der Sammlung des Herrn Wolf stammen auch aus dieser Gegend. Nur im strengen Winter zieht sie nach Süden, wenn schon alle Gewässer eingefroren sind.

114. *Budytes flavus* (L.) Auf den Wiesen längs der fliessenden Gewässer nicht selten. Die Schafstelze lebt bei uns vom März bis zum September. Im Herbste sieht man sie in kleineren Scharen auf den Wiesen und Hutweiden, wo das Rindvieh weidet.

115. *Anthus spipoletta* (L.) Ist ziemlich selten. 1 Exemplar des Wasserpiepers befindet sich in der Sammlung des Herrn Wolf von Hlinky bei Königinhof (1888); ein anderes Exemplar habe ich bei Račic am 22. November 1889 erbeutet.

116. *Anthus pratensis* (L.) Häufig in allen Theilen unseres Gebietes, besonders auf den nassen Wiesen.

117. *Anthus trivialis* (L.) Der bekannteste Pieper und auch unbedingt der häufigste.

118. *Anthus cervinus* (Pall.) Ist höchst selten. Aus unserem Gebiete sind mir nur 2 Fälle bekannt. Im April 1888 wurde ein rothkehliger Pieper bei Popovic (in der Nähe von Nechanic)

vom Herrn Kadečka geschossen und mir eingeschickt. Herr
Wolf besitzt ein Exemplar, welches bei Dechtov (bei Königinhof) am 27. März 1891 erbeutet wurde.

119. *Anthus campestris* (L.) Diesen schönen Vogel bemerkt
man sehr oft. Der Brachpieper kommt im April, und im August
zieht er wieder nach Süden.

120. *Galerita cristata* (L.) Ein gewöhnlicher Brutvogel. Im
Winter kommen zahlreiche Haubenlerchen bis in die Ortschaften
und Gehöfte.

121. *Galerita arborea* (L.) Ziemlich selten. In sandigen
Wäldern bei Neu-Königgrätz, bei Litič (Bez. Jaroměř), Přim
und Stracov (bei Nechanic), sowie im Walde „Borek“ bei Neu-
Bydschow habe ich sie mehrmals gesehen und ihren Gesang
gehört

122. *Alauda arvensis* L. Ist ungemein häufig und kommt
zu uns schon im Februar; die Dorfbewohner sind sogar überzeugt, dass ihre liebe Feldlerche auch im Winter bei uns bleibt.
Wie in anderen Gegenden Böhmens (vergl. Vařečka in:
„Schwalbe“, XVI. 137—138), so auch bei uns, erzählen die
Leute, dass die Lerchen nicht nur milde Winter hier über-
dauern, sondern auch im strengen Winter nicht nach Süden
ziehen, indem sie in eine Art von Winterschlaf verfallen und
oft in hohlen Bäumen, in Erdgraben u. s. w. erstarrt aufgefunden
werden. Obzwar ich von ähnlichen Sagen sozusagen überschüttet
wurde und solche Stellen, wo die Feldlerchen oder Schwalben
überwintern sollten, mir mehrmals gezeigt wurden, konute doch
niemand durch das Herbeiholen eines erstarrten Vogels oder
das Zeigen der Vögel in diesem Zustande überhaupt meinen
Unglauben stillen und beruhigen — Im Jahre 1887 erschienen
die Feldlerchen in ungeheurer Menge bei Rodov (Domaine
Smiřic).

123. *Emberiza calandra* L. Die Grauammer ist besonders
in der Königgrätzer Ebene nicht selten. Bei Jaroměř („v Dolcich“)
fand ich am 17. Juni 1890 ihr Nest mit 6 Eiern; ebenso nistet
sie bei Neu-Bydschow (Křičov.

124. *Emberiza citrinella* L. Einer der häufigsten Vögel,
welcher im Winter mit den Feldsperlingen oder Haubenlerchen
in die Ortschaften kommt.

125. *Emberiza cia* L. In meiner Sammlung befinden sich 3 Exemplare, welche in Skála bei Hořic im April 1890 gefangen wurden. Ein wirklich tüchtiger „Field Ornithologist", Herr J. Wolf, versicherte mich, dass die Zippammer in Böhmen keineswegs so selten ist; dass sie bis jetzt so wenig getroffen wurde, ist sicher nur durch zu geringe Aufmerksamkeit, welche den Ammern gewidmet wird, verschuldet.

126. *Emberiza hortulana* L. Keineswegs so selten, wie man nach den in die Oeffentlichkeit gelangenden Nachrichten glauben möchte; das gilt nicht nur für Nordost-Böhmen, sondern, auch für andere Gegenden des Landes, z. B. die Umgebung von Prag, wo ich nur bei Neratovic an einer zoologischen Excursion mit unserem verehrten Lehrer, Prof. Fritsch, im Mai 1891 3 Ortolane singen hörte. In den ruhigen, langen Baumalleen, welche von Horiněves in nördlicher Richtung gegen den Meierhof Frantov führen, finde ich den Ortolan schon 4 Jahre; letztes Jahr waren 3 Paare dort. Beim „Chlomek" bei Jeřiček hörte ich sein einförmiges „Tri, tri, tri, tri, trieeee" schon einigemal. Wenn man auf dem öden Feldwege, auf dessen beiden Seiten einzelne Obstbäume stehen, von Semonic gegen Neznášov reitet, so kann man diesen kleinen Eremiten immer beobachten, wie er den Reiter bis auf wenige Schritte ankommen lässt und erst dann und wieder nicht weit vor dem trabenden Pferde entflieht. Wie zutraulich dieser Vogel ist, habe ich mich schon mehrmals überzeugt. Am 20. Juli 1890 habe ich in dem grossen Obstgarten an dem nördlichen Abhange der aus der Schlacht bei Sadova bekannten Anhöhe „Tummelplatz' bei Horiněves, einen Ortolan für meine Sammlung geschossen und schon zwei Tage später konnte ich mich einem seiner Genossen auf die Entfernung von 1 m. nähern; er sah mich nur an, ohne mir weitere Aufmerksamkeit zu widmen und sang — der kleine Sänger der Einsamkeit — sein melancholisches Lied ungezwungen weiter.

127. *Emberiza schoeniclus* (L.) Die Rohrammer findet man bei der Elbe oberhalb Smiřic, bei Plotišt (Bez. Königgrätz), auf der sumpfigen, mit Weiden bewachsenen Wiese „v Koutech" bei Racic, zwischen Řehot und Prasek, sowie im Schilfe bei der Mühle „Osek" bei Neu-Bydschow, bei Komáror und Tůň

(Bez. Nechanic). Ihr Nest und Eier fand ich zuletzt bei Racic
am 9. Juli 1891.

128. *Emberiza leucocephala* Gm. Ist sehr selten. In der
Sammlung der Bürgerschule in Smiřic habe ich eine Fichten-
ammer als *E. schoeniclus* L. angeführt gefunden; dieses Exemplar wurde bei Čibuz (bei Smiřic) im Jahre 1886 erbeutet.

129. *Passer montanus* (L.) Der Feldsperling ist eine wirkliche Plage des Ackerbauers, dessen Weizenfelder er mit dem
Haussperling verbunden, in schrecklicher Weise verwüstet und
thatsächlich ungeheuren Schaden verursacht. Bei dieser Art
kommen sehr viele Farbenaberrationen vor. Er ist aber nicht
so häufig wie

130. *Passer domesticus* (L.), welcher leider in imensen
Scharen unsere Gegend belebt. Es gibt nur wenige Gegenden,
die man an den Fingern zusammenzählen könnte, wo er für
einen nützlichen Vogel gilt; es sind das nur jene in unmittelbarer Nähe von Königgrätz befindliche Ortschaften, wo sich
grosse Krautfelder erstrecken; aber nicht einmal dort ist er
beliebt. In anderen Theilen der ganzen weiten Umgebung wird
er gehasst, für einen sehr schädlichen Vogel gehalten und nach
dem behandelt, d. h. rücksichtslos verfolgt. Der „Sperlings-
Frage“ habe ich meine volle Aufmerksamkeit zugewendet und
muss gestehen, dass diese Verfolgung mit vollem Rechte geschieht, wenigstens in den mir näher bekannten Gegenden und
Ackerbauverhältnissen. Es sind aber doch einige Dörfer so
glücklich, dass in ihnen die Sperlinge entweder gänzlich fehlen,
(z. B. Milovic, Otuže) oder seltener sind (z. B. Petrovic, Myštěves).
Ich kann mich — obzwar ein grosser Freund der Vögel — für
diese Vagabunden nicht erwärmen. Im Winter bekommen die
armen Vögel, die bei uns bleiben, sehr wenig von dem Futter,
welches ihnen von guten Leuten verabreicht wird; alles ver-
zehren die ungezogenen Spatzenhorden, diese Proletarier der
befiederten Welt.

131. *Fringilla coelebs* L. Sehr häufig im ganzen Bereiche
dieser Beobachtungen und als nützlicher Vogel auch geschont.

132. *Fringilla montifringilla* L. Kommt häufig nur im
Winter; aber auch im April (1891) habe ich einen Quäker bei
Maslojed geschossen.

133. *Coccothraustes coccothraustes* (L) In den Buchenwäldern nicht selten; in grossen Kirschgärten bei Hořiněves, Čistoves, Jeřic. Alt-Bydschow und hauptsächlich bei Hořic ist der Kirschkernbeisser im Juli und Anfang August sehr zahlreich. Man sieht oft ganze Familien beisammen.

134. *Chloris chloris* (L) Häufig und gut bekannt; er lebt besonders in kleinen vereinzelten Waldparcellen und in der Fasanerie bei Hořiněves.

135. *Serinus serinus* (L.) Ist sehr gemein in den Gärten.

136. *Chrysomitris spinus* (L.) Ziemlich häufig, kommt aber nicht jedes Jahr in gleicher Menge vor. In den Wäldern „pod Bohánken", bei Zálesi (Königinhof), Siebojed und Litič ist er auch im Sommer gewöhnlich.

137. *Carduelis carduelis* (L.) Sehr häufig und bekannt; im Herbste kommt er in sehr grosser Menge zum Vorschein und bei dieser Gelegenheit werden viele gefangen. Nicht in allen Gegenden ist er gleich bunt und gross: in den nördlichen Theilen unseres Gebietes ist er unstreitbar grösser und lebhafter gefärbt als bei Königgrätz.

138. *Acanthis cannabina* (L.) Häufig.

139. *Acanthis flavirostris* (L.) Ziemlich selten. Alle Exemplare, die ich gesehen habe, wurden im December oder Jänner gefangen; in dieser Zeit nämlich zieht der Berghänfling in grösseren Gesellschaften.

140. *Acanthis linaria* (L) Kommt nur im Winter vor. Im Winter 1888 und dann wieder 1891 erschienen die Leinfinken im December in grossen Haufen bei Klenic und Sedleč. *A. rufescens* (Vieill.) wurde auch beobachtet, im Jahre 1892 war er sogar zahlreicher als die Standform.

141. *Pyrrhula pyrrhula* (L.) kommt zu uns auch nur im Winter und zwar ziemlich selten. Im Winter 1888/89 habe ich ich aber doch 6 Exemplare erlegt und einige weitere bekommen.

142. *Pinicola enucleator* (L.) In meiner Sammlung befindet sich dieser sehr seltene Vogel, welcher in Rovinka bei Königinhof am 16. Jänner 1891 erbeutet wurde.

143. *Loxia pityopsittacus* (Bechst.) Kommt im Herbste und Winter ziemlich häufig in unsere Nadelwälder und wird oft auf den Leimruthen gefangen.

114. *Loxia curvirostra* (L.) Erscheint nur im Winter, immer nach einigen Jahren Nur im Winter 1888 89) kam sie etwas häufiger vor. Im Jahre 1891 wurden mir auch 4 Exemplare aus verschiedenen Theilen unserer Gegend eingeschickt. Im Jahre 1887 traf ich sie im Walde bei Lenčná Húra, bei Smidar (Bez. Neu-Bydschow).

145. *Columba palumbus* L. Ist vom März bis October in allen grösseren Wäldern sehr häufig.

146. *Columba oenas* L. Verhältnismässig seltener als die Ringeltaube und nur im Walde bei Smržov (Bez. Jaroměř) und „pod Bohánken“ bei Gross Bürglitz (Bez. Hořic) häufiger.

147. *Turtur turtur* (L.) Ungemein zahlreich in allen Waldungen. Die Turteltaube kommt nicht selten in die Nähe von Ortschaften, und man trifft sie oft auch auf Feldern, welche von den Wäldern weit entfernt sind. Sie ist sehr wenig scheu.

148. *Tetrao tetrix* L. Selten; einige werden in grossen Wäldern bei Königinhof, Hořic und Hustiřan jedes Jahr geschossen. Das Birkhuhn erscheint nur im Winter etwas häufiger.

149. *Perdix perdix* (L.) Ist sehr häufig, besonders in jenen Revieren, wo es nicht rücksichtslos gejagt wird (z. B. auf der Herrschaft Hořiněves-Smiřic und den Graf Harrach'schen Domainen). Farbenaberrationen sind keine Seltenheiten (z. B. weisse, scheckige und gelbliche Rebhühner befinden sich in der Sammlung des Herrn Wolf).

150. *Coturnix coturnix* (L.) Belebt im Sommer alle unsere Felder und besonders häufig ist sie in der Umgebung von Jaroměř, bei Smiřic und in der Königgrätzer Ebene. Im Jahre 1882 und 1889 waren die Wachteln wirklich selten.

151. *Syrrhaptes paradoxus* (Pall.) Wurde in unserem Gebiete nur einmal geschossen und zwar am 17. April 1888 bei Černožic (Bez Jaroměř) vom Herrn Feltl (Vergl. auch „Vesmír“ XVIII. p. 181 - 182); desselben Jahres wurde das Fausthuhn auch bei Nedělišt (Bez. Königgrätz) am 5. Mai beobachtet.

Anmerkung. *Phasianus colchias* L. wird nur in Hořiněves, Gross-Bürglitz und bei „Stejskal“ bei Nechanic in den herrschaftlichen Fasanerien gezüchtet.

152. *Cursorius gallicus* (Gm.) 2 Exemplare in der Sammlung des Herrn Wolf wurden in den Siebziger-Jahren bei Plácek

(Bez. Königgrätz) an einer sandigen Insel in der Elbe geschossen; seit der Zeit (1878) wurde kein weiteres Exemplar erlegt oder beobachtet.

153. *Oedicnemus oedicnemus* (L.) Ein schönes Exemplar bekam ich von Zwol bei Jaroměř im November 1881.

154. *Charadrius pluvialis* L. Eine Schar (etwa 30 Stück) der Goldregenpfeifer sah ich im November 1890 bei Nechanic (Sobětuš); in dieser Stadt besitzt die Sammlung der Volksschule auch 2 Exemplare. Einen Goldregenpfeifer erlegte ich bei Smiřic an den sumpfigen Wiesen, welche sich bei einem grossen, in die Elbe mündenden Wassergraben befinden, am 26. October 1889; auch aus anderen Theilen unseres Gebietes bekam ich jedes Jahr 1—2 Exemplare.

155. *Charadrius hiaticula* L. Ist höchst selten. Ich erlegte einen Sandregenpfeifer am 6 April 1891 am Ufer der Elbe bei Jezbin (in der Nähe von Jaroměř. In der Sammlung des Herrn Wolf befindet sich nur 1 Exemplar, welches am 10 November im Orte „Kobyli doly" bei Plotišt (Bez. Königgrätz) geschossen wurde.

156. *Charadrius curonicus* Gm. Auch sehr selten. Ich habe den Flussregenpfeifer nur einmal (im April 1888) an dem sandigen Ufer bei Königgrätz, unweit des Zusammenflusses von Elbe und Adler gesehen; Herr Wolf hat ein am 11. September 1887 bei Semonic (Bez. Jaroměř) erlegtes Exemplar.

157. *Vanellus vanellus* (L.) Auf den nassen Wiesen überall häufig, besonders auf der Wiese zwischen Hořiněves und Vrchovnic, wo er auch nistet. Der Kiebitz kommt schon im März und bleibt bis Ende October; er ist auch sehr nützlich, weil er mit den Staren auf den neu geackerten Feldern die Engerlinge sammelt.

Anmerkung. Im November (am 29) 1891 wurden von meinem Vater auch die in ihrer charakteristischen Form ziehenden Kraniche (*Grus grus* (L.) bei Benátek (Bez. Jaroměř) gesehen und auch in anderen Jahren wurden sie beobachtet; dass sie aber je in unserer Gegend gerastet hätten, ist mir nicht bekannt.

158. *Ciconia ciconia* (L.) Wird nur an Zuge beobachtet. Ein Theil dieser gegen Norden ziehenden Vögel geht über Chlumec, Neu-Bydschow, Smidar und Wostroměř; eine „Seiten-hut" dieser Armee zieht etwas östlicher über Nechanic und

Miletín und rastet jedes Jahr bei den zahlreichen Wassergräben
auf den ausgedehnten Wiesen längs der Bystrice, wo sie sich
nach den Frühjahrsüberschwemmungen einige Tage aufhält.
Ein anderer Theil geht längs der Elbe und nimmt bei Jaroměř
die nordöstliche Richtung an. Die Störche werden von den
Landbewohnern geachtet und geschont, und wenn sie im März
kommen, freut sich alles.

159. *Ardea cinerea* L.   Wird nicht selten beobachtet und
erlegt, besonders bei Alt-Pless (bei Josefstadt) und noch häufiger
bei Nechanic, Königgrätz, Wostroměr. Dobrá voda, Neu-Bydschow
und Smidar. In einer mondhellen Nacht am 28. November 1890,
habe ich eine Schar von etwa 40 Stück hoch in der Luft gegen
Süden ziehend bei Smiřic gesehen.

160. *Ardetta minuta* (L.) Ist in unserem Gebiete unbedingt
der gewöhnlichste und häufigste Reiher, welcher Ende März
kommt und bis September bei uns bleibt. Den Zwergreiher
findet man oft auf verschiedenen Orten, selbst in der Nähe von
Dörfern; er nistet im hohen Grase und Schilfe bei der Mühle
„Osek" bei Humburg (Neu-Bydschow), wo ich am 8. Juni 1889
ein Nest mit 5 Eiern fand; weiter bei Komárov und an dem
Teiche „Homoláč" bei Janatow (Bez. Nechanic), Holovous (Bez.
Hořic) u. s. w.

161. *Botaurus stellaris* (L.)   Kommt im April und zieht im
September wieder weg. Die Rohrdommel kann man als einen
seltenen Vogel bezeichnen. Herr Wolf hat in seiner Sammlung
2 Exemplare von Nechanic. Ein Exemplar, welches ich vom
Alt-Plesser Teiche bekam, wurde am 3. September 1890, wahrscheinlich beim Zuge, erlegt; 1891 wurde sie wieder dort gesehen
und 1 Exemplar bei Lejšovka (Bez. Jaroměř) geschossen, was
nur die Nachricht Dr. Schier's, dass die Rohrdommel in dieser
Richtung zieht („Ptactvo ceské" IV. 41.) bestätigt; auch
zwischen Sedlec und Miřejov (Domaine Polican, Bez. Hořic)
soll er im Jahre 1871 zum Vorschein gekommen sein. Herr
Wolf schoss ein schönes Exemplar am Teiche „Homoláč" bei
Janatov Ende März 1891.

162. *Crex crex* (L.) Ist häufig, besonders auf den Wiesen
bei Střebeš (südlich von Königgärtz), bei Skrivan (Bez. Neu-
Bydschow), bei Miletín, bei Benátek (Bez. Jaroměř); auch auf
der Wiese „na Ohradě" bei Hořiněves, wo früher ein grosser

Teich war, habe ich die Wiesenralle geschossen. Sie nistet an verschiedenen Orten. Das auf den Wiesen zwischen Sloupno und Skřivaň nistende Paar beobachtete ich gut im Jahre 1889; am 5. Mai sah ich ein Stück zum erstenmale und noch am 6. October war ein Paar in dieser für sie sehr günstigen Gegend. Am 19. Juni fand ich im hohen Grase zwischen 3 Sträuchen der Hundsrose das Nest, welches glücklicherweise, seiner guten Situation wegen, auch bei der bald darauf folgenden Heuernte unbeschädigt blieb, so dass ich im Juli die Jungen sehen konnte, wie sie mit ihrer Mutter im schnellen Laufe über den Steg in den Klee eilten. Die Wiesenralle schnarrt am meisten während des Brütens.

163. *Rallus aquaticus* L.   Ziemlich selten. Ein Exemplar, welches mir Herr Med. cand. Deyl gab, wurde bei Šaplava bei Smidar Ende Mai 1890 geschossen. Die Exemplare Herrn Wolf's wurden auf den sumpfigen Wiesen bei Sovětic (November 1886) und Sadova (6. December 1890) erbeutet.

164. *Ortygometra parva* (Scop.)   Ist sehr selten, nur bei Nechanic (Mai 1890) und Sovětic (bei Sadova, September 1891) geschossen. Herr Wolf hat ein Exemplar von Komárov, wo das Sumpfhuhn, sowie am Teiche „Homoláč" bei Janatov, auch nisten soll.

165. *Ortygometra porzana* (L.)   Gehört zu den grössten Seltenheiten und wird nur am Zuge im Mai und October beobachtet. Am 8. October 1889 bekam ich ein Exemplar von Alt-Pless, und am 5. October 1892 erlegte ich eines bei Jeřiček (Bez. Jaroměr).

166. *Gallinula chloropus* (L.)   Kommt auch an den kleinsten Teichen und Tümpeln, welche besonders die Bistřice und Trotina bei ihrem trägen Laufe in grossen Niederungen bilden, wenn sie nur mit Schilf, hohem Grase u. s. w. umwachsen sind, sehr häufig vor. An einem kleinen Tümpel auf den Wiesen bei Řehot, der sicher nicht grösser als 12 m² war, fand ich einmal im Jahre 1889 auch ein nistendes Paar. An grösseren Teichen („Homoláč", Alt-Pless, Wostoměr. Dobrá Voda) ist es häufig.

167. *Fulica atra* L.   Kommt an den Teichen bei Alt-Pless, Wostroměr, Janatov und Drobrá Voda in grosser Menge vor.

168. *Numenius arcuatus* (L.)   Ist höchst selten. Das Exemplar

des Herrn Wolf wurde im Frühjahre 1886 am Teiche bei
Lejšovka (Bez. Jaroměř) geschossen.

169. *Limosa limosa* (L.) Dieser Vogel ist in Böhmen überhaupt sehr selten. Herr Škarhán in Nechanic hat ein Exemplar
der schwarzschwänzigen Uferschnepfe, welches am 5. April
sicher nur am Zuge geschossen wurde, und Herr Wolf besitzt
ein in Pšánky (Bez. Hořic) am 29. März 1892 erlegtes Exemplar.

170. *Scolopax rusticula* L. Kommt jedes Jahr Ende März
oder Anfang April ziemlich häufig am Zuge vor, besonders in
grösseren Wäldern, z. B. Swib bei Sadowa und Benatek, bei
Kobilic und Alt-Nechanic.

171. *Gallinago gallinago* (L.) Erscheint immer etwas früher
als die vorige Art und im Durchschnitte auch häufiger. Viele
werden auch im November beobachtet.

172. *Gallinago major* (Gm.) Kommt gewöhnlich Anfang
Mai; so viel mir bekannt, wird sie nur bei Nechanic, Lužan
und Miletin hie und da geschossen.

173. *Gallinago gallinula* (L.) Ist bei uns die seltenste
Schnepfe. Herr Wolf hat im letzten Jahre einige bei Sadova
erlegt.

174. *Totanus glareola* (L.) Sehr selten. Ich habe nur ein
einziges Exemplar von dem Waldteiche bei Kobilic (Bez. Neu-
Bydschow) erhalten. Mehr ist mir von dem Vorkommen des
Bruchwasserläufers in unserem Gebiete nicht bekannt.

175. *Totanus littoreus* (L.) Ein Exemplar dieses bei uns sehr
seltenen Vogels wurde im Jahre 1887 bei Königgrätz geschossen
und befindet sich in der Sammlung des Herrn Wolf.

176. *Totanus ochropus* (L.) Im Mai 1890 und 1892 wurden
die zwei Exemplare meiner Sammlung bei Nechanic (Tůň und
Komárov) erlegt.

177. *Totanus pugnax* (L.) Wurde schon einigemal bei den
Teichen bei Dobrá Voda, Wostroměř, sowie bei Nechanic und
Strebeš (Bez. Königgrätz) geschossen.

178. *Tringa minuta* Leisl. Im Herbste 1887 wurden einige
bei Lhota Malšová bei Königgrätz geschossen (3 Exemplare hat
Herr Wolf). 1891 erhielt ich ein schon ausgestopftes Exemplar
aus Lejšovka (Bez. Jaroměř).

179. *Tringa alpina* L. Wird verhältnismässig ziemlich oft

erbeutet. Die aus dem letzten Jahre mir bekannten 4 Exemplare wurden am 2. October bei Holohlav (bei Smiřic) erlegt.

180. *Anser anser* (L.) Die Graugans wird nur am Zuge, aber selten, an den grösseren Teichen gewöhnlich im März beobachtet und geschossen. Herr W. Wolf besitzt ein am Teiche „Homoláč" am 19 October 1891 erlegtes Stück.

181. *Anser segetum* (Gm.) und

182. *Anser arvensis* Br. werden auch sehr selten erlegt. Die Exemplare der Sammlung Herrn Wolf's stammen von Nechanic.

183. *Anas clypeata* L. Ein Exemplar, welches heuer im März aus Trnava (Bez. Nechanic) in meine Sammlung kam, wurde sicher auf einem Ausfluge von den grossen Teichen bei Chlumec geschossen. Herr Sarhán, welcher eine prächtige Sammlung der Vögel (besonders der Wasser- und Sumpfvögel) besitzt, hat 2 Exemplare von Kobilic: aber diese sind, wie alle selteneren Entenvögel, die Stockenten ausgenommen, nur verirrte Vögel.

184. *Anas boscas* L. Ist sehr gewöhnlich; bei Nechanic und Janatov, Dobrá Voda und Alt-Pless nistet sie auch. In grosser Menge erscheint sie jedes Jahr auf den überschwemmten Wiesen bei Sadova und Sovětic, wo das Wasser lange auf den niederen Stellen stehen bleibt.

185. *Anas acuta* L. Kommt selten vor und wird nur am Zuge erlegt; aber es sind mir doch mehrere Orte bekannt, wo sie im Laufe der letzten 5 Jahre erlegt wurde und von wo sie in die von mir durchgesehenen Sammlungen gelangte u. zw.: Měník bei Neu-Bydschow, Komárov, Kobilic, Alt-Nechanic (Bez. Nechanic) und Alt-Pless bei Josefstadt.

186 *Anas crecca* L. Erscheint ziemlich oft von den grossen Teichen bei Chlumec längs der Cidlina und Bystrice stromaufwärts in den nördlicheren Theile. Ausserdem lebt die Krickente jedes Jahr in 2—3 Paaren auf den Teichen bei Kobilic und Janatov (Bez Nechanic); ein Paar habe ich auch im Jahre 1890 bei Alt-Pless beobachtet. Am Zuge wird sie auch bei Strebeš (Bez. Königgrätz) und Roth Tremešná (Bez. Hořic) geschossen.

187. *Anas querquedula* L. Wird an denselben Orten, aber viel seltener erlegt. Das Exemplar meiner Sammlung wurde am 11. März 1890 bei Trnova (Bez. Nechanic) geschossen.

188. *Anas penelope* L. Kommt selten und zwar nur am Zuge in unser Gebiet. In den Sammlungen habe ich Exemplare von Komárov und Dobrá Voda gefunden.

189. *Fuligula ferina* (L.) und

190. *Fuligula nyroca* (Güldenst.) werden ziemlich oft am Zuge beobachtet. Die Gymnasialsammlung in Neu-Bydschow hat beide Arten aus Měník; oft wurden sie auch bei Dobrá Voda geschossen.

191. *Fuligula cristata* (Leach.) Wird oft am Zuge erbeutet (Strebeš, Sadová); bei Dobrá Voda (Bez. Horic) soll sie auch nisten, und ich habe sie dort auch mehrmals gesehen. Von Milětin wurde mir im Jahre 1891 ein am 6. März erlegtes Exemplar eingeschickt.

192. *Mergus merganser* L. Zeigt sich nur selten und im Laufe der 5 Jahre, auf welche sich meine Notizen beziehen, wurden nur 2 (bei Alt-Pless und Wostromĕř) geschossen.

193. *Mergus serrator* L. Ist nicht so selten wie der grosse Säger. Herr Wolf hat ein Exemplar bei Smiřic am 9. December 1890 erlegt. Im Jahre 1891 kaufte ich einen in Königgrätz.

194. *Mergus albellus* L. Ein Exemplar dieses seltenen Vogels wurde im Winter 1890 bei Miletín geschossen und befindet sich jetzt in meiner Vogelsammlung. Dr. Schier hat auch ein bei Königgrätz an der Elbe in den Siebziger-Jahren geschossenes Exemplar besessen.

195. *Colymbus cristatus* L. Wird auf den angeführten Teichen oft erbeutet. Meines Wissens nistet der Haubentaucher bei Strebeš (Bez. Königgrätz) und Wostromĕř. Ein Exemplar schoss ich am 26. November 1890 bei Alt-Pless.

196. *Colymbus griseigena* Bodd. Wurde im Jahre 1888 be- Neu-Bydschow erlegt. Herr Wolf hat ein Exemplar von Alt- Pless aus dem Jahre 1886.

197. *Colym'us nigricollis* (Br.) Das Gymnasium in König- grätz hat ein Exemplar aus der Umgebung; Lokay bekam auch ein Exemplar aus dieser Gegend (Fritsch, „Wirbelth. Böhm." p. 91). Herr Wolf besitzt ein sehr schönes Exemplar von Wostromĕř (1885); in Wostromĕř wurde neben dem schon im Jahre 1877 erlegten ein zweiter Hornsteissfuss geschossen (Vergl. Schier, „Pt. ceskě" IV. 136.)

198. *Colymbus fluviatilis* Tunst. Nistet bei Alt-Pless und Lejšovka, wird aber am Zuge, besonders in Plotišt, Miletín und Dobrá Voda (Bez. Horic) beobachtet, was die von Dr. Schier angegebene Zugstrasse des kleinen Lappentauchers bestätigt (l. c. IV. 137).

199. *Stercorarius catarrhactes* (L.) Nach der Angabe Dr. F. Bayer's („Našo ptactov vodni" p. 21) und Prof. Fritsch („Wirbelth. Böhm." p. 90) wurde ein Exemplar der grossen Raubmöve bei Sadova (September 1865) erbeutet; einziges aus Böhmen bekanntes Exemplar.

200. *Larus ridibundus* L. Bei Smiřic und Josefstadt wird die Lachmöve sehr oft gesehen; auch bei Königgrätz erscheint sie jedes Jahr. Bei Neu-Bydschow trifft man sie auch nicht selten.

201. *Sterna hirundo* (L.) Lebt häufig an der Elbe. Bei den Frühjahrsüberschwemmungen erscheint die Flussseeschwalbe in grosser Menge auch in anderen Theilen unseres Gebietes.

Die Zahl der von mir in einem Zeitraume von 5 Jahren in dem angegebenen Gebiete nachgewiesenen Arten beträgt 201 gegen 307, welche für das ganze Land*) angegeben sind.

Prag, am 17. November 1892.

Die Vögel Hannovers und seiner Umgebung.

Von H. KREYE.

(Schluss; s. S. 61—73.)

60. *Bombycilla garrula* (L.). Seidenschwanz.

Kommt häufiger wie der Tannenheher zu uns. Während der Winter 1887 und 1890 machte sich derselbe in grösserer Anzahl bemerkbar. Er wird öfter im Dohnenstieg gefangen.

61. *Accentor modularis* (L.). Heckenbraunelle.

Kommt nicht selten vor und ist Brutvogel. Nahrung Insecten.

---

*) Anzahl der böhm. Vögel nach: W. Schmidt im Jahre 1795 = 272; Amerling 1852 = 280; Palliardi 1852 = 289; Fritsch 1872 = 297; Schier 1890 = 297; Vejdovský in „Živa 1891 = 301; 1892 = 307.

62. *Troglodytes troglodytes* (L.). Zaunkönig.

Ist bei uns Brutvogel, sehr häufig und wird während des Winters durch Absuchen der Insecteneier ausserordentlich nützlich.

63. *Cinclus cinclus* (L.). Wasserstar.

Dieser interessante Vogel ist zu sehr an klare Gebirgswässer gebunden und verirrt sich nur äusserst selten zu uns.

64. *Parus major* L. Kohlmeise.

Ist wie die folgenden überwinternder Brutvogel.

Wenn irgendwo der Nutzen des Vogelschutzvereins zu Tage tritt, ist es bei dieser Gattung. In unserer Eilenriede sind die meisten Nistkästen von der Kohl- und Blaumeise bezogen, und gerade diese Arten, denen unsere Forstcultur kein Astloch zum Brüten lässt, die aber unermüdlich die Blatt- und Blütenknospen nach Insecten absuchen, müssen geschont und gepflegt werden.

65. *Parus caeruleus* L. Blaumeise.

Wie die Kohlmeise sehr gemein.

66. *Parus fruticeti* (Wallgr.). Sumpfmeise.

Seltener wie die vorige Art.

67. *Parus ater* L. Tannenmeise.

Nicht selten.

68. *Parus cristatus* L. Haubenmeise.

In mit niedrigen Tannen bewachsenen Lichtungen der Eilenriede, häufiger in der Heide unter Wachholderbüschen.

69. *Acredula caudata* (L.). Schwanzmeise.

Sehr häufig. Sämmtliche Meisenarten brüten bei uns.

70. *Regulus regulus* (L.). Gelbköpfiges Goldhähnchen.

Ist wie die folgende Art sehr zahlreich, und beide brüten bei uns.

71. *Regulus ignicapillus* (C. L. Br.). Feuerköpfiges Goldhähnchen.

72. *Phylloscopus sibilator* (Bechst.). Wald-Laubvogel.
Nicht selten und Brutvogel.

73. *Phylloscopus trochilus* (L.). Fitislaubvogel.
Häufiger Brutvogel.

74. *Phylloscopus rufus* (Bechst.). Weidenlaubvogel.

Wie die vorigen Arten Brutvogel.

75. *Hypolais philomela* (L.). Spottvogel, Gartensänger.

Ich beobachtete diesen Vogel auf dem inmitten der Stadt befindlichen Nicolaikirchhofe, wo sich sein Nest in einem Syringengebüsch befand. In den Vorörtern Hannovers ist der Gartenspötter recht häufig und macht sich durch seinen angenehmen Gesang überall bemerkbar.

76. *Acrocephalus palustris* (Bechst.). Sumpfrohrsänger.

Häufig.

77. *Acrocephalus streperus* (Vieill.). Teichrohrsänger.

Scheint selten zu sein.

78. *Acrocephalus arundinaceus* (L). Drosselrohrsänger.

Dürfte bei uns selten sein. Ich beobachtete denselben bei den Weidenplantagen hinter dem Georgengarten. Herr Director Mühlenphordt sah ein Paar am Försterteich in der Eilenriede. Der Drosselrohrsänger ist jedenfalls Brutvogel.

79. *Acrocephalus schoenobaenus* (L.). Schilfrohrsänger.

Bei Hannover erlegte Exemplare befinden sich in unserem Provinzial-Museum.

80. *Locustella naevia* (Bodd.) Heuschreckenrohrsänger.

Ein von Herrn Postdirector Pralle geschossenes Exemplar (in den Kämpen, in der Nähe des Georgengartens) befindet sich in unserem Provinzial-Museum. Ich habe den Vogel, trotzdem sich derselbe durch seinen mir bekannten Ruf sehr bemerkbar macht, nicht beobachten können.

81. *Sylvia curruca* (L.). Zaungrasmücke.

Häufiger Brutvogel.

82. *Sylvia sylvia* (L.). Dorngrasmücke.

Ziemlich häufig.

83. *Sylvia nisoria* (Bechst.). Sperbergrasmücke.

Ist die seltenste Art. Ich fand dieselbe als Brutvogel in der hinter Vahrenwald liegenden Heide

84. *Sylvia atricapilla* (L.). Mönch.

Nicht selten und wird häufig im Dohnenstieg gefangen

85. *Sylvia hortensis* Bechst. Gartengrasmücke.

Häufiger wie die vorige Art. Die angeführten Grasmücken brüten sämmtlich bei uns; ihre Nahrung wird durch kleinere Insecten gebildet. Ein Albino von *Sylvia hortensis* befindet sich in unserem Provinzial-Museum.

86. *Turdus merula* L. Schwarzdrossel.

Ist recht häufig und schlägt ihr Nest in jedem grösseren Garten, der nur einigermassen dichtes Gebüsch hat, auf. Mit Vorliebe werden sonst dichte Hecken, niedrige, engstehende Fichten u. s. w. zur Anlage der Brutstätte benutzt.

Bei der Schwarzdrossel sind die Verwüstungen, die der Dohnenstieg verursacht, am meisten wahrnehmbar. Unser herrlicher Stadtwald, die Eilenriede, bieten dem Vogel allerdings eine Freistätte, dagegen sind die umliegenden Waldungen, in denen der Krammetsvogelfang stattfindet, auffallend arm an Schwarzdrosseln. Zu Beginn des Fanges im Dohnenstieg bildet die Schwarzdrossel und *T. musicus* $^3/_4$ der Masse der ganzen Beute, später überwiegt *T. iliacus*; *T. viscivorus* bleibt immer vereinzelt, häufig ist *T. pilaris* und zuweilen massenhaft *Turdus torquatus*.

87. *Turdus torquatus* L. Ringdrossel oder Schildamsel.

Auf dem Durchzuge, meistens auffallend gut genährt.

88. *Turdus pilaris* L. Wachholderdrossel, Schacker.

Häufig, durchwintert auch bei uns.

89. *Turdus viscivorus* L. Misteldrossel.

Auf dem Durchzuge, aber nicht häufig im Verhältnisse zu den anderen Arten.

90. *Turdus musicus* L. Singdrossel.

Als Brutvogel überall verbreitet. Leider wird der Schutz, den dieser Vogel durch Vereine u. s. w. erhält, durch den Dohnenstieg vollständig illusorisch. Zieht sich ein Naturfreund eine Singdrossel gross, so setzt er sich der Gefahr aus, bestraft zu werden; im Herbst jedoch darf dieser selbe Vogel zu tausenden getödtet werden; er ist dann ein Krammetsvogel.

91. *Turdus iliacus* L. Weindrossel.

Während des Durchzuges sehr gemein. Die Nahrung sämmtlicher Drosseln besteht aus Würmern, Insecten und Beeren.

92. *Erithacus titis* (L.). Hausrothschwanz.

Sehr zahlreich, brütet, wenn die Nistgelegenheit einigermassen vorhanden ist, in Gärten, die tief in der Stadt liegen.

93. *Erithacus phoenicurus* (L.). Gartenrothschwänzchen.

Etwas seltener wie die vorige Art, die lieber in freiliegenden Gärten brütet. Die Rothschwänzchen bevorzugen als Nahrung Fliegen, sonst ausschliesslich Insectennahrung.

94. *Erithacus luscinia* (L.). Nachtigall.

War in früheren Jahren in der Eilenriede und dem Georgengarten sehr häufig. Durch die rasche Vergrösserung Hannovers (die Bevölkerung besucht zur Erholung, namentlich Sonntags diese Plätze) ist die Nachtigall mehr und mehr zurückgedrängt. In sehr bedeutender Anzahl findet sie sich in dem mit dichten Unterholz bestandenen Erlenbruch und Bockemerholz.

95. *Erithacus cyaneculus* (Wolf). Weissstirniges Blaukelchen.

Kommt nur sehr vereinzelt vor.

96. *Erithacus rubeculus* (L). Rothkelchen.

Wird wie die Nachtigall aus der nächsten Umgebung Hannovers verdrängt, leidet ausserdem sehr durch den Dohnenstieg. In der weiteren Umgegend ist das Rothkelchen noch recht häufig.

97. *Saxicola oenanthe* (L.). Grauer Steinschmätzer.

Derselbe hält sich in der Heide, wo sich kleine Wasserläufe befinden, ziemlich häufig auf und ist wie die folgende Art Brutvogel.

98. *Pratincola rubetra* (L.). Braunkehliger Wiesenschmätzer.

Häufiger wie die vorige Art, Aufenthaltsort derselbe.

99. *Pratincola rubicola* (L.). Schwarzkehliger Wiesenschmätzer.

Ein Exemplar aus dem Winter 1866 befindet sich in unserem Museum.

100. *Motacilla alba* L. Weisse Bachstelze.

Sehr zahlreicher Brutvogel. Hauptnahrung Fliegen.

101. *Motacilla melanope* Pall. Gebirgsbachstelze.

Selten. 1 Exemplar erhielt ich im Herbst dieses Jahres.

102. *Budytes flavus.* (L.). Gelbe Bachstelze.
Häufiger Brutvogel.

103. *Anthus pratensis* (L.). Wiesenpieper.
Häufig.

104. *Anthus trivialis* (L.). Baumpieper.
Nicht selten.

105. *Anthus campestris* (L.). Brachpieper. Zahlreich.
Alle 3 Arten brüten bei uns.

106. *Galerita cristata* (L.) Haubenlerche.
Sehr häufig. Im Winter nach Schneefall in grosser Anzahl im Inneren der Stadt.

107. *Alauda arborea* L. Baumlerche, Tülllerche.
Nichtselten in der Heide; Brutvogel.

108. *Emberiza calandra* L. Gerstenammer.
Recht häufig.

109. *Emberiza citrinella* L. Goldammer.
In sehr grosser Anzahl vertreten, wird jedoch dadurch, dass in den Feldern keine Hecken geduldet werden, sparsamer. Während des Winters hält sich der Goldammer mit der Haubenlerche zusammen in den Strassen auf. Überwiegend Körner, selten Insectenfresser.

110. *Emberiza hortulana* L. Gartenammer.
Ein Exemplar steht in unserem Museum. Die Art soll häufig sein; doch hatte ich noch kein Exemplar beobachten können.

111. *Emberiza schoeniclus* (L.). Rohrammer.
Brütet in dem Schilf der alten Leine unweit des Georgengartens, sowie in dem Schilf des alten Canales hinter dem Waterlooplatz. Nicht selten.

112. *Calcarius nivalis* (L.). Schneespornammer.
Kommt während des Winters nicht gerade selten zu uns.

113. *Passer montanus* (L.). Feldsperling.
In den Dörfern und bei einzeln in den Feldern liegenden Häusern sehr zahlreich.

114. *Passer domesticus* (L.). Hausspatz.
Für uns eine Landplage. Uberwiegend Körnerfresser, ist derselbe durch seine grosse Anzahl sehr schädlich. Der Nutzen

durch Maikäfervertilgung und Aufnahme einzelner Raupen
kommt hiergegen zu wenig in Betracht. In den Dörfern der
Umgegend sind die Bauern verpflichtet, eine bestimmte Anzahl Spatzenköpfe nach der Grösse des Hofes zu liefern. Eine
merkliche Verminderung scheint jedoch nicht stattzufinden. Der
Spatz schadet bei uns namentlich an Roggen, Weizen, Beeren-
obst ,und besonders an dem aufkeimenden jungen Gemüse, sowie bei trockenem Wetter durch Aufwühlen des Samens.

115. *Fringilla coelebs* L. Buchfink.

In allen grösseren Gärten und in den umliegenden Waldungen sehr häufig. Die ♂ durchwintern in grösserer Anzahl
regelmässig. Neben Sämereien (Bucheckern) fand ich in ihren
Magen viel Insecten, namentlich Raupen.

116. *Fringilla montifringilla* L. Bergfink.

Trifft regelmässig jeden Winter in grösserer oder geringerer Anzahl ein; besonders zahlreich war derselbe im Winter
1890.

117. *Chloris chloris* (L.) Grünfink.

Häufiger Brutvogel bei uns. Die Nahrung bestand bei
den wenigen Exemplaren, die ich erhalten habe, aus Sämereien.

118. *Chrysomitris spinus* (L.). Zeisig.

Brütet bei uns und macht sich im Herbst in grösseren
Scharen bemerkbar.

119. *Carduelis carduelis* (L.). Stieglitz.

Ziemlich zahlreich, wie die vorige Art im Herbst in grösseren Schwärmen. Brutvogel.

120. *Acanthis cannabina* (L.) Hänfling.

Ist recht zahlreicher Brutvogel.

121. *Acanthis linaria* (L.). Leinfink.

Nicht häufig.

122. *Pyrrhula pyrrhula* (L.). Nordischer Dompfaff.

Wird regelmässig im Dohnenstieg mitgefangen und erscheint gleichzeitig mit *T. viscivorus*.

123. *Pyrrhula europaea* (Vieill.). Dompfaff.

Während des Sommers in der Umgegend Hannovers
selten, häufig in der Zugzeit. Der Dompfaff geräth sehr oft in

die Schlingen des Dohnenstieges. Er ist Brutvogel in **Misburg,**
nach Mittheilung des Herr Försters Fruchtenicht.

124. *Loxia curvirostra.* L. Fichtenkreuzschnabel.

Diesen Vogel habe ich aus der Umgebung Hannovers bislang nur in 3 Exemplaren erhalten.

125. *Columba palumbus* L Ringeltaube.

Recht häufig. Lieblingsnahrung: Eicheln und Saubohnen.

126. *Columba oenas* L. Hohltaube.

Seltener wie die vorige Art.

127. *Turtur turtur* (L.). Turteltaube.

Recht häufig. Obige Taubenarten brüten bei uns.

128. *Tetrao tetrix.* L. Birkhuhn.

Ist in unseren Mooren und Heidflächen sehr zahlreich.
Während des Herbstes kann man Schwärme von 50 Exemplaren beobachten. Die Nahrung besteht während des Winters
überwiegend aus den Blattknospen der Birke und den letzten
Trieben der Kiefer; gern werden auch die Spitzen des Heide-
krautes gefressen. Im Frühjahr liebt der Birkhahn die zarten
Triebe der Birke, der Sahlweidenarten und verschiedener niede-
rer Pflanzen, sowie das junge Gras. Insecten werden gern
gefressen, namentlich Käfer, Ameisen und deren **Puppen.**
Während des Herbstes und Hochsommers ist dem Birkwild der
Tisch durch die Beerenfrüchte überreich gedeckt; dann nährt
es sich nur von den Früchten der Heidelbeere, der Brombeer-
arten, der Blau- oder Moorbeere und der Krons- oder Preissel-
beere.

Durch die Aufnahme von Insectennahrung gelangen sehr
häufig Fadenwürmer *(Nematoden)* in das Birkhuhn; so fand
ich in der Bauchhöhle eines Exemplars 35 Stück, die durch-
gängig eine Länge von 8—14 Cm. besassen.

129. *Perdix perdix* (L.). Feldhuhn.

Sehr häufig.

130. *Coturnix coturnix* (L). Wachtel.

Sehr häufig und wie die beiden vorhergehenden Arten
Brutvogel.

131. *Syrrhaptes paradoxus* (Pall.). Steppenhuhn.

Im Jahre 1888 trat das Steppenhuhn in grösserer Anzahl in der Umgegend Hannovers auf; die ersten Mittheilungen,

sowie gleichzeitig einen durch Anfliegen an den Telegraphendraht getödteten Vogel erhielt ich am 29. April. Mehrere andere trafen dann im Laufe des Frühjahrs ein. Der Kropfinhalt bestand aus feinen Sämereien, wohl überwiegend von Gräsern. Das Fleisch war zuweilen hart und trocken, zuweilen sehr wohlschmeckend; ich glaube, dass dieses durch das verschiedene Alter der Vögel bedingt wird. Nach Zeitungsnachrichten soll das Steppenhuhn bei uns gebrütet haben; ich konnte jedoch, trotz vieler Mühe, kein Ei des Vogels erlangen. Das letzte Steppenhuhn erhielt ich am 27. October aus Emden. Dasselbe hatte ein krankhaftes Aussehen. Das Gefieder war trockenbrüchig, ohne den frischen Glanz und die reinen Farben, welche die im Frühjahr erlegten Thiere zeigten.

132. *Otis tarda* L.

Kommt im Spätherbst und Winter einzeln zu uns. War sehr häufig im Spätherbst 1890.

132. *Oedicnemus oedicnemus* (L.). Triel.

Es vergeht wohl kein Jahr, in dem mir nicht ein Vogel zugeschickt wird. Ich erhielt die hiesigen Exemplare im August und September.

133. *Charadrius squatarola* (L.)) Kiebitzregenpfeifer.

Verfliegt sich selten zu uns, ist aber an der Nordseeküste häufig.

134. *Charadrius pluvialis* L. Goldregenpfeifer.

In der Heide nicht selten. Brutvogel.

135. *Charadrius morinellus* L. Mornell.

Kommt nur sehr vereinzelt vor. Ein Paar (♂, ♀) erhielt ich am 18. September 1892, das vom Herrn Kreisthierarzt Rotermund in Abbensen bei Mellendorf geschossen wurde.

136. *Charadrius curonicus* Gm. Halsbandregenpfeifer.

Nicht selten.

137. *Vanellus vanellus* (L.). Kiebitz.

Zahlreich in der Heide vorkommender Brutvogel; in der nächsten Umgebung Hannovers ist der Kiebitz durch Urbarmachen der öden Heidestriche seltener geworden, theilweise ist dieses auch wohl durch zu scharfes Aufsuchen der Nester hervorgerufen worden.

138. *Haematopus ostrilegus* L. Austernfischer.

Verfliegt sich von der Küste nicht selten zu uns. Die mit von Borkum und anderen Nordseeinseln gesandten Exemplare hatten häufig kleine Miesmuscheln gefressen.

139. *Grus grus* (L.). Kranich.

Brütet in einigen Paaren im Wietzenbruch. Die auf dem Durchzuge geschossenen Stücke hatten meistens Getreidekörner und niedere grüne Pflanzen aufgenommen, seltener Regenwürmer und Engerlinge.

140. *Ciconia ciconia* (L.). Weisser Storch.

In der Heidegegend Adebar genannt.

In früheren Jahren befanden sich in jedem Dorfe einige Storchnester. Nachdem man jedoch das Kunststück fertig gebracht hat, die Vögel in genau nützliche und schädliche einzutheilen, sieht der Storch seinem Ende entgegen.

Es ist richtig, dass der Storch einen jungen Hasen wegschnappt oder das Nest eines Erdnisters ausholt; auch in der Nähe der Bienenstände ist er nicht zu dulden. So erhielt ich einen Storch, dessen Kropf thatsächlich mit Bienen gefüllt war. Die Hauptnahrung bilden jedoch Frösche und Feldmäuse, ferner Erdratten (*Arvicola terrestris*), vereinzelt Maulwürfe und Eidechsen. Der Nutzen, den der Storch durch Vertilgung der Feldmäuse und Erdratten für die Landwirthschaft leistet, wird wohl den Schaden, welchen die Niederjagd hat, ausgleichen.

141. *Ciconia nigra* (L.) Schwarzer Storch.

Brutvogel im Wietzen- und Krelinger-Bruch und bei Nejenborn. Selten.

142. *Ardea cinerea* L. Fischreiher.

Nicht selten. Brutstände sollen bei Rethen a. d. Leine sein. Für die Fischerei sehr schädlich.

143. *Ardetta minuta* (L). Zwergreiher.

Nicht häufiger Brutvogel.

144. *Botaurus stellaris* (L.). Rohrdrommel.

Brutvogel in unseren Mooren Hauptnahrung Pferdeegel (*Aulacostoma nigrescens*).

145. *Rallus aquaticus* L. Wasserralle.

Häufiger Brutvogel.

146. *Crex crex* (L.). Wachtelkönig.

Wie die vorige Art zahlreicher Brutvogel.

147. *Ortygometra porzana* (L.). Rohrhuhn.

Brutvogel und häufig.

148. *Gallinula chloropus* (L.). Grünfüssiges Teichhuhn.

Häufig in kleineren Teichen, Eisenbahnausschachtungen
u. s. w. brütend. Ein interessantes Beispiel von Zutrauen zeigte
ein Exemplar, das aus freien Stücken in das Haus eines hiesigen
Tischlers lief — dasselbe liegt an einer dicht mit Schilf bewachsenen Ausschachtung — und dort überwinterte. Das Thier war
vollständig gesund, wurde von dem Eigenthümer mit Fleisch
und Weissbrot gefüttert, konnte zu jeder Zeit frei ausfliegen,
zog es jedoch vor, in dem Hause zu bleiben und verliess dasselbe erst im Frühling. Im folgenden Herbst stellte sich der
Vogel wieder ein, wurde alsdann nach dem hiesigen zoologischen
Garten gebracht, starb jedoch nach einigen Tagen.

Bastard von *Gallinula chloropus* (L.) und *Fulica atra* L.

Ein Exemplar wurde im September 1889 durch Herrn
Grafen Dürkheim jun. erlegt. Dasselbe befindet sich im hiesigen
Provinzial-Museum. Eine Beschreibung davon veröffentlichte
ich im „Ornitholog. Jahrbuch", 1892. p. 172.

149. *Fulica atra* L. Wasserhuhn, Blässhuhn.

Aufenthaltsort und Vorkommen wie bei *Gallinula chloropus*.

150. *Numenius arcuatus* (L.). Brachvogel.

Nicht häufiger Brutvogel. Während des Durchzuges in
grösserer Anzahl.

151. *Limosa limosa* (L.). Uferschnepfe.

Kommt vereinzelt zu uns.

152. *Scolopax rusticula* L. Waldschnepfe.

Während des Durchzuges sehr häufig. Herr Rotermund
beobachtete im Krelinger Bruch balzende Waldschnepfen; die
gleiche Beobachtung machte dort Herr Schmidt aus Riethagen.

Nahrung: Regenwürmer überwiegend, daneben Nackt-
schnecken und kleine Kerbthiere. Unter allen Vögeln ist die
Waldschnepfe am meisten mit Schmarotzern behaftet. Ausser
Fadenwürmern finden sich hauptsächlich Bandwürmer. Aus dem
Darminhalte einer Waldschnepfe entnahm ein hiesiger Lehrer

eine Anzahl Bandwurmköpfe, welche möglicherweise die Anzahl von Tausend überschritt.

153. *Gallinago gallinago* (L.). Bekassine.
Brutvogel und sehr häufig.

154. *Gallinago major* (Gm.). Grosse Sumpfschnepfe.
Selten. Herr Kreisthierarzt Rotermund fand am 1. Juli 1887 junge Sumpfschnepfen im Hademsdorfer Bruche.

155. *Gallinago gallinula* (L.). Kleine Sumpfschuepfe.
Während des Durchzuges ziemlich häufig.

156. *Totanus fuscus* (L.). Wasserläufer.
Nicht selten.

157. *Totanus totanus* (L.) Gambettwasserläufer.
Häufig.

158. *Totanus littoreus* (L.). Heller Wasserläufer.

159. *Totanus glareola* (L.). Bruchwasserläufer.

160. *Totanus hypoleucus* (L.). Flussuferläufer.

161. *Totanus pugnax* (L.). Kampfhahn.
Kommt nur vereinzelt bei uns vor, in grösserer Anzahl am Steinhudermeer, wo er auch brüten soll.

162. *Tringa alpina* L. Alpenstrandläufer.

163. *Cygnus olor* (Gm.) Höckerschwan.
Vereinzelt während des Zuges.

164. *Cygnus cygnus* (L.). Singschwan.
Wie die vorige Art.

165. *Anser albifrous* (Scop.). Blässengans.
Selten; bislang erhielt ich 4 Exemplare.

166. *Anser anser* (L.). Graugans
Selten.

167. *Anser segetum* (Gm.). Saatgans.
Während des Durchzuges häufig.

168. *Anas clypeata* L. Löffelente.
Diese an der Nordseeküste häufige Art kommt bei uns nur zeitweilig vor; ich erhielt jedoch Exemplare, die hier im Juni erlegt waren, und so brütet möglicherweise die Löffelente bei uns. Nachträglich bestätigt Herr Rotermund das Brüten dieses Vogels. Derselbe beobachtete die Alten mit 7 Jungen bei Büchten. Das Fleisch der Löffelente ist sehr wohlschmeckend von Emden aus wird dieselbe in grösserer Menge versandt.

169. *Anas boscas* L. Stockente, wilde Ente.

Sehr häufiger Brutvogel.

170. *Anas acuta* L. Spiessente.

Nicht selten.

171. *Anas strepera* L. Schnatterente.

Der Vorsitzende unserer naturhistorischen Gesellschaft, Herr Dr. Rüst, erlegte am 2. November 1892 ein Paar dieser bislang bei Hannover nicht beobachteten Art in der Gegend von Elze.

172. *Anas querquedula* L. Knäckente.

Brutvogel, jedoch nicht so häufig wie die folgende Art. Die Knackente trifft nach Herrn Rotermund Ende April hier ein und schreitet alsdann sofort zum Brüten.

173. *Anas crecca* L. Krickente.

Recht häufig vorkommender Brutvogel.

174. *Anas penelope* L. Pfeifente.

Nicht selten. Herr Rottermund fand Anfang April in der Marsch bei Büchten ein Nest mit 9 Eiern.

175. *Fuligula ferina* (L.). Tafelente.

Kommt vereinzelt vor.

176. *Fuligula cristata* (Leach.). Reiherente.

Wie die vorige Art nicht häufig; ich erhielt dieselbe verschiedenemale in der Herbstzeit.

177. *Fuligula clangula* (L.). Schellente.

Nicht häufig.

178. *Fuligula hyemalis* (L.). Eisente.

Vereinzelt während des Winters.

179. *Oidemia nigra* (L.). Trauerente.

Wie die vorige Art während des Winters, aber selten.

180. *Oidemia fusca* (L.). Sammetente.

Etwas häufiger wie die vorige Art; das letzte Exemplar erhielt ich aus der Gegend von Dollbergen, wo selbes am 3. November 1892 erlegt worden war.

181. *Somateria mollissima* (L.). Eiderente.

Wird selten zu uns verschlagen und ist häufiger an der Nordseeküste.

182. *Mergus merganser* L. Gänsesäger.

Brutvogel. Der Fischerei sehr schädlich. Bei strengem Frost in grosser Anzahl auf der selten zufrierenden Leine.

183. *Mergus albellus* L. Kleiner Säger.

Nicht häufig

184. *Colymbus cristatus* L. Haubensteissfuss, Grosser Taucher.

Nicht selten; Brutvogel an der Leine.

185. *Colymbus griseigena* Bodd. Rothhalsiger Steissfuss.

Nur wenige Exemplare bislang erhalten.

186. *Colymbus fluviatilis* Tunst. Kleiner Steissfuss.

Häufig. Brütet auf kleinen Teichen und Sümpfen. Die Eier
des freischwimmenden, nur an einigen Schilfhalmen befestigten
Nestes fand ich mit einer dichten Schichte modernder Stoffe
bedeckt. Die Wärme unter dieser Schichte ist sehr bedeutend;
auch nachdem ich mehrere Stunden beobachtete, dass der Vogel
das Nest nicht berührt hatte, fand ich die Temperatur unver-
ändert.

187. *Urinator septenrionalis* L. Nordseetaucher.

Kommt nur vereinzelt zu uns.

188. *Rissa tridactyla* (L.). Dreizehige Möve.

Kommt unter ähnlichen Verhältnissen wie die Sturmmöve,
jedoch selten zu uns.

189. *Larus canus* L. Sturmmöve.

Kommt bei stürmischer Witterung und Hochwasser der
Leine oft in grösserer Anzahl zu uns.

190. *Larus ridibundus* L. Lachmöve.

Häufig und zu jeder Jahreszeit vorkommend. Meist sind
es jedoch jüngere Vögel; alte, ausgefärbte Individuen im
Sommerkleid sind selten.

191. *Sterna hirundo* L. Flussseeschwalbe.

Nicht häufig.

192. *Hydrochelidon hybrida* (Pall.). Weissbärtige Seeschwalbe.

Nicht häufig.

193. *Hydrochelidon nigra* (L.) Schwarze Seeschwalbe.

Zahlreicher wie die vorige Art; wahrscheinlich sind beide
Arten Brutvögel.

Kleine Notizen.

Bombycilla garrula und *Cygnus musicus.*

Anfangs Februar d. J. wurden sehr viele Seidenschwänze
auf dem Triester Markte todt feilgeboten und den 15. d. M.
erhielt ich 2 Exemplare aus Delnice (Fiumaner Com.).

Heuer zeigten sich viele Singschwäne bei uns. An das Museum wurden eingeschickt: 1 den 25. Januar auf dem Bache Plitvica bei Varaždin erlegtes Stück, 2 am 28. d. M. bei Ludbrieg, östlich von Varaždin, geschossene Exemplare. 2 weitere schoss man am 28. d. M. bei Starigrad am Canale della Morlacca in Dalmatien.

Agram, 16. Februar 1893.   S. Brusina.

Circaëtus gallicus in Baiern, *Pisorhina scops* im Salzburgischen.

Als ich im vergangenen Winter den Präparator Klaushofer in Salzburg besuchte, zeigte mir derselbe ein schönes altes ♀ des Schlangenadlers, welches er aus Berchtesgaden zugeschickt erhalten hatte, wo der Vogel anfangs November erlegt worden war.

Die Zwergohreule gehört im Salzburgischen zu den Seltenheiten. Mir sind nur zwei im Lande erlegte Exemplare bekannt, die im Museum Carolino-Augusteum in Salzburg aufbewahrt werden. Ueber das eine fehlen leider nähere Daten, das andere wurde den 22. September 1885 auf dem Gersberge geschossen. Ein drittes Exemplar, das ich bei genanntem Präparator sah, ist nach dessen Aussage Ende Juli v. J. bei Ober-Trum erlegt worden.

Villa Tännenhof b. Hallein, im April 1893.

v. Tschusi zu Schmidhoffen.

Literatur.
Berichte und Anzeigen.

Hofrath Professor Dr. K. Th. Liebe's Ornithologische Schriften. Gesammelt und herausgegeben von C. R. Hennicke. — Leipzig. (Verlag von W. Malende.) Gr. 8. Vollständig in ca. 15 Lieferungen à 1 Mk. oder 3 Abtheilungen.

Liebe's Verdienste um die Vogelkunde, speciell um die Verbreitung ornithologischer Kenntnisse in weiteren Kreisen und durch sie Anbahnung eines rationellen Vogelschutzes, wie er niemals durch Gesetze allein erzielt werden kann, sind so hervorragende, dass wir das Erscheinen einer Gesammtausgabe seiner zahlreichen, in verschiedenen Journalen zerstreuten Artikel, welche sich vorwiegend mit Biologie, Pflege der Vögel und deren Schutz und Hegung befassen, nur mit Freude begrüssen können.

Die zwei uns vorliegenden Doppelhefte, deren erstes mit einem treff-
lichen Bildnisse Liebe's geziert ist, enthalten neben dem Vorworte eine
kurze Biographie desselben aus der Feder des Herausgebers, C R. Hennicke,
eines Schülers von Liebe, und bringen dessen Arbeiten über den Vogelschutz
und Monographie.

Die zahlreichen Freunde Liebe's werden es dem Herausgeber Dank
wissen, durch Sammlung der Liebe'schen Publicationen sie allen zugänglich
gemacht zu haben.

Rundschau.

The Ibis. April 1893. H. Seebohm: On the Occurrence of the Sharp-
tailed Sandpiper *(Tringa acuminata)* in Norfolk. With an Appendix by the
Editor. E. G. Meade-Waldo: List of Birds bserved in the Canary-Islands.
H. B. Trist am: On the Bird indicated by the Greek 'Αλκυών. H. E. Dresser:
On Acredula caudala and its allied Forms. Bulletin of the British Ornitho-
logist's Club. Nos. IV—VI. The Sheathbill *(Arionis alba)* in Ireland.

Journal für Ornithologie. 1892. IV. H. A. Kön'g: Zweiter Beitrag
zur Avifauna von Tunis (Fortsetz.) — H. Albarda: Ueber das Vorkommen
seltener Vögel in den Niederlanden. Sitzungsberichte (Mai—Oct.).

Ornithologische Monatsberichte. 1893. **Nr. 4.** E. Rey: Ein
geflecktes Uhuei. Ad. Walter: Das Brüten des Hausrothschwanzes im Walde.
J. Michel: *Tetrao urogallus* als Feinschmecker. A. v. Homeyer: Neu-Vorpommern
und Rügen vor 50 Jahren und jetzt. III. (Schl.). E. Hartert: Zum Vorkommen
der Zwergmöve in Deutschland. Notizen. — **Nr. 5.** E. C. F. Rzehak: Einige
Bemerkungen über die Röthelfalken, ihre Eier und ihr Vorkommen in Oesterreich-Ungarn. W. Hartwig: Nochmals der Girlitz. H. Bugow: Auffallender
Nistplatz von Alcedo ispida. E. Rey: Einige oologische Ungeheuerlichkeiten
in der neuesten Auflage von Brehm's Thierleben. Sommer: Notizen aus
Bernburg. Krüger-Velthusen: Seidenschwänze. H. Kramer: *Sturnus vulgaris*
im Winter.

Ornithologische Monatsschrift. XVIII. 1893. **Nr. 2.** Th. Liebe:
Zur Namenfrage. L. Buxbaum: Unsere gefiederten Wintergäste. A. v. Homeyer:
Nach Ungarn und Siebenbürgen. (Schluss). C. Parrot: Zahme Wildenten.
Fr. Lindner: Meine Gäste am Futterplatze. Kleinere Mittheilungen. — **Nr. 3.**
J. A. Link: Vorliebe des Kukuksweibchens, sein Ei einer bestimmten Vogelart
anzuvertrauen. P. Leverkühn: Materialien zum Kapitel „Sonderbare Brut-
stätten". Fr. Lindner: Ornithologisches und Anderes von der preussischen
Wüste. C. Sachse: Beobachtungen aus dem Westerwald. G. Clodius: Winter-
bild von der Ostsee. Kleinere Mittheilungen. C. R. Hennicke: Haussperling und
Elster am Wener-See. Rubow: Sonderbarer Nistplatz einer Meise. J. Hörbye:
Schwarzspecht-„Gertrudsvogel". E. Schäff: Polartaucher mit Kreuzschnabel-

bildung. Staats v. Wacqant-Geozelles: Goldregenpfeifer [am Telegraphendrahte verunglückt]. K. Loos: Tannenmeisennest. in welchem zwei Vögel zu gleicher Zeit brüten. Kleinschmidt: Zwergschwan [bei Marburg erlegt]. O. v. Löwis Weggelegte Uhueier. — **Nr. 4.** K. Th. Liebe: Der Baumfalke *(Falco subbuteo L.)* m. Taf. 1. O. Taschenberg: Die Avifauna in der Umgebung von Halle. P. Leverkühn: Materialien zum Kapitel „Sonderbare Brutstätten" (Fortsetz.). H. Ochs: Vogelleben im Winter. W. Marshall: Ueber die auf der deutschen Plankton Expedition beobachteten Vögel des Meeres. H. Wieschebrink und C. R. Hennicke: Unsere Futterplätze. Kl. Mittheil. K. Th. Liebe: Wilde Schwäne. V. Waqnand-Geozelles: Schwarzamsel Eicheln fressend; Schwarzamsel als Körnerfresser und als Hausvogel. V. Wulffen: Braunelle im Winter. C. R. Hennicke: Wie Würger ihre Beute spiessen. Todesanzeigen.

Mittheilungen des ornithologischen Vereines in Wien. 1893. **Nr. 3.** Zollikofer: Ueber einen zweifelhaften Fall von totaler Hahnenfedrigkeit bei *Tetrao urogallus* im ersten Lebensjahre. A. Hauptvogel: Ornithologische Beobachtungen aus dem Aussiger Jagd- und Vogelschutzvereine. E. C. F. Rzehak: Phänologische Beobachtungen aus dem Thale der schwarzen Oppa. R. Ritter v. Dombrowski: Beitrag zur Ornis von Niederösterreich (Forts.). Kleine Mittheilungen: F. Schulz: *Bombycilla garrula* in Krain. Ders: Notizen aus Krain. v. Kenessey: Thurmfalken. Ph.: *Cygnus musicus* in Nied.-Oesterr. — **Nr. 4** F. Bauer: Der Gesang des Alpenmauerläufers. *Tichodroma muraria.* C. Heyrowski: Zwei Rackelhähne in Böhmen. L. v. Führer: Skizzen aus Montenegro und Albanien mit besonderer Berücksichtigung der Ornis daselbst. Rob. Ritt. v. Dombrowski: Beitrag zur Ornis von Niederösterreich. (Forts.)

Zeitschrift für Ornithologie und praktische Geflügelzucht 1893. **Nr. 4.** A. v. Homeyer: Ornithologischer Jahresbericht für 1892 über Pommern und Rügen. (Schluss). K. Wenzel: Die Rabenarten Norddeutschlands. **Nr. 5.** K. Wenzel: Die Rabenarten Norddeutschlands.

Mittheilungen der Section für Naturkunde des österr. Touristen-Club 1893. **Nr. 3.** E. C. F. Rzehak: Ueber das Vorkommen der Zwergohreule *(Pisorhina scops L.)* in Oesterreich-Ungarn.

Bulletin de la Société Impériale des Naturalistes de Moscou. 1892/1893. **Nr. 3.** J. Stolzmann: Contribution à l'Ornithologie de la Transcaspie d'après les recherches faites par Thom. Barey.

Annalen d. k. k. naturhistorischen Hofmuseums. VIII. 1893. **Nr. I.** E. C. F. Rzehak. Charakterlose Vogeleier.

Zoologischer Garten. XXXIV. 1893. Nr. 3. Staatsv. Wacquant-Geozelles: Forschungsgänge durch Wald und Feld. I. Vorkommen des Wespenbussards, *Pernis apivorus*, im Kreise Hameln.

An den Herausgeber eingelangte Schriften.

R. Collett. On a Collection of Birds from Tongoa, New Hebrides. [Sep. a. Christian. Vidensk.-Selsk-Forhandl. 1892. Nr. 12]. Gr. 8. 11pp. Vom Verf.

W. Hartwig. Der Girlitz (*Serinus hortulanus Koch*), seine gegenwärtige Verbreitung in Mittel- und Norddeutschland und sein allmähliges Vordringen polwärts. [Sep. a.; Orn. Monatsber. I. 1893.] Gr. 8. 7 pp. Vom Verf.

— Nachtrag zu meinen beiden Arbeiten über die Vögel Madeiras. [Ausschn aus: Journ. f. Orn. 40. 1893. p. 1—12]. Vom Verf.

K. Th. Liebe. Zur Namenfrage. [Sep. a.; „Orn. Monatsschr.", XVIII. 1893]. Gr. 8. 6 pp. Vom Verf.

G. Radde. Bericht über das kaukasische Museum und die öffentliche Bibliothek in Tiflis für das Jahr 1892. — Tiflis 1892. 8. 21 pp. Vom Verf.

H. Fürst. Deutschlands nützliche und schädliche Vögel. — Berlin (P. Parey). I. Lief. Taf. I—IV in Fol.. Text gr. 8. p. 1—16. Vom Verf.

Bar. d'Hamonville. La chasse aux petits oiseaux. [Ausschn. a.; Rev. Scienc. natur. appliq. 1893. p. 163—173]. Vom Verf.

J. A. Allen. List of Mammals and Birds collected in North eastern Sonora und North western Chihuachua, Mexico, on the Lumholtz Archaeological Expedition, 1890—92. Auth. edit. [Extr. from.: Bull. Am. Mus. Nat. hist. V. 1893. p. 27—42]. Vom Verf.

R. Collett. Mindre Meddelelser vedrorende' Norges Fuglefauna i Aarene 1881—1892. — Nyt Mag. f. Naturv. XXXV. I. p. 1—128. Vom Verf.

C. R. Hennike. Hofrath Professor Dr. K. Th. Liebe's Ornithologische Schriften. — Leipzig. 8. Lief. I.—IV. Vom Verf.

C. Floericke. Versuch einer Avifauna der Provinz Schlesien. II. Lief. — Marburg 1893. Vom Verf.

C. F. Rzehak. Charakterlose Vogeleier. Eine oologische Studie. [Separ. a.; Annal. k. k. naturh. Hof-Mus. Wien. VIII. 1893. p. 107—112.] Vom Verf.

— Einige Bemerkungen über die Röthelfalken, ihre Eier und ihr Vorkommen in Oesterreich-Ungarn. [Separ. a.; Orn. Monatsber. I. 1893. p. 77—80.] Vom Verf.

G. Vallon. Contribuzioni allo studio sopra alcuni uccelli delle nostre paludi e. della marina. Con 2 Tav. I. Ardetta minuta L. [Estr. Bollett. Soc. Adr. Scienze natur. Trieste. VIV. 1893 p. 1—14.] Vom Verf.

L. Ritter Lorenz v. Liburnau. Die Ornis von Oesterreich-Ungarn und den Occupations-Ländern im k. k. naturhistorischen Hof-Museum zu Wien. [Separ. a.: Annal. k. k. naturh. Hof-Mus. Wien. VII. 1892. p. I—70.] Vom Verf.

— Bericht über eine ornithologische Excursion an die untere Donau. [Separ. a.: Annal. k. k. naturh. Hof-Mus. Wien. VII. 1892. Not. p. 135—148.] Vom Verf

LXXXI. Jahresbericht des Steiermärkischen Landesmuseums Joanneum über das Jahr 1892. — Graz. 1893. Gr. 8° 72 pp.

R. Th. Liebe. Der Baumfalke (F. subbuteo L-). [Separ. a.; „Orn. Monatsschr." XVIII. 1893. p. 126—133]. Vom Verf.

Verantw. Redacteur, Herausgeber und Verleger: Victor Ritter von Tschusi zu Schmidhoffen, Hallein
Druck von J. L. Bondi & Sohn, Wien, VII., Stiftgasse 3.

Ornithologisches Jahrbuch.

ORGAN

für das

palaearktische Faunengebiet.

| Jahrgang IV. | Juli—August 1893. | Heft 4. |

Beiträge zur Ornis des Fürstenthums Reuss ä. L.

Von ERNST Ritter von DOMBROWSKI.

Wenn ich mir erlaube, im Nachstehenden eine kurze Ueber-
sicht der von mir seit 1. Februar 1891 hier beobachteten Vogelarten zu geben, so veranlasst mich hiezu nicht etwa der Reichthum der hiesigen Ornis, sondern im Gegentheile deren fast
unglaubliche Armuth; trotzdem mich mein Beruf täglich in's
Freie führt und es mir ermöglicht, etwa schwer erkennbare
Vögel jederzeit und überall zu schiessen und so die Art festzustellen, beläuft sich doch die Zahl derjenigen Species, die ich
persönlich beobachtet oder deren Vorkommen ich anderweitig mit
Sicherheit festzustellen vermochte, bloss auf 140; ich habe bisher
nirgends eine so arme Ornis gefunden. Die uniformen, zusammenhängenden Fichtenwaldungen, die fast das ganze Fürstenthum decken,
bergen naturgemäss nur wenig Brutformen und für den Zug
liegt das Terrain so ungünstig als möglich; ein nennenswerter
Durchzug kommt hier überhaupt nicht vor, die belebteren
Zugstrassen liegen so weit östlich und westlich ab, dass man
bei uns mit Ausnahme einiger weniger Arten nur ganz vereinzelten Wanderern begegnet.

Etwas günstiger gestalten sich die Verhältnisse in dem
von der oberen Saale durchströmten kleineren Theile des Fürsten-
thums bei Burgk, namentlich im nördlichen Theile desselben,
wo zahlreiche Teiche und kleinere Sumpfstrecken liegen; leider
kann ich von dort nur wenig mittheilen, da ich mich daselbst
bloss vom 1. August bis 2. September 1891 und vom 17. bis
26. October 1892 aufgehalten.

Bemerken möchte ich noch, dass die Orte Teichwolframsdorf und Grosskundorf bereits auf Weimar'schen Boden stehen; ich beziehe sie jedoch hier ein, da sie der Terrainformation nach mit zum Beobachtungsgebiete gehören.

Nennenswerte Localsammlungen bestehen im Fürstenthum leider nicht.

1. *Milvus milvus* (L.). Der rothe Milan, der in den meisten mitteldeutschen Gebirgswäldern zu den gemeinsten Horstvögeln zählt, ist hier eine ganz aussergewöhnliche Erscheinung; ich selbst habe bloss am 4. April 1891 ein hoch kreisendes Paar gesehen; im selben Jahre wurde bei Dasslitz ein Exemplar im Eisen gefangen und im Herbst 1892 ein Stück in Burgk geschossen.

2. *Milvus migrans* (Bodd.). Im Fürstenthum selbst wurde der schwarze Milan noch nie beobachtet, jedoch im Frühjahr 1891 bei der sächsischen Oberförsterei Neudeck, kaum eine halbe Stunde von der reussischen Grenze, ein angeschossenes, im Verenden begriffenes Exemplar gefunden, welches der fürstliche Forstwart Leo, ein tüchtiger Vogelkenner und scharfer Beobachter, zum Ausstopfen erhielt.

3. *Falco tinnunculus* L. In beiden Landestheilen Brutvogel; im Winter sah ich ihn nie, während er z. B. in der Provinz Sachsen in der Gegend von Halle und Eisleben überwintert (dort von mir selbst geschossen am 5. December 1890, 12. November 1891 und 13. November 1802).

4. *Falco subbuteo* L. Nur als Zugvogel im Herbst, Mitte September, und auch da bloss ganz vereinzelt; ein altes ♂ schoss ich am 16. September 1891.

5. *Falco peregrinus* Tunst. Zu beiden Zugzeiten, jedoch nur sehr spärlich; seit vielen Jahren wurde bloss ein altes ♀ durch den fürstlichen Jagdaufseher Heinrich Wiegand geschossen.

6. *Astur palumbarius* (L.). In beiden Landestheilen Horstvogel; im Winter zieht er wie alle Raubvögel mit Ausnahme des Sperbers fort.

7. *Accipiter nisus* (L.). Gemeiner Brutvogel in beiden Landestheilen; einzelne Exemplare bleiben auch den Winter über hier.

8. *Pandion haliaëtus* (L.). An der Elster als Strichvogel, im Spätsommer alljährlich. Ein Stück wurde 1889 vom Jagdaufseher Wiegand geschossen.

9. *Pernis apivorus* (L.). Der Wespenbussard erscheint hier alljährlich Ende Mai oder Anfang Juni, bald einzeln, bald zahlreich. In manchen Jahren verschwindet er nach wenigen Tagen wieder, um erst Ende Juli oder Anfang August wieder familienweise für einige Zeit aufzutauchen, ab und zu jedoch entschliesen sich auch ein bis zwei Paare, hier zu horsten. Forstwart Leo fand im Laufe der Jahre dreimal Horste, ich selbst einen im Juni 1892. Er stand im District Pferdekopf des Hermannsgauer Revieres und war auf einer alten Kiefer auf einem ehemaligen Krähennest als Unterlage in der bekannten Weise aus grünem Fichtenreisig erbaut. Am 10. Juni schoss ich das ♀, am 11. das eifrig weiterbrütende ♂; beide waren zweijährige Vögel und das Gelege bestand bloss aus einem bereits leicht bebrüteten Ei. Am 15. Juni und 25. Juli 1891, dann am 2. Juni 1892 schoss ich noch je ein Stück, auffallender Weise waren auch diese Stücke, ein ♂ und zwei ♀, zweijährige Vögel.

10. *Archibuteo lagopus* (Brünn.). Ich habe kein einziges Stück gesehen und weiss auch von keinem geschossenen; nur Forstwart Leo beobachtete ein Stück im Spätherbst 1890 im District Kuhberg des Pohlitzer Revieres.

11. *Buteo buteo* (L.). Der gemeinste Raubvogel. Er zieht im October, spätestens Anfang November fort und kommt erst Mitte März wieder. Die hiesigen Herbstvögel sind sehr stark und auf der Unterseite sehr dunkel, meistens dicht gesperbert; nie habe ich hier einen Mäusebussard mit lichter Unterseite gesehen, ebensowenig einen mit ausgesprochener Rostfarbe, während ich in der Provinz Sachsen sowohl rostfarbige Bussarde, als solche mit fast reinweisser Unterseite wiederholt erlegte.

13. *Circus pygargus* (L.). Vom Spätherbst bis zum März halten sich in beiden Landestheilen einzelne alte, stets ganz lichte ♂♂ auf, aber nur solche, nie habe ich ein ♀ oder einen jungen Vogel gesehen.

14. *Carine noctua* (Retz). Spärlicher Standvogel.

15. *Syrnium aluco* (L.). Die gemeinste Eule. Namentlich im Pohlitzer Revier bei Greiz horstet der Waldkauz sehr zahlreich; im Winter scheint er wegzuziehen, ich habe wenigstens vom November bis Ende Februar nie ein Stück gesehen.

16. *Strix flammea* L. Standvogel in beiden Landestheilen.

17. *Bubo bubo* (L.) Bei Greiz wurde er nie beobachtet, dagegen hat ein Paar lange Jahre hindurch auf dem Kobersfelsen bei Burgk gehorstet; das ♀ wurde vom Forstmeister von Zehmen vor circa 10 Jahren geschossen, das verwitwete ♂ aber hat seinen Stand bis heute beibehalten, ohne sich indess eine neue Ehehälfte zu holen.

18. *Asio otus* (L.). Brutvogel in beiden Landestheilen, aber spärlicher als der Waldkauz; auch sie scheint im Winter fortzuziehen.

19. *Asio accipiterinus* (Pall.) Bei Greiz habe ich nur im September und October der letzten beiden Jahre vereinzelte Exemplare auf grossen Schlägen angetroffen, dagegen am 24. und 25. October 1892 in den Revieren Crispendorf und Mönchgrün bei Burgk grosse Züge.

20. *Caprimulgus europaeus* L. In beiden Landestheilen gemeiner Brutvogel.

21. *Micropus apus* (L.). Ebenso.

22. *Hirundo rustica* L. und

23. *Chelidonaria urbica* (L.). Beide sind Brutvögel in ziemlich gleich grosser Anzahl.

24. *Clivicola riparia* (L.). Erscheint in jedem Frühjahre auf dem Durchzuge an der Elster bei Greiz.

25. *Cuculus canorus* L. Sehr gemeiner Brutvogel.

26. *Alcedo ispida* L. Brutvogel an der Elster.

27. *Oriolus galbula* L. Bei Greiz nur als flüchtiger und spärlicher, aber regelmässiger Durchzügler, in Burgk spärlicher Brutvogel.

28. *Sturnus vulgaris* L. Allenthalben sehr gemeiner Brutvogel.

29. *Colaeus monedula* (L.). Bei Greiz nur als Strichvogel; auf dem alten Schlosse Burgk a. S. brütet sie in grosser Zahl.

30. *Corvus corax* L. Am 20. April 1892 sah ich ein von Krähen lebhaft verfolgtes Stück im District Kreuztanne des Hermannsgrüner Revieres bei Greiz; sonst wurde er nie beobachtet.

31. *Corvus corone* L. Bei Greiz spärlicher, bei Burgk gemeiner Brutvogel. Im Winter auch bei Greiz zahlreich.

32. *Corvus cornix* L. Ganz vereinzelt und nur im Winter; als Standvogel begegnet man ihr erst zwischen Altenburg und Leipzig.

33. *Corvus frugilegus* L. Im Fürstenthum habe ich sie noch nie gesehen, dagegen vereinzelt in Teichwolframsdorf und Grosskundorf.

34. *Pica pica* (L.) Früher hat sie im fürstlichen Park in Greiz und selbst im Stadtgarten gebrütet, jetzt ist sie mit Ausnahme der Gegend von Kamern, wo sie noch vereinzelt brütet, gänzlich ausgerottet.

35. *Garrulus glandarius* L. Dieser gemeine Räuber ist sehr häufiger Brutvogel und seit anderthalb Jahren der Nonnengefahr wegen leider unter gesetzlichen Schutz gestellt; den Winter über bleiben nur sehr wenige Exemplare hier. Im Herbst zur Eichelreife stellen sich ungeheure Massen ein, welche etwa bis Anfang November hier bleiben. Trotz sorgfältigster Untersuchung konnte ich keinen Unterschied zwischen diesen Gästen und unseren Standvögeln feststellen.

36. *Nucifraga caryocatactes* (L.) Erscheint im Spätherbst mancher Jahre; seitdem ich hier bin, wurde kein Stück beobachtet.

37. *Picus viridis* L. Spärlicher Standvogel.

38. *Picus viridicanus* Wolf. Wie der vorige, aber noch seltener.

39. *Dryocopus martius (L.).* In beiden Landestheilen spärlicher Brutvogel.

40. *Dendrocopus major* (L.). Häufiger Standvogel.

41. *Dendrocopus medius* (L.). Sehr spärlicher Standvogel.

42. *Dendrocopus minor* (L.). Wie der vorige, aber noch seltener.

43. *Jynx torquilla* L. Gemeiner Brutvogel.

44. *Sitta europaea caesia* Wolf. L. Sehr gemeiner Standvogel.

45. *Certhia familiaris* L. Spärlicher Standvogel.

46. *Upupa epops* L. Regelmässig, aber nur sehr vereinzelt und flüchtig auf dem Durchzuge.

47. *Lanius excubitor* L. Wintervogel, nicht allzuhäufig; in Burgk habe ich am 20. und 21. August 1891 mehrere Stücke beobachtet, während er hier erst Ende October erscheint und gegen Ende März wieder verschwindet.

48. *Lanius senator* L. Im Frühjahr auf dem Durchzuge einzeln und sehr flüchtig, aber regelmässig; ganz ausnahmsweise scheint er auch zu brüten, da Forstwart Leo im Sommer 1889

im District Grüne Eiche des Pohlitzer Revieres ein eben flügges Junges schoss.

49. *Lanius collurio* L. Gemeiner Brutvogel.

50. *Muscicapa grisola* L. Mässig häufiger Brutvogel.

51. *Muscicapa collaris* Bechst. Erscheint zu beiden Zugzeiten, meist in bedeutender Menge, zieht jedoch sehr flüchtig durch.

52. *Accentor modularis* (L.) Mässig häufiger Brutvogel.

53. *Troglodytes troglodytes* (L.). Ziemlich häufiger Standvogel.

54. *Cinclus cinclus* (L.). Standvogel, jedoch nur in wenigen Paaren.

55. *Parus fruticeti* Wallgr. Brutvogel, nicht allzu zahlreich.

56. *Parus ater* L. Sehr häufiger Brutvogel.

57. *Parus cristatus* L. Nicht seltener Brutvogel.

58. *Parus major* L. Gemeiner Brutvogel.

59. *Parus caeruleus* L. Spärlicher Brutvogel; alle diese Meisen sind im Winter minder häufig als im Sommer, ziehen daher zum Theile zweifellos fort. Am wenigsten vermindert ist die Zahl der Tannen- und Haubenmeisen.

60. *Acredula caudata* (L.) Sehr spärlicher Brutvogel, die var. rosea Blyth. habe ich nie beobachtet.

61. *Regulus regulus* (L.). Häufiger Standvogel.

62. *Regulus ignicapillus* (Chr. L. Brehm). Nur im Winter einzeln unter den Schwärmen des vorigen.

63. *Phylloscopus trochilus* (L.). Brutvogel.

64. *Phylloscopus rufus* (Bechst.). Nur im Zuge, aber häufig.

65. *Acrocephalus arundinaceus* (L.). Bevor der ehemalige, zwischen der Stadt Greiz und der Elster gelegene grosse „Binsenteich reguliert und als Parkteich hergestellt wurde, war der Drosselrohrsänger daselbst gemeiner Brutvogel; gegenwärtig ist er mit dem Rohre von da verschwunden und brütet bloss mehr an den Teichen bei Burgk.

66. *Calamoherpe schoenobaenus* (L.). Wie der vorige.

67. *Sylvia sylvia* (L.) Spärlicher Brutvogel.

68. *Sylvia atricapilla* L. Ebenso, etwas häufiger.

69. *Sylvia hortensis* Bechst. Ebenso, spärlicher.

70. *Turdus merula* L. Ziemlich häufiger Standvogel.

71. *Turdus torquatus* L. Solange der Dohnenfang gestattet war, wurde sie öfter gefangen; seither ist nur einmal bei Schönfeld ein Stück geschossen worden.

72. *Turdus pilaris* L. Häufiger Brutvogel.

73. *Turdus viscivorus* L. Ebenso, wohl noch etwas zahlreicher.

74. *Turdus musicus* L. Gemeiner Brutvogel.

75. *Turdus iliacus* L. In manchen Jahren auf dem Zuge in Menge, manchmal selten.

76. *Erithacus titis* (L.) Brutvogel.

77. *Erithacus phoenicus* (L.). Ebenso.

78. *Erithacus luscinia* (L.). Sie war ursprünglich nirgends heimisch, wurde jedoch wiederholt im fürstlichen Parke in Greiz eingesetzt und hat sich gegenwärtig bereits daselbst eingebürgert.

79. *Erithacus cyaneculus* (Wolf) Sehr selten und stets nur einzeln auf dem Frühjahrszuge.

80. *Erithacus rubeculus* (L.). Häufiger Brutvogel.

81. *Pratincola rubetra* (L.) Sehr spärlich als flüchtiger Durchzügler.

82. *Motacilla alba* L. Häufiger Brutvogel.

83. *Motacilla melanope* Pall. Nur ganz vereinzelt auf dem Durchzuge.

84. *Budytes flavus* (L.). Sehr spärlicher Brutvogel auf den Wiesen im Elsterthale.

85. *Anthus trivialis* (L.) Bechstein. Häufiger Brutvogel.

86. *Galerita cristata* (L.). Spärlicher Brutvogel.

87. *Galerita arborea* (L.). Im Walde überaus häufiger Brutvogel.

88. *Alauda arvensis* L. Gemeiner Brutvogel.

88. *Emberiza calandra* (L.). Im Fürstenthume habe ich sie nie gesehen, doch ist sie ziemlich häufiger Brutvogel auf den Fluren von Teichwolframsdorf und Grosskundorf.

90. *Emberiza citrinella* L. Gemeiner Brutvogel.

91. *Fringilla montifringilla* L. Nur auf dem Zuge und selten in grösserer Menge.

92. *Fringilla coelebs* L. Standvogel, im Winter verringert.

93. *Coccothraustes coccothraustes* (L.) Spärlicher Brutvogel.

94. *Chloris chloris* (L.). Ebenso.

95. *Serinus serinus* (L.). Nur ein einzigesmal wurde ein kleiner Flug im October von Forstwart Leo auf der Pohlitzer Flur beobachtet.

96. *Chrysomitris spinus* (L.). Gemeiner Standvogel.

97. *Carduelis carduelis* (L.) Spärlicher Brutvogel.

98. *Acanthis cannabina* (L.). Ebenso, etwas häufiger.

99. *Acanthis linaria* (L.) Ab und zu im Winter in kleinen Flügen oder scharenweise; in manchen Jahren fehlend.

100 *Pyrrhula pyrrhula* (L.). Im Spätherbst und Winter ganz vereinzelt.

101. *Pyrrhula europaea* Vieill. Standvogel; sein Brutgebiet ist auf einige ganz scharf abgegrenzte Punkte beschränkt.

102. *Loxia curvirostra* L. Sehr spärlicher Standvogel; im Spätherbst treten ab und zu durchziehende Flüge und auch grössere Scharen auf.

103. *Columba palumbus* L. Sehr häufiger Brutvogel; sie erscheint hier ganz vereinzelt schon in den ersten Tagen des März, die Hauptmasse trifft jedoch selten vor dem 1. April ein.

104. *Columba oenas* L. Wie die vorige, doch weniger häufig; sie kommt jetzt um etwa acht Tage früher an als die Ringtaube.

105. *Turtur turtur* (L.). Je zwei bis drei Paare brüten in den Revieren Pohlitz und Hermannsgrüne bei Greiz.

106. *Tetrao urogallus* L. Standvogel im Revier Friesau bei Burgk, dann auch in dem an den Greizer Landestheil angrenzenden, zu Reuss j. L. gehörigen Pöllwitzer Wald.

107. *Tetrao tetrix* L. Im Reviere Hermannsgrün bei Greiz ein Stand von circa 20 Stück, in den Burgk'schen Revieren (namentlich Friesau und Plothen) sehr häufig; ebenso in dem Weimar'schen Revier Grosskundorf.

108. *Perdix perdix* (L.). Verhältnissmässig sehr spärlicher Standvogel; in grösserer Zahl nur bei Elsterberg.

109. *Coturnix coturnix* (L). Sehr spärlicher Brutvogel.

110. *Oedicnemus oedicnemus* (L.). Ein Stück wurde vor Jahren in Burgk von Sr. Durchlaucht dem regierenden Fürsten Heinrich XXII. erlegt; es steht ausgestopft im Jagdschloss Ida-Waldhaus. Sonst nie beobachtet.

111. *Charadrius curonicus* Gm. Ein Stück beobachtete und erlegte ich am 28. September 1891 an der Elster; sonst nie gesehen.

112. *Vanellus vanellus* (L.). Spärlicher Brutvogel bei Kleingera und Remptendorf, sonst blos als flüchtiger Durchzügler.

113. *Ciconia ciconia* (L.) Bechst. Der weisse Storch zieht im Frühjahr in der Zeit vom 24. März bis 5. April mitunter zahlreich, aber nur sehr flüchtig durch; im Herbst nie beobachtet.

114. *Ciconia nigra* L. Zwei junge Vögel wurden in den Frühjahren 1883 und 1887 vom Jagdaufseher Wiegand im Revier Hermannsgrün bei Greiz geschossen.

115. *Ardea cinerea* L. Bei Greiz sehr spärlich als Strichvogel im Spätsommer. Auf dem Hausteich bei Plothen das ganze Jahr über in Menge, zweifellos liegt nicht weit über der Grenze im Weimar'schen eine grössere Colonie.

116. *Botaurus stellaris* (L.). Bei Greiz wurde nur ein Exemplar vor vielen Jahren durch den fürstlichen Oberförster Braun auf dem Schlöthenteich geschossen; bei Burgk wird sie öfters erlegt.

117. *Rallus aquaticus* L. Sehr spärlicher Durchzügler an der Elster.

118. *Ortygometra porzana* (L.). Ebenso.

129. *Gallinula chloropus* (L.). Brutvogel auf dem Hirschteich im Aubachthal. Ein Stück habe ich ausserdem am 15. September 1892 auf dem Schlöthenteiche beobachtet, ein zweites am 14. December desselben Jahres auf der Elster bei Greiz geschossen.

120. *Fulica atra* L. Früher Brutvogel auf dem Binsenteich, jetzt nur ab und zu auf dem Durchzuge als ganz aussergewöhnliche Erscheinung.

121. *Numenius arcuatus* (L.). Ein Stück sah ich am 24. September 1892 auf den Foldern von Teichwolframsdorf, ein zweites am 25. October desselben Jahres bei Crispendorf

122. *Scolopax rusticula* L. Bei Greiz zu beiden Zugzeiten nur sehr spärlich, bei Burgk etwas häufiger.

123. *Gallinago gallinago* (L.). Bei Greiz nur ausnahmsweise auf dem Durchzuge, bei Pahnstangen, Neundorf und Plothen spärlicher Brutvogel.

124. *Totanus ochropus* (L.). An der Elster alljährlich im Juli und August einige alte Vögel, dem Anscheine nach (fünf geschossen) lauter ♂♂.

125. *Totanus hypoleucus* (L.). Nur auf dem Herbstzuge (August) und immer bloss ganz vereinzelt.

126. *Anser segetum* (Gm.). Zieht regelmässig durch, ohne sich je niederzulassen; geschossen wurde seit Menschengedenken keine Wildgans.

127. *Anas boscas* L. Im Burgk'schen Landestheile auf den Teichen von Plothen und Pahnstangen gemeiner Brutvogel, im Spätherbst zu hunderten. Im fürstlichen Parke zu Greiz werden circa 300 Stück halbzahme Stockenten gehalten, die oft weit fortstreichen. Einige Paare davon brüten auch immer an der Elster und auf den umliegenden Teichen; es lässt sich deshalb nicht constatieren, ob und in welchem Masse wilde Stockenten in diesem Landestheile vorkommen.

128. *Anas querquedula* L. Im Frühjahr paar-, im Herbst familienweise durchziehend, aber immer nur spärlich.

129. *Anas creca* L.

130. *Anas acuta* L.

131. *Anas penelope* L.

132. *Anas clypeata* L.

133. *Fuligula ferina* (L.).

134. *Fuligula cristata* (Leach).

135. *Fuligula clangula* (L.). Solange der „Binsenteich" als olcher bestand, kamen alle diese Entenarten mehr oder weniger häufig als Zug- oder Strichvogel vor, seither sind sie verschwunden; bei Plothen auf dem grossen „Hausteich" dagegen dürften sie wohl jetzt noch vorkommen.

136. *Mergus merganser* L. Sehr seltener Gast auf der Elster.

137. *Mergus albellus* L. Ebenso.

138. *Colymbus fluviatilis* Tunst. Häufiger Brutvogel auf den meisten Teichen beider Landestheile, im Winter auf der Elster.

139. *Urinator arcticus* (L.). In den 60er Jahren schoss Förster Leo auf dem „Binsenteich" bei Greiz drei Stück, in den 70er Jahren Se. Durchlaucht der regierende Fürst Heinrich XXII, ebenda ein Stück; letzteres steht im Jagdschlosse Ida-Waldhaus.

140. *Larus ridibundus* L. Sehr spärlich und flüchtig auf dem Durchzuge.

141. *Sterna hirundo* L. Ebenso.

Greiz, Sylvester 1892.

Die Puffinenjagd auf den Selvagens-Inseln im Jahre 1892

Von P. ERNESTO SCHMITZ.

Der Freundlichkeit des Herrn Constantin Cabral de Noronha, Eigenthümer der Selvagens-Inselgruppe und Chef der letzten Jagdexpedition, verdanke ich fast alle Einzelheiten über dieselbe.

Am 12. September 1892 schiffte sich obengenannter Herr in Funchal an Bord der Jacht „Hannibal" ein, die eigens zur Jagdexpedition angeworben worden war. Die Zahl der Puffin-Jäger (Leute, welche durch die Erfahrung früherer Jahre sich eine gewisse Gewandtheit angeeignet hatten), die Herr Constantino gegen eine bestimmte Löhnung mitnahm, betrug 19, zum grössten Theil aus den Ortschaften S. Goncalo und Canico, in der Nähe Funchal's. Die Vorbereitungen zur Expedition, das Aufsuchen, Auswählen und Anwerben der Jäger, die Verproviantierung für 1¹/₂ bis 2 Monaten, die Beschaffung von Fässern, Kisten, Ballen u. dgl. zum Aufbewahren der Jagderträge nahmen viele Zeit und Mühe in Anspruch.

Obwohl die Selvagens nur 150 Seemeilen von Madeira entfernt sind, fast genau auf der Linie, die von Madeira nach Tenerifa gezogen wird, so dauerte doch die Fahrt infolge von Windstille 4 bis 5 Tage, während sie bei günstigem Winde in anderen Jahren nur 24 Stunden erforderte. Die Selvagens sind bekanntlich unbewohnt und bilden 2 Gruppen: eine aus der grössten Insel (Selvagen-Grande) bestehend, welche annähernd 3 Kilometer lang und 2 Kilometer breit ist und am meisten östlich liegt; die andere Gruppe, 7 Seemeilen mehr westlich, besteht aus zwei relativ grösseren und einer Anzahl kleineren nackten Felsinseln. Die Jagd findet nur auf Selvagen-Grande statt, an deren Südstrand die Landung leicht von statten geht. Der Eigenthümer hat daselbst einen grossen Schuppen zum Schutze der Leute und zum Aufspeichern der Jagdbeute errichten lassen. Wie in früheren Jahren, so fand auch in diesem der Eigenthümer, dass die Insel bereits von Unberechtigten besucht worden war (Fischer von den Canaren) die durch unbefugte Ausübung der Jagd auf Puffinen, wilde Ziegen und Kaninchen und durch Absuchen des Ufers nach Patellen bedeutenden Schaden verursacht hatten. Verschiedentlich beschwerte er sich dieserhalb bei der portugiesischen Regierung und bat um Vorstellungen bei der spanischen Regierung oder dem Gouverneur der Canaren, bisher jedoch ohne Erfolg. Neuerdings hofft er, die Sache in den Cortes durch einen Abgeordneten Madeiras zur Sprache bringen zu lassen.

Der Leser darf nicht glauben, dass die Puffinenjagd mit Pulver und Blei ausgeführt wird. Nein, die Sache ist prosaischer. Die Jäger müssen überall an den steilen Felsen und schroffen Klippen, sehr oft mit Lebensgefahr herumklettern, um alle Höhlungen und Spalten nach Nestern abzusuchen und die Nestjungen mit der Hand hervorzuholen. Bekanntlich hat die Cogarra, wie die Madeirosen den *Puffinus kuhli* Boie nennen, immer nur ein Junges, ähnlich wie bei anderen Puffinusarten. Selbst, wenn das Junge schon völlig ausgewachsen ist, macht es keine Anstalten zu fliehen. Es ist dermassen fett und unbeholfen, dass es alles mit sich geschehen lässt. Der Jäger tödtet das Thier durch einen Biss in den Nacken und lässt dann die ölige Masse, die den Magen des *Puffinus* füllt, über einem Handeimer auslaufen. Ist der Eimer ziemlich voll, so wird er in einen grösseren Behälter ausgeleert. Auch alte Puffinen lassen sich mit Leichtigkeit ergreifen, da sie vor dem Menschen keine Scheu haben; man muss sie manchmal mit Füssen stossen, damit sie aus dem Wege gehen und etwas auffliegen.

Die aufgehäuften Puffinen werden später gerupft und ausgeweidet. Kopf und Füsse werden abgeschnitten und weggeworfen und dann das Fleisch eingesalzen. Der Hals wird abgetrennt und besonders gesalzen, weil er als besonders schmackhaft gilt.

Gewehr, Pulver und Blei wurden bloss bei der Jagd auf die sehr zahlreichen Kaninchen gebraucht. Dieselben wurden an Ort und Stelle abgezogen und das Fleisch ähnlich wie bei den Puffinen eingesalzen.

Ein anderer für den Eigenthümer der Inseln einträglicher Artikel sind die massenhaften essbaren Schüsselmuscheln oder Patellen (Patella lowei d'Orb.), die ringsum den Strand bedecken. Aus den Schalen herausgeschält, werden diese Weichthiere ebenfalls in Fässern eingesalzen.

Laut officieller Liste des Zollamtes zu Funchal bestand die zur Verzollung gegebenen Ladung des „Hannibal" am 9. October 1892 hauptsächlich aus Folgendem: 85 Fässer mit

Puffinöl und Puffinfleisch. 17 Ballen Federn, 8 Fässer und 24 Blechkisten mit Muscheln, 29 Kisten mit anderen conservierten Schalthieren, 3 Fässer Kaninchen.

Die Zahl der erbeuteten Puffinen belief sich auf ungefähr 19400; sie wäre grösser ausgefallen, hätte nicht die allzufrühe Rückkehr der Jacht, die inzwischen die canarischen Inseln besucht hatte, der Expedition vorzeitig ein Ende gemacht. Solange die Puffinenjäger sich ohne jegliche Möglichkeit sehen, nach Madeira zurückzukehren, wiederstehen sie leichter dem Heimweh und unterziehen sich gutwillig der mühsamen, aufreibenden Arbeit; sobald aber das Schiff, das die Expedition wieder abholen soll, in Sicht kommt, kann nichts mehr die Leute bewegen, ihre Arbeit fortzusetzen. In anderen Jahren wurden bis zu 22.000 Puffine erbeutet. War dieses Jahr die Zahl geringer, so war die Qualität desto vorzüglicher.

Ganz selten ist unter diesen tausenden von Puffinen ein ganz weisses Exemplar mit gelben Schnabel beobachtet worden. Herr Constantino, der die Selvagens seit fast 40 Jahren kennt, erinnert sich nur an drei oder vier derartige Fälle. Ein solches Exemplar, welches er mit nach Hause genommen und völlig zahm gemacht hatte, verblieb in seinem Besitze durch längere Zeit.

Das eingesalzene Puffinfleisch wird in Madeira von den Landbewohnern gekauft und gegessen, besonders in der volkreichen Ortschaft Machico und hat mehr Fisch- als Fleischgeschmack.

Die Puffinfedern werden nach England zur Herstellung von Federbetten u. s. w verkauft. Bloss ein geringer Theil wird in Madeira selbst zum Anfertigen künstlicher Blumen verwendet.

Die conservierten Schalthiere finden ihr hauptsächliches Absatzgebiet in Britisch-Guiana und Westindien.

Ausser dem *Puffinus kuhli* Boie sind gemäss Herrn Constantino Cabral de Noronha folgende Brutvögel auf den Selvagens: *Anthus berthelot* Bolle, *Falco tinnunculus canariensis* Kg., *Larus cachinnans* Pall., *Sterna hirundo* L., *Puffinus anglorum* Temm , *Thalassidroma leachi* Temm. und *Thalassidroma bulweri* Gould. Eine genaue Kenntnis der Ornis der Selvagens ist nicht leicht möglich, weil die Inselgruppe fast nur in den Monaten September und October besucht wird. Die Inseln sind vulkanisches Gebilde, fast ausschliesslich basaltisch, nur von einem wenig mächtigen

Lager kalkarischer Formation fast in der ganzen Länge (Hauptinsel) durchzogen. Dieses Lager ist reich an fossilen Muscheln, Cardium-, Trochus- und Patella-Arten, Nerita connectens, Fontannes, Nerita aff. galloprovinciales, Matheria etc., sowie zahlreiche Bivalven. Das bischöfliche Museum in Funchal besitzt davon eine kleine Sammlung. Ausser den erwähnten Kaninchen beherbergt Selvagen-Grande auch wilde Ziegen. Baumwuchs ist nicht vorhanden. In früheren Jahren bildete die Barrilha (*Mesembrianthemum crystallinum* L.)-Ernte einen Hauptertrag für die Insel. Von dieser früher vielfach zur Sodabereitung benützten Pflanze wurden in einem Jahre 1600 Center heimgebracht. Ebenso hatte früher die Urzella (*Rocella tinctoria* L. Orseille) einen nicht zu verachtenden Wert.

Die Selvagen sind kurze Zeit nach der Entdeckung Madeiras von den Portugiesen entdeckt worden und gehörten politisch immer zu Madeira, obwohl sie geographisch, nach Lage, Fauna und Flora eher den Canaren zuzutheilen wären.

Näheres über die Gewohnheiten der Puffine und die Jagdmethode auf diese.

Die Brutzeit der Puffine auf den Selvagens fällt in die Monate Mai, Juni und Juli. Ende Mai haben die meisten ihr einziges Ei gelegt. Die Bebrütung desselben dauert mehr oder weniger 4 Wochen. Lange Zeit vor dem Eierlegen machen sich die Puffine viel in ihren Löchern mit dem sogenannten Ausfegen (limpar) derselben zu schaffen. Für das Nest ziehen dieselben möglichst einen bedeckten Platz, Felsspalte, Felsloch, Kaninchenhöhle u. s. w. einem offenen vor; letzere werden nur gewählt, wenn keine anderen vorhanden sind. Manche Puffine tragen kleine Steinchen in grosser Zahl zusammen, um sie am Eingang der Nesthöhle aufzuhäufen und diese besser zu schützen.

Jahr für Jahr behält ein Puffinenpaar immer dasselbe Plätzchen; will ein neues, junges Paar dasselbe besetzen, so erfolgt ein Kampf, der manchmal mit dem Tode des schwächeren Concurrenten endigt. Die Paare schnäbeln nach Art der Tauben. Gegen Sonnenuntergang bilden die Puffinen, am Lande ausruhend, compacte Massen, selbst auf den Fussstegen, und manchmal finden sie sich nicht einmal bemüssigt, aus dem Wege zu gehen, sondern müssen fortgestossen werden.*)

An einzelnen Stellen sind die Puffinennester derart eines in der Nähe des anderen, dass man glauben sollte, die Thiere müssten sich irren, besonders wenn sie ihre Jungen haben; aber diese entfernen sich nie von der ersten Stelle. Die betreffenden Alten finden ihr Junges immer richtig heraus, inmitten ganz gleicher anderer in unmittelbarer Nähe ringsumher. Beim Auffliegen vom Meere lassen sich die Puffine nicht direct nieder, noch fliegen sie direct auf ihren Nestplatz zu, sondern beschreiben vorher einige Kreise. Niedergeflogen gehen sie dann im Laufschritt auf ihr Nest los, den Hals eingezogen und den Kopf niedrig haltend und übergeben in aller Ordnung das Futter ihren Jungen.

Auf dem Neste sitzend, sind die Puffine immer zur Vertheidigung bereit und können nur mit grosser Vorsicht ergriffen werden; die Hiebe, die sie mit dem starken Schnabel versetzen, zerfetzen selbst eine schwielige Faust.

Auf der Selvagen-Grande befindet sich eine grössere Felshöhle, die 8 Arbeitern als Schlafstätte dient. Da der Eingang sehr weit war, wurde derselbe zugemauert und nur eine kleine Thüre gelassen. Im Hintergrund der Höhle ist ein Loch im Felsen und in diesem seit unverdenklicher Zeit ein Nest. Allabendlich, wenn die Leute sich schon zum Ausruhen niedergelegt, kommen die Alten mit Futter für das Junge, warten einen Augenblick am Eingang der Thüre, erheben die Flügel und laufen mitten zwischen den Leuten hindurch oder sogar über dieselben hin bis an ihr Nest und in ähnlicher Weise verlassen sie es.

---

*) Am Abend ganz besonders vollführen sie ein Geschnatter, das menschlichen Stimmen nicht ganz unähnlich ist und dem hier und da vom Volke Madeiras Worte unterbreitet werden, als handle es sich um ein Zwiegespräch zwischen Männchen und Weibchen. Das erstere soll sagen: „Olhe peixe, olhe peixe!" Das andere antwortet: „Diga me onde é?", d. h.: Sieh da Fische, sieh da Fische! Sag' mir wo es ist? So sagt der Volksmund z. B. in Ponta do Sol.

Wenn auch nicht so zahlreich wie auf den Selvagens, Desertas und Porto Santo, so brütet doch auch *Puffinus kuhli* auf Madeira selbst; das bischöfliche Museum in Funchal besitzt Eier aus Nord, Süd, West und Ost der Insel (S. Anna, Ponta do Sol, Ponta do Pargo und Caniçal).

Einer der diesjährigen Arbeiter besucht seit 40 Jahren
die Selvagens, und als er zuerst hinkam, wurde ihm schon diese
Neststelle als eine sehr alte bezeichnet. Das Junge dieses Nestes
pflegt immer verschont zu bleiben.

Die Jagdmethode betreffend ist Folgendes zu bemerken:
Die eigentlichen Jäger (caçadores) sind nur sieben, jeder aber
hat einen Gehilfen zur Begleitung, eine Art Treiber (saccador).
Diese 7 Leute besetzen ein bestimmtes Terrain, eine Kette bil-
dend; sie sind mit einem bicherio, d. h. einem 2 bis 3 Meter
langen Stock versehen, der in einem eisernen Hacken endigt
und dazu dient, die Puffine aus tieferen Löchern und Fels-
spalten hervorzutreiben, wo die Hand sie nicht erreichen kann.
Zwischen den saccadores hin und her gehend oder kletternd,
ergreifen die caçadores die Puffine mit Geschick beim Halse,
um die schmerzhaften Schnabelstösse zu vermeiden und versetzen ihnen einen Biss in den Nacken, der sofort tödtet, ähnlich wie es Fischer bei minder grossen Fischen hier zu Lande
thun. Jeder caçador hat ein Blechgefäss bei sich, über welches
die getödtete cagarra gehalten wird und sofort ergiesst sich
aus dem Schnabel ein Strahl Oel, vomitadura oder Brechöl
genannt. Durch Druck auf den Körper wird diesem Erguss
nachgeholfen und dann der Schlund mit einem Pfropfen aus
Federn verstopft, um unzeitiges weiteres Ausfliessen des Oeles
zu vermeiden.

Während der Jagd gehen zwei weitere Leute mit grossen
Stöcken zwischen den Jägern umher, binden die Puffine zu
2 und 2 mit den Schnäbeln zusammen und hängen sie so über
die Stöcke. Diese werden von zwei anderen Leuten, die am
Rande des Felsengeklüftes stehen, in Empfang genommen und
zum Rupfplatz (pelladeiro) gebracht, der mehr oder weniger in
der Mitte des Jagdterrains ausgewählt wird, und zwar an einer
gegen den Wind möglichst geschützten Stelle. Hier vereinigen
sich später die Leute alle in Gruppen von 3 oder 4; einer aus
jeder Gruppe hält vor sich hin einen grossen weiten Sack,
dessen Oeffnung durch einen Reifen offen gehalten wird, welche
letzterer am Halse festgebunden wird, damit die Federn mit
Leichtigkeit hineingeworfen werden können. Die gerupften
Puffine werden nach vollbrachter Arbeit in gleiche Theile getheilt,
auf Stricken aufgereiht und jeder der Leute transportiert dann

seine Last zum Schuppen. Nur einer trägt die Säcke mit Federn,
ein zweiter ein Fass mit Wasser zum Trinken, das die Leute
überallhin begleitet. Beim Schuppen angekommen, gewöhnlich
gegen ein Uhr nachmittags, wird zu Mittag gegessen, aber bald
darauf wieder die Arbeit fortgesetzt. Die Puffine werden in
einen Kessel siedenden Wassers getaucht und einzeln abgerieben,
um sie völlig von den Federn zu reinigen. Ist das geschehen,
so nimmt einer der Leute Platz am picadeiro und beginnt, die
Hälse und Füsse abzuschneiden, was gleichsam im Takt geschieht;
nur sehr wenige können diese Arbeit gut ausführen. Inzwischen
bleiben die anderen nicht müssig; zum Theile öffnen sie die
Thiere, um sie auszuweiden; zum Theile gewinnen sie das an
der Oberfläche und zwischen den Geweiden befindliche Fett.
Ist diese Arbeit ziemlich fortgeschritten, dann beginnen sechs
Arbeiter die folgende Beschäftigung: Zwei reihen mit einer
Holznadel und Kordel die Puffine in Bündel zusammen, um sie
zwecks völliger Reinigung in Seewasser zu tauchen; zwei salzen
dieselben ein, einer trägt sie zum Lagerhaus, einer zählt die
überbrachten Stücke und speichert sie auf.

Die Hälse werden verbrüht, gesalzen, in Reihen aufgehäuft
und nach geschlossener Jagd in Fässer verpackt.

Die Puffinjagd dauert ununterbrochen 20 Tage und beginnt
jedes Jahr möglichst am 25. September. Mit Sonnenaufgang
nimmt die Arbeit ihren Anfang und dauert bis zur Dunkelheit,
ohne andere Rast, als die einer Stunde für das Mittagessen.
In der That eine aufreibende Arbeit, wozu nur ganz kräftige
und ausdauernde Männer befähigt sind.

Das Puffinen-Fett wird in Kübeln 3 bis 4 Tage der Sonne
ausgesetzt und dann geschmolzen. Es verwandelt sich fast ganz
in Oel; der Rest wird als ausgezeichneter Köder für Fischer
aufbewahrt.

Das sogenannte Brech-Oel bleibt immer flüssig; das aus
dem Fette gewonnene wird leicht dickflüssig und bei kühlem
Wetter fest. Puffinhälse, Brechöl, Puffinleber und ein Theil des
gewonnenen Köders sind Jagdantheile, die vom Eigenthümer
den Leuten überlassen werden.

Funchal, März 1893.

Ueber den Durchzug von Pinicola enucleator (L.) durch Ostpreussen im Herbste des Jahres 1892.

Von A. SZIELASKO.

Mit folgenden Zeilen beabsichtige ich, einerseits die Lebensweise und vor allem die eigenthümliche Richtung der Zugstrasse
zu beschreiben, welche der Hakengimpel bei seinem letzten
Auftreten in Ostpreussen eingeschlagen hat, andererseits möchte
ich zu weiteren Beobachtungen über die Verbreitung dieses
Vogels in Ostpreussen Anregung geben.

Da ich zur Zeit, in welcher der Hakengimpel bei uns
auftrat, in Tilsit wohnte und dortselbst keinen dieser Vögel
beobachtet habe, musste ich die Hilfe meiner Gewährsmänner
in Anspruch nehmen, um über die Richtung des Zuges orientiert
zu sein. Aus sämmtlichen Berichten ergiebt sich Folgendes:

Der Hakengimpel trat in Ostpreussen schon vor Mitte des
Octobers vorigen Jahres ein und zeigte sich zuerst vereinzelt
bei Stallupönen und Pillkallen. Mitte October erschienen grössere
Trupps, die sich über die Provinz nach Westen ausdehnten.
Die Vögel wurden in Gesellschaften bei Stallupönen, Pillkallen,
Gumbinnen und in grösseren Schwärmen in der Umgegend von
Insterburg und Skaisgirren beobachtet.

In den Gegenden nördlich der Memel und in Masuren scheint
der Hakengimpel thatsächlich gefehlt zu haben; wenigstens liegt
mir kein Fall vor, der das Vorhandensein dieser Art bestätigen
würde. Dass diese wenig scheuen, vertrauensseligen Vögel übersehen werden konnten, ist kaum anzunehmen, zumal nie einzelne
Exemplare, sondern stets kleine Trupps erschienen. Wenn vielleicht
trotzdem einige kleine Flüge unbeobachtet von Norden her
über die Memel gezogen sind, so hat dies auf die Hauptrichtung
des Zuges keinen Einfluss.

Nach den zusammengestellten Berichten ist ersichtlich,
dass der Hauptzug nicht, wie hier allgemein angenommen
wird, von Norden her, sondern von Osten nach Westen stattgefunden hat. Es lässt sich thatsächlich verfolgen, wie die
Anzahl der Durchzügler von Osten nach Westen in steter Zunahme
begriffen war, während nördlich der Memel und in Masuren
vom Auftreten des Hakengimpels nichts bekannt wurde. Unser
nordischer Gast hielt sich auf einen ziemlich kleinen Theil des

Regierungsbezirkes Gumbinnen beschränkt, auf das Gebiet zwischen den Waldungen des Memelstromes und dem masurischen Höhenzuge. Wie weit sich der Zug der Vögel nach Westen ausgedehnt hat, kann ich nicht angeben, da mir hierüber jegliche Beobachtungen fehlen. Während sich bei anderen Vögeln die Zugstrasse in nord-südlicher Richtung deutlich verfolgen lässt, muss eine solche bei dem Hakengimpel daher in Abrede gestellt werden.

Untersuchen wir nun, aus welchem Grunde die Schwärme nicht den bequemeren und kürzeren Weg in unsere Provinz von Norden her eingeschlagen haben und weshalb dieselben nicht auch nach Masuren vorgedrungen sind, da unmöglich dem Hakengimpel das rauhe Klima des bergigen Masurens schon zu warm gewesen sein konnte.

Der Hauptgrund scheint mir darin zu liegen, dass die ausgedehnten Nadelwaldungen nördlich der Memel und in Masuren den Hakengimpel auf dem Zuge von Norden her „unnütz" aufgehalten hätten. Es wird anfangs befremdend erscheinen, dass gerade die grossen Waldungen dem Vogel ein Hindernis boten, welche für ihn den Hauptaufenthalt in der nordischen Heimat bilden. Mag der Hakengimpel auch in seiner Heimat neben Beeren, die Gesäme der Fichten, Tannen, Birken u. s. w. fressen, bei uns zieht er die Beeren entschieden jeder anderen Nahrung vor. Und beerentragende Bäume oder Sträucher findet der nordische Gast in unseren dichten Nadelwaldungen nicht in dem Masse, dass sich ganze Scharen davon ernähren könnten. Rechnen wir hierzu noch den Umstand, dass gerade im Walde die beerentragenden Bäume und Sträucher von den viel früher eintreffenden Drosselscharen — ' dieselben erscheinen schon anfangs October — geplündert werden, so müssen wir zugeben, dass der Hakengimpel als später Gast keine reichbesetzte Tafel in den Wäldern vorgefunden hätte. Die dichten Wälder würden ihn also auf seinem Durchzuge „unnütz" aufgehalten haben. Deshalb scheint es mir erklärlich, dass weder in Masuren, noch im Waldgebiete der Memel unsere Vögel beobachtet wurden.

Der Hakengimpel musste also zu seinem Weiterzuge einen Weg wählen, der ihm ohne grössere Unterbrechung seine tägliche Nahrung finden liess; dieses konnte er auf dem Terrain, wo unsere Durchzügler scharenweise im vergangenen

Herbst angetroffen wurden. Hier finden wir ein Gebiet von circa 70 km. Länge und 30 km. Breite, in welchem es keine ausgedehnten Forste gibt. Die wenigen kleinen, isoliert stehenden Waldungen vermochte der Hakengimpel leicht zu durchziehen oder zu umgehen. Die Chausseen und Gärten in diesem Landstriche sind häufig mit Ebereschen, Weissdorn und anderen beerentragenden Sträuchern besetzt, die unserem Gaste willkommene Plätze boten.

Es dürfte somit natürlich erscheinen, dass der Hakengimpel auf seinem Zuge unsere nördlich vorgelagerten Waldungen, die ihm keine Nahrung boten, umgieng und von Osten in den freien Landstrich unserer Provinz, in „das offene Thor" einzog, wo er von Anfang an in genügender Menge Nahrung fand. Erst von hier aus konnte er sich weiter nach Westen bis fast in das Memeldelta hinein verbreiten.

Wenn auch zugegeben werden muss, dass der Hakengimpel in Deutschland am häufigsten in Ostpreussen beobachtet wird, so will ich damit nicht gesagt haben, dass derselbe, wenn er überhaupt nach südlicheren Gegenden zieht, auch jedesmal Ostpreusen berührt. Es hat Jahre gegeben, in welchen Pommern mehrere Schwärme aufzuweisen hatte, während in Ostpreussen nicht ein Stück beobachtet wurde. In diesem Falle haben die Vögel entschieden eine andere Richtung eingeschlagen, so dass Ostpreussen vollständig unberührt blieb. Aber selten wird wohl der Fall eingetreten sein, dass sich die Hakengimpel in demselben Jahre in mehreren nördlichen Provinzen Deutschlands zugleich gezeigt haben; mir wenigstens ist ein solcher Fall unbekannt. Weil nun der Hakengimpel nicht allein in Ostpreussen, sondern auch in Westpreussen und Pommern beobachtet wird, und in diesen Provinzen in ausgedehntem Masse nie gleichzeitig erscheint, so kann angenommen werden, dass unser Durchzügler mehrere Zugstrassen benützt, die sich aber schon in seiner nordischen Heimat abzweigen, und von denen nur eine bestimmte Strasse in jedem Jahre seines Erscheinens eingeschlagen wird.

Vielleicht wird „das offene Thor" unserer Provinz, dessen ich vorhin Erwähnung that, auch von anderen Vögeln auf dem Durchzuge mit Vorliebe benützt. Ich erinnere nur an den Fall, als im Jahre 1888 das Steppenhuhn in grossen Scharen in Deutschland erschien. Von den wenigen Exemplaren, die man im Regierungsbezirke Gumbinnen beobachtet hatte, wurden die meisten thatsächlich in dem Gebiete zwischen der Memel und dem masurischen Höhenzuge angetroffen.

Es ist eigenthümlich, dass in den meisten Jahren, in denen der Hakengimpel auftrat, die Gegenden um Jnsterburg die grössten Schwärme aufzuweisen hatten. Sollten diese Ländereien in der That für den Aufenhalt unseres Vogels günstiger gelegen oder beschaffen sein, als andere in unserer Provinz? Vielleicht kann der Grund zu dem massenhaften Auftreten des Hakengimpels in der Umgebung von Jnsterburg auch folgender sein: Ungefähr 10 bis 15 km. westlich von Jnsterburg finden wir wieder grössere Forste vorgelagert, zwischen denen sich nur ein schmaler Streifen freien Landes nach Westen hindurchzieht. Kommen nun die Schwärme von Osten hier an, so finden sie hinter Jnsterburg in den vorgelagerten Waldungen ein Hindernis, bequem nach Westen weiterzuziehen, sie sehen sich also genöthigt, vorläufig Halt zu machen. Von Osten rücken dagegen immer neue Züge vor, die ebenfalls bis in die Umgegend von Jnsterburg gelangen und hier durch die Forste aufgehalten werden. Mit den früher eingetroffenen und den nachfolgenden Zügen vereinigen sich die einzelnen Schwärme allmählich zu ganzen Scharen.

Dieses scharenweise Auftreten in den Gegenden bei Jnsterburg dürfte somit ebenfalls ein Grund dafür sein, dass der Hakengimpel auf seinem Zuge unsere grossen Wälder meidet.

Leider kann ich nicht angeben, auf welchem Wege die nordischen Gäste unseren Bezirk verlassen haben, ob sie nach Westen weiter oder zurückgezogen sind, da die Berichte hierüber zu wenig Anhalt bieten. Aus diesem Grunde wäre es von Interesse zu erfahren, ob westlich von Jnsterburg im Regierungsbezirke Königsberg Hakengimpel beobachtet wurden und aus welcher Richtung dieselben zugezogen sind.

Bis Mitte November trieben die Vögel ihr Wesen in unserer Provinz, dann waren die Schwärme plötzlich verschwunden. Von Mitte November bis anfangs Dezember zeigten sich hin und wieder vereinzelte Vögel, bis zuletzt auch diese ausblieben. Trotzdem eine sibirische Kälte bei uns im letzten Winter Ende Dezember eintrat, zeigte sich kein Hakengimpel mehr.

Was die Lebensweise des Hakengimpels betrifft, so will ich eine Mittheilung wiedergeben, die mir Herr Förster Franz zukommen liess. Derselbe schreibt Folgendes:

„Die Hakengimpel waren hauptsächlich in Gärten und an Wegen anzutreffen, wo sich Ebereschen befanden. Die Vögel zeigten sich nie in grossen Trupps oder scharenweise, sondern gewöhnlich in der Zahl von 6 bis 8 Stück eng beisammen, Futter suchend. So sah man viele Bäume mit diesen Vögeln besetzt. Eine Gesellschaft gieng, die andere kam bald darauf. Bei Tage waren sie im geschlossenen Walde nie zu bemerken, zogen aber abends zum Nachtquartier dem hohem Fichtenholze zu. Die Nahrung war während ihres ganzen Hierseins ausschliesslich die Beere der Ebersche, der sie recht tüchtig und wie es schien, übermässig zugesprochen, wobei sie so beschäftigt waren, dass man ihrer leicht habhaft werden konnte.

Mein Freund Sondermann in Paossen nahm einen langen Stock, befestigte am oberen Ende desselben eine einfache. Haarschlinge und zog diese dem fressenden Vogel über den Kopf auf den Hals, wobei der Vogel, zwar eine geringe Störung merkend, dennoch ruhig weiter frass. Erst beim Abfliegen wurde derselbe als Gefangener heruntergezogen. Sondermann hat viele Exemplare auf diese Weise gefangen

Ich selbst habe bei der mir bekannten Furchtlosigkeit dieser Vögel versucht, wenn sie auf niederigen Zweigen beim Fressen thätig waren, sie mit der Hand zu ergreifen, was mir jedoch nie gelungen ist." (Vergl. „Ornith. Jahrb." 1893 Heft 1, p. 38).

Dass die Hakengimpel vor dem Menschen nicht die geringste Furcht zeigen, habe ich vor einigen Jahren in Insterburg mitten in der Stadt beobachtet. Hier hatten sich mehrere Stück auf die vor der Mädchenschule gepflanzten Weissdornbüsche gesetzt, wo sie ruhig ihr Wesen trieben und sich um die Vorübergehenden nicht im mindesten kümmerten.

Eydtkuhnen, im April 1893.

___

Aufzeichnungen über das Vorkommen einiger zum Theil seltenen Vögel der Provinz Ostpreussen

Von v. HIPPEL.

1. Ste¡nadler (*Aquila chrysaïtus* (L.) In den grossen Forsten Masurens und Lithauens sehr vereinzelt noch brütend anzutreffen. Laut Mittheilung des Herrn Forstmeistser Wörmbeck

befand sich ein Horst im Jahre 1887 in dem Turoschelner-Forst, Jagen 126, in Südmasuren.

In den letzten Jahren wurden an folgenden Orten Exemplare erlegt:

1883 Schneckenerforst (Lithauen).

25. April 1887 Augsgirren.

4. Jänner 1888 Uszballen.

7. November 1888 bei Tilsit.

8. November 1888 bei Gumbinnen.

15. December 1888 Rudszaimy (Südmasuren).

2. April 1890 Nausseden.

29. November 1890 Trappoenen (Lithauen).

Nach Herrn Forstrath Reisch kommt er in Ibenhorst am kurischen Haff nur auf dem Zuge, namentlich wenn Fallwild vorhanden, vor, horstend jedoch nicht.

2. Grosser Schreiadler (*Aquila clanga* Pall.). Herr Forstrath Reisch hat ihn hin und wieder im Ibenhorster Forst gefunden und vermuthet sogar, dass er dort noch horstet; bisher ist jedoch noch kein Horst gefunden worden.

3. Seeadler (*Haliaëtus albicilla* (L.). Vereinzelt in den grossen Forsten am kurischen Haff und im Seengebiete Südmasurens brütend. Nach Mittheilung des Herrn Forstrath Reisch im Jahre (1889) kommt er im Ibenhorster Forst meist in zwei Paaren horstend vor. Jedes Paar hatte seinen bestimmten Umkreis mit etwa drei Horsten, die abwechselnd bezogen wurden. „Hin und wieder," schreibt Forstrath Reisch, „habe ich ein Exemplar geschossen und ein Junges oder ein Ei aus den sehr hoch stehenden Nestern ausnehmen lassen."

Ferner horstet ein Paar nach Hegemeister Lumma in der alten Post bei Postnicken am kurischen Haff. Herr Forstmeister Wörmbcke theilt mir mit, dass in den Oberförstereien Johannisberg und Gusczianka (Südmasuren) jährlich sich ein Horst befinde.

In den letzten Jahren wurden an folgenden Orten Exemplare geschossen:

1. April und 26. October 1885 Ibenhorst.

11. November 1885 Suleyker Bauernjagd bei Schwentainen, Kreis Oletzko; Junges Weibchen.

9. November 1886 Tilsit.

9. April 1888 Tilsit.

26. October 1890 Rutzamy (Südmasuren).

5. Juni 1892 Ibenhorst.

25. November 1892, Nemonicner Forst am kurischen Haff.

Wie aus diesen Angaben ersichtlich, fällt die Mehrheit der erlegten Exemplare auf das ostpreussische Küstengebiet.

3. Merlin (*Falco aesalon* Tunst) Liess sich im heurigen Winter häufig sehen. Am 5. Februar d. J. wurde bei Insterburg ein junges Männchen erlegt, dass ich meiner Sammlung einverleibte.

4. Hühnerhabicht (*Astur palumbarius* (L.). Wurde überall durch die Habichtskörbe in den letzten 6—8 Jahren]ungemein decimiert Ich habe den ganzen Winter bis zum Frühjahr nur ein einziges Exemplar, jetzt am 30. März, auf meiner Besitzung im Kreise Oletzko im Pechlow'schen Habichtskorb gefangen. Ebenso zählt er im Kreise Insterburg zu den nicht gerade häufigen Erscheinungen. Im Winter 1891 (od. 1892) wurde eine lichte Aberration in der Oberförsterei Brödlautten bei Insterburg erlegt.

[Anmerkung: Durch die Güte des Verfassers lagen mir die Reste des Vogels (Flügel, Stoss und Fänge) zur Ansicht vor. Derselbe ist, wie die Zeichnung der Schwingen zeigt, offenbar ein noch unvermausertes Exemplar.

Flügel: Auf weissem (Achsel-), bezw. schmutzigweissem, bräunlich überflogenem Grunde (Armfedern), welch' letztere Färbung hauptsächlich auf den Aussenfahnen der Handschwingen überwiegt, matt graubraun gebändert. Die den vorgenannten Federn entsprechenden Decken in gleicher Weise wie jene sich nach vorne zu allmählig verdüsternd, mit graubrauner, unten matter gegen den Bug sich verdunkelnder Fleckung und weissen Endsäumen. Schäfte licht hornbraun.

Stoss: Weiss, Bänderung matt braungrau, Schäfte, mit Ausnahme der beiden mittleren, die Elfenbeinfärbung tragend, bis zur Mitte blass graubraun, dann. den Binden entsprechend, bräunlich und weiss.

Obere und untere Stossdecken: Weiss und schmutzigweiss; erstere mit sparsamer, undeutlicher Bänderung, letztere seitlich mit braungrauen Schaftflecken.   Der Herausgeber.]

5. Wespenbussard (*Pernis apivorus* (L). Bekannt ist mir sein häufiges Vorkommen in dem Brödlaukener Forst bei Insterburg. Horst bis jetzt noch nicht gefunden; auch in dem Astrawischker Forst ist er bemerkt und geschossen worden.

6. Sumpfohreule (*Asio accipitrinus* (Pall.). In Masuren überall häufig anzutreffen. Im Kreise Insterburg stellenweise nicht selten.

7. Uhu (*Bubo bubo* (L). In zusammenhängenden Waldcomplexen Lithauens häufiger brütend, seltener in Masuren.

In Ibenhorst noch ziemlich zahlreich; im Winter 1885 auf 86 wurden dort 13 Stück geschossen, davon auf einer Treibjagd allein vier. Er horstet dort, abweichend von seiner sonstigen Gewohnheit in anderen Gegenden, auf dem Boden und zwar in sehr sumpfigem, schwer zugänglichen Terrain, am liebsten auf erhöhten Kaupen oder alten, verfallenen Stubben. Das Nachbarrevier Tavellningken hat ebenfalls noch vielfach Uhus. 1882 befand sich in der Oberförsterei Guszianka (Masuren) ein Horst.

In den letzten Jahren wurden an folgenden Orten Exemplare erbeutet:

15. December 1884 Schneckener Forst (Lithauen).

31. März 1885 Nemoniener Forst am kurischen Haff.

12. Mai 1885, 3. August 1885, 28. December 1885, 30. December 1885, 1. Jänner 1886, 20. April 1886, 10. Juni 1887 in Ibenhorst am kurischen Haff.

26. September 1887 Nemoniener Forst

13. Februar 1888 1. Mai 1888, 12. December 1888 in Ibenhorst.

1. November 1890 Heydekrug (Lithauen).

3. November 1890 und 24. April 1891, Tilsit.

19. Juni 1891 und 1. August 1891, Heydekrug.

30. October 1891 Ludwigsort.

5. November 1891 Tilsit.

19. April 1892 Ibenhorst.

7. September 1892 Allenburg.

Ein Horst befand sich in der Oberförsterei Jablonken bei Osterode. Kürzlich wurden dort vom Oberförster zwei junge Uhus ausgehoben.

8. Bartmeise (*Panurus biarmicus* (L.). Sicher beobachtet vor etwa 5—6 Jahren in mehreren Pärchen von dem Sohne des Forstmeisters Wohlfromm in dem Brödlaukener Forst.

9. Hakengimpel (*Pinicola enucleator* (L.). Hat sich im heurigen Winter in enormen Mengen in ganz Ostpreussen gezeigt. Im Kreise Oletzko war er an allen mit Ebereschen angepflanzten Chausseen massenhaft zu treffen. Vielleicht ist sein Auftreten mit dem abnorm kalten Winter in Zusammenhang zu bringen! Ende December und Jänner zeigte das Thermometer in Oletzko mehreremale — 36° R. am Morgen.

10. Schneeammer (*Calcarius nivalis* (L.) hielten sich am 24., 25. und 26. März d. J. in kleinen Flügen bei Insterburg (Grün-

hofer Gebiet) auf. Am 26. bemerkte ich nur noch eine, die ich, um sie in meine Sammlung aufzunehmen, erlegte. Sie soll diesen Winter vielfach in Ostpreussen beobachtet worden sein.

11. Seidenschwanz (*Bombycilla garrula* (L.). Ueberall in der Provinz in diesem Winter recht häufig angetroffen. 19 Stück beobachtete ich vom 23. December 1892 an auf dem Vorwerk Paris im Kreise Oletzko. Etwa 30 Stück wurden bei Insterburg am 4. Februar 1893 gesehen.

12. Elster (*Pica pica* (L.). Sporadisch auftretender Vogel. An einzelnen Orten häufig, an anderen Stellen überhaupt nicht zu treffen. Im Kreise Insterburg habe ich seltsamerweise noch keine einzige gefunden; natürlich lasse ich dahingestellt, dass sich einzelne meiner Beobachtung entzogen haben. Die Art soll in der That im Kreise Insterburg stellenweise häufig vorkommen. Ich habe, wie gesagt, noch keine beobachtet. Wiederum recht häufig fand ich sie im Kreise Oletzko, hauptsächlich da, wo kleine Gehölze mit Feldern abwechseln.

13. Kranich (*Grus grus* (L.) Mit dem Trockenlegen der grösseren Sümpfe und der fortschreitenden Cultur ist der Kranich einer derjenigen Vögel, die ständig von Jahr zu Jahr sich vermindern. An vielen Orten, an denen er noch vor fünf bis acht Jahren nistend vorkam, sucht man ihn heute vergebens. Seine ungemeine Schlauheit und Vorsicht schützen ihn vor den meisten Nachstellungen

Als sicher nistend ist er an folgenden Orten bekannt:

1. Im Skungirrener und Stagutscher Moor, das sich über 14 Jagen erstreckt (Astrawischker Forst bei Insterburg) in etwa 10—15 Paaren. 2. Ein Paar in der alten Post bei Postnicken am kurischen Haff nach Hegemeister Lumma. 3. In dem Ibenhorster Forst am kurischen Haff. Seine Anzahl wird nach Forstrath Reisch auf über 100 Stück zu schätzen sein. Er nistet in meist unzugänglichen Sumpfpartien auf erhöhten Bodenstellen. Junge Kraniche werden oft dort eingefangen. 4. In der Oberförsterei Tavellningken am kurischen Haff. Ferner brütet er häufig: 5. Johannesburger Forst; 6. Oberförsterei Turoscheln (Südmasuren; 7. Kurwien; 8. Kullick; 9. Wolfsbruch (Südmasuren) nach Forstmeister Wörmbcke; 10. Rothebuder Forst in

etwa 20 Paaren : 11. Vereinzelt an der Oberförsterei Alt-Jablonken bei Deutsch Eylau nach Oberförster Kelbel.

14. Eisente (*Fuligula hyemalis* (L.). Am 23. März d. J. erhielt ich ein auf einem überschwemmten Wiesenfliess an dem Fritzener Forst im Samland geschossenes Männchen.

Zwei für Mariahof neue Arten
Von RICH. STADTLOBER.

Parus palustris montanus (Bald.). Das Vorkommen der Alpensumpfmeise wurde in meiner Umgebung, bisher nicht nachgewiesen.

Auf Anregung des Herrn v. Tschusi beobachtete ich die Sumpfmeisen nun genauer und erlegte auch einige Exemplare, unter welchen mehrere die Kennzeichen der Alpensumpfmeise hatten und die auch Herr v. Tschusi, welchem ich einige zusandte, bestimmt als *Parus pal. montanus* erkannte. Seither hatte ich oft Gelegenheit, diese Meise zu beobachten, da selbe hier häufig vorkommt und auch brütet.

Am 26. April fand ich ein Nest mit 7 Eiern, von welchen ich 3 Stück nahm. Einige Tage später gieng ich wieder hin und fand 9 Eier, sah aber keinen Vogel dabei. Am nächsten Tage war das Nest zerstört. Dieses stand in einer Felsenspalte und bestand aussen aus Grashalmen, dann einer Schichte von feinem Moos, innen aus Hasenwolle und verschiedenen anderen Haaren. Am 14. Mai fand ich wieder ein Nest mit 4 Eiern in einem morschen Baumstumpf. Am 18. Mai lagen darin 8 Eier und am 26 waren schon 6 Junge vorhanden. Dieses Nest bestand nur aus feinem Gras und Haaren.

Beifügen möchte ich noch, dass ich in der obersten Holz-region beide Sumpfmeisen angetroffen habe.

Tringa canutus L. Dieser Vogel wurde am 7. September in St. Veit, circa 1½ Stunden süd-östlich von Mariahof, bei einem kleinen Teiche erlegt und glücklicherweise von einem meiner Freunde, welcher einen ähnlichen Vogel in meiner Sammlung nicht gesehen zu haben glaubte, für mich erworben. Nach 14 Tagen traf ich mit dem glücklichen Schützen zusammen, der mir nun erzählte, dass zwei Exemplare dort gewesen seien, von denen er den schöneren Vogel geschossen habe. Der zweite, jedenfalls das ♀, habe sich noch einige Tage dort aufgehalten. Hinter dem Teiche, wo der Vogel erlegt wurde, ist ein ziemlich ausgedehntes Torfmoor mit vielen Sümpfen und kleinen Tümpeln, wo sich, nach Aussage des Jägers, alljährlich Sumpf- und Strandvögel niederlassen. Dieser Strandläufer ist in der Sammlung, des leider zu früh verstorbenen Ornithologen, Herrn P. Blasius Hanf, nicht vertreten und wurde auch während seiner langjährigen Beobachtungszeit hier niemals gesehen.

Auftreten von Bombycilla garrula (L.) um Schluckenau.

Von CURT LOOS.

Die grosse Kälte des letzten Winters führte uns nordische Gäste in grosser Zahl zu. Die überaus reichlich mit Beeren beladenen Ebereschenbäume boten diesen willkommene Nahrung und Anlass zum längeren Aufenthalte.

Ausser den ungeheuren Massen von *Turdus pilaris* L. brachte *Bombycilla garrula* (L.) reges Leben in die winterliche Landschaft, und die letztgenannte Vogelspecies nahm das Interesse der gesammten Bevölkerung der Umgebung besonders stark in Anspruch, wovon folgende chronologisch geordnete Mittheilungen Zeugnis ablegen mögen.

5. Januar. Eine Schar auf Ebereschen der Rumburger-Strasse.

6. Januar. 4 Uhr nachmittags liessen sich ca. 20 Stück auf Kirschbäumen im Harrachsthal nieder.

7. Januar. In Schluckenau wurden 6 Stück zum Einheitspreise von 5 kr. mit Ziemern zum Verspeisen verkauft. Ausserdem wurden in Waldecke 4. Schluckenau 2, Fürstenwalde 1 Stück erlegt und in Rosenhain 1 Stück lebend eingefangen

8. Januar. Auf Birken im Schluckenauer-Park 30 Stück, in Zeidler eine Schar beobachtet. Im allgemeinen zeigten diese Thiere vor Menschen keine Scheu.

9. Januar. 8 Uhr vormittags im Schluckenauer-Park ein einzelner, dem sich bald weitere 20 hinzugesellten. Später fielen von diesen 4 Stück (2 ♂ und 2 ♀) auf einen Schuss. Erlegt wurden ausserdem in Schluckenau 4, Wölmsdorf 2, Kunnersdorf 2, Schönau 1 Stück.

10.—13. Januar. Geschossen wurden in Fugau 2, Einsiedel 4, Zeidler 3, Schönau 2, Hilgersdorf 4. Einzelne Scharen enthielten 60 und mehr Stück.

14. Januar. 5 Stück auf Ebereschen am Botzenberg; in Ehrenberg 2 Stück erlegt.

15. Januar. In Schluckenau 2, Königswalde 1, Hainspach 1 Stück geschossen.

Die in Schluckenau erlegten Thiere waren sehr alte Männchen. Das eine derselben zeigte die bei anderen seines Geschlechtes weissen Partien derjenigen Schwungfedern, welche die reizenden rothen Hornplättchen aufweisen, von gelber Färbung. Ein später eingeliefertes Exemplar besass ebenfalls diese Färbung, allerdings weniger intensiv.

16. Januar. Erlegt wurden in Nixdorf 1, Wölmsdorf 1, Schluckenau 2 Stück.

Mehrfach konnte man sehen, dass das Ende des Schaftes der Schwanzfedern bei Männchen das schöne Roth der prachtvollen Hornplättchen zeigte. Sogar die Schaftenden der Schwanzfedern eines alten Weibchens mit 8 mm. breitem, gelben Saume am Schwanzende besassen in einer Länge von ca. 4 mm. die herrliche rothe Farbe.

17.—21. Januar. Erlegt wurden in Schluckenau 2, Kunnersdorf 4, Waldecke 3, Ehrenberg 4 Stück, worunter einige prachtvolle Männchen.

22.—31. Januar. Es wurden geschossen im Fürstenwalde 2, Waldecke 5, Kunnersdorf 1, Hainspach 1, Zeidler 3, Königswalde 6 Stück.

3. Februar. In Königswalde gelangten mehrere zur Beobachtung.

5. Februar. Bei Rumburg wurde 1 Stück auf einer Lärche und in Kunnersdorf 1 Stück erlegt.

15. Februar. Auf Ebereschenbäumen der Rumburger-Strasse über 30 Stück, die bei menschlicher Annäherung eilig davonflogen.

23. Februar. In Königswalde 1 schönes Männchen.

24. Februar. Ebendaselbst 1 altes Weibchen erlegt.

25. und 27. Februar. In Fugau 2 Scharen von 18 und ca. 20 Stück auf Ebereschen.

28. Februar. Ca. 50 Stück auf Ebereschen in Waldeke, 1 Stück im Stecknetz gefangen.

5. März. In Schönau auf einem Ebereschenbaume ca. 30 Stück, davon 4 erlegt.

21. März. 1 Weibchen auf einer Eberesche der Rumburger-Strasse. Nach erfolglosem Schusse flog es auf den Nachbarbaum, von welchem es herabgeschossen wurde.

Die vorstehenden Angaben über erlegte Seidenschwänze in der Umgebung Schluckenaus umfassen in der Hauptsache bloss solche Thiere, die sich zum Ausstopfen eigneten. Zu dieser Anzahl kommen noch die arg zerschossenen, verspeisten und lebend gefangenen, die sich einer auch nur annähernden Schätzung vollständig entziehen.

In Fugau-Spremberg besass ein Liebhaber 15 lebende Vögel, welche derselbe zum Preise von 30 kr. per Stück weiter verkaufte.

Zum Schlusse sei noch erwähnt, dass Seidenschwänze öfter mit Staren verwechselt wurden. Auf einer solchen Verwechslung dürfte auch die Notiz der Rumburger-Zeitung vom 28. Januar beruhen, nach welcher am 24. Januar auf einem Baume im Klostergarten in Rumburg sich 12 Staare eingefunden haben sollen.

Schluckenau, 5. April 1893.

Ueber den Sumpfrohrsänger (Acrocephalus palustris (Bechst.) in Galizien.

Von KROMER.

In der nächsten Nähe von Zywiec am Ufer des Solaflusses befindet sich eine kleine Partie von hohem Weidengebüsch. Dahin lenkte ich in der ersten Hälfte Juni meine Schritte, um die Sumpfrohrsänger zu sehen und zu hören.

Die Vögel sind so zutraulich, dass sie mich bis auf einige Schritte herankommen lassen und ohne Scheu vor mir ihr reges Leben entfalten. Im Liebesspiel verfolgen sie einander schnell und behend und durchschlüpfen auch das dichteste Gebüsch äusserst rasch und gewandt. Die Geschmeidigkeit des Körpers und die ungewöhnliche Kraft der Füsse kommt zur höchsten Geltung, wenn sie an den Weidenstengeln emporklettern, unterwegs Insekten ablesend und dann wieder in die Tiefe gleiten.

Unbekümmert um meine Gegenwart trägt einer einen Halm zum Nestbaue, und einer singt noch eifriger, wenn ich nach

ihm kleine Gegenstände schleudere. Ist die Brutzeit vorbei,
werden sie scheu, während sie zu dieser fast alle Furcht abge-
legt haben, was ja auch bei anderen Arten der Fall ist.

Morgens baden sie sich im Thau der Blätter, den sie von
diesen abstreifen: nachmittags in den Wassergräben, indem sie
sich auf die über das Wasser hängenden Pflanzenstengeln setzen
und von da aus das Bad geniessen.

Friderich (Naturgesch. deutsch. Vög., IV. Aufl., p. 95)
bemerkt, dass sie „versteckt und in Gegenden leben, wo die
Menschen wenig verweilen". In der Umgebung von Zywiec
zeigen sie ein anderes Naturell: sie wohnen hier an den stark
belebten Landstrassen. Einen hörte ich einmal vor dem Haus-
fenster singen, und ein Paar brütete sogar in der Nähe der
menschlichen Wohnungen.

Im obengenannten Weidenbusch-Terrain nisten die Sumpfrohrsänger fast in Colonien, da ich dort nicht weniger als sechs
Nester mit Eiern oder Jungen auffand. D e hohen, unten blätter
losen Weidenbüsche und andere im Schatten wuchernde Pflanzen,
wie die Nesseln, die hier hoch emporschiessen, erleichtern die
Auffindung der Nester, welche ausserdem durch den tiefen Angst-
ruf „Tscherr" der um ihre Brut besorgten Alten verrathen werden
Eines der Nester stand über 2 Meter hoch.

Die Jungen tragen im Nestgefieder am Unterkörper eine
gelbliche Färbung.

Am 17. Juni fand ich zwei Nester mit ausgewachsenen
Jungen; das Gelege musste also schon um den 27. Mai voll-
zählig gewesen sein. Am selben Tage angetroffene flügge Junge
lassen den Schluss zu, dass die Eier bereits um den 20. Mai
gelegt wurden.

Die besondere Vorliebe der Sumpfrohrsänger für das Weidengebüsch scheint mir hauptsächlich dadurch bedingt zu sein,
dass sie darin unzählige grünliche Blattläuse als Nahrung finden.
Wenn diese Ende Juli und Anfang August nicht mehr vorkommen, so verschwinden auch die Vögel aus den Weiden- und
Erlenbüschen.

Mannigfaltig sind die Gesänge dieses Rohrsängers. Viele
von ihnen bringen ganz genau copierte Töne vor, aber nicht ver
bunden durch die eigenen Laute; ihr Gesang ist höchst originell,
aber er ist kein Lied. Während ich so den verschiedenen Lei-

stungen lausche, dringt der gellende Schrei der Flussseeschwalbe
an mein Ohr; aber nicht sie ist es, sondern ein Sumpfrohrsänger
in meiner Nähe, der gleich darauf den Wachtelruf vernehmen
lässt, dem in bunter Reihe die helle Strophe des Hänflings,
die Finken-, Grünlings-, Sperlings-, Stieglitz-, Meisen- und Ammer-
rufe folgen, woran sich wieder Partien von Lerchen-, Rauch-
schwalben- und Gartensänger-Gesang reihen; auch die tiefen
Warnungsrufe der Dorngrasmücke und die piependen Laute der
Nestlinge fehlen nicht. Alles dies wurde nicht stückweise, abgebrochen, sondern zu einem Liede verflochten vorgetragen
und stellte sich der Leistung eines guten Gartensängers eben-
bürtig zur Seite.

Einige Localnamen aus Livland.

Von Baron A. v. KRÜDENER.

Im 1. Heft dieses Jahrganges des „Ornithologischen Jahr-
buches" finde ich einen sehr vielseitig interessanten Aufsatz
über „Localnamen aus Böhmen" und zugleich die Mittheilung,
dass in Berlin eine „Commission zur Zusammenstellung der
Trivialnamen deutscher Vögel" zusammengetreten sei. Diese
beiden Mittheilungen regten mich an, auch aus dem fernen
Livland, eine der nördlichsten deutschen Sprachinseln, die hier
provinciell, resp. local gebräuchlichen Benennungen einiger Vögel
zu veröffentlichen, die vielleicht von der genannten Commission
berücksichtigt zu werden verdienen. Manche der hier genannten
Namen stimmen mit den in Böhmen gebräuchlichen überein,
was für Sprachforscher von Interesse sein dürfte.

1. *Turdus viscivorus*: Schnarre.
2. *Calcarius nivalis*: Ortolan.
3. *Pyrrhula pyrrhula*: Dompfaff.
4. *Pinicola enucleator*: Finnischer Papagei.
5. *Oriolus oriolus*: Pfingstvogel.
6. *Garrulus glandarius*: Marquart.
7. *Pica pica*: Hechster.
8. *Colaeus monedula*: Talchen.
9. *Micropus apus*: Mauerschwalbe.
10. *Caprimulgus europaeus*: Nachtschatten.
11. *Coracias garrula*: Mandelkrähe.

12. *Syrnium aluco:* Käuzchen.

13. *Tetrao bonasia:* Hasselhuhn.

14. *Tetrao tetrix:* Schwarzes Huhn (weidm.).

15. *Lagopus lagopus:* Morasthuhn — Weisses Huhn (weidm.).

16. *Perdix perdix:* Feldhuhn.

17. *Crex crex:* Schnarrwachtel.

18. *Gallinago gallinago:* Peckass (masc.).

19. *Gallinago major:* Doppelschnepfe.

20. *Numenius arcuatus:* Kronschnepfe.

21. *Limosa aegocephala:* Blaubeerschnepfe.

22. *Totanus pugnax:* Kampfhahn.

23. *Charadrius plurialis:* Brachvogel.

24. *Tadorna tadorna:* Brandgans.

25. *Anas boscas:* Märzente.

Kleine Notizen.

Haematopus ostrilegus L. in Böhmen erlegt.

In der zweiten Hälfte Jänner 1892 wurde am Doubravka-Flusse zwischen Wrdy-Bučic und Žleb (Časlau) ein schönes Exemplar (♂) des Austernfischers erlegt. Dasselbe befindet sich im Winterkleide und schmückt jetzt meine Vogelsammlung.

Starkoč bei Časlau, 12. April 1893.   K. Knežourek

Pastor roseus in Mähren.

Am 23. Mai abends beobachtete ich 7 Stück Rosenstaare bei Oslawan. Ein Stück wurde von Baron Baillou bei Hustopeč erlegt.

Oslawan, 24. Mai 1893.   V. Čapeck.

Picus tridactylus in Oesterr.-Schlesien.

Mitte November 1892 erlegte Herr Postmeister J. Nowak in Stettin in seinem Garten einen Dreizehenspecht. Der mässig grosse Garten des Genannten enthält — wie die benachbarten Bauerngärten in Stettin — nebst jüngeren Obstbäumen auch einige alte Stämme (Aepfel und Birnen). Die Bergwälder von Hrabin liegen nicht weit entfernt.

Troppau, im März 1893.   Em. Urban.

Cursorius gallicus (Gm.) und *Stercorarius parasiticus* (L.) in Steiermark erlegt.

Gelegentlich meines letzten Besuches in Marburg a. d. Drau im Jänner dieses Jahres gelangten obige zwei Seltenheiten unserer Fauna zu meiner Kenntnis, und ich erwarb beide für die Localsammlung meines Bruders Ernst.

Cursorius gallicus wurde im November 1892 von dem ausgezeichneten Jäger Bernhard (wohnhaft in Lembach bei Maria Rast) gelegentlich einer Jagd bei St. Johann an der Pettauer Strasse im Fluge geschossen. Der Vogel, ein jüngeres Exemplar, mit noch theilweiser Wellenzeichnung auf der Oberseite, zog ganz allein.

Stercorarius parasiticus, junger Vogel mit den lichten Federrändern, wurde ebenfalls vom Jäger Bernhard im Spätherbst 1892 gesammelt und zwar bei Lassnitz, unweit jener Stelle, wo zwei Jahre früher sich ein Trupp *St. pomatorhinus* niedergelassen hatte (siehe „Schwalbe", XV. Jahrg. 1892, p. 54.)

                                                O. Reiser.

Numenius tenuirostris Vieill. in Ungarn erlegt.

Am 1. April d. J. glückte es mir, auf dem hiesigen Wildpretmarkte unter einer aus Szegedin eingelangten Sendung von *Numenius arcuatus, phaeopus, Limosa aecocephala, Totanus pugnax calidris* u. a. auch ein Exemplar des dünnschnäbeligen Brachvogels zu entdecken und zu erwerben, das am 28. März bei obengenannter Stadt erlegt wurde.

Der Vogel, ein ♀, zeigte das Ovarium verhältnissmässig wenig entwickelt.

Der Magen enthielt ein ziemliches Quantum von Kerbthierfragmenten, darunter einige ziemlich wohlerhaltene Stücke von Licinus silphoides.

Die Maasse sind folgende: Totallänge 44_5, Flugweite 77_5, Flügellänge 25_8. Stoss 9_2. Oberschnabelfirst 88, Mundwinkelabstand 1_5 cm.

Wien, 10. April 1893.   H. Glück.

Literatur.

Berichte und Anzeigen.

Bericht über das Kaukasische Museum und die öffentliche Bibliothek in Tiflis für das Jahr 1892. Von G. Radde. — Tiflis 1892. S. 21 pp.

Wie wir dem vorliegenden Berichte entnehmen, enthält die ornithologische systematische Sammlung ca. 400 Arten in 2556 Exemplaren kaukas. und transkasp. Vögel. Decorativ sind aufgestellt 205 Vogel-Doubletten auf den

Schränken längs der Wände und in den Nischen; 3 grosse Vitrinen mit 46 Exemplaren hühnerartigen Vögeln des Landes; der transkaspische Schrank.

Verfasser tritt mit Recht für die decorative Gruppierung der Objecte in Museen ein, nachdem den wissenschaftlichen Anforderungen durch systematische Aufstellung der Hauptsammlung entsprochen wurde.

Versuch einer Avifauna der Provinz Schlesien. Von C. Floericke Marburg. 1893. II. Lief. p. 163—321. M. 1. col. Taf.

Die zweite Lieferung bringt den Abschluss der Oscines und behandelt weiters die Strisores, Insessores und Scansores in 41 Arten und die von ihnen sich abzweigenden Subspecies, welche genau charakterisiert werden. Eine gelungene, von O. Kleinschmidt gezeichnete, von E. de Maes lithographierte colorierte Tafel der ersten vom Autor in Schlesien erlegten *Locustella naevia* ziert das Heft.

Zweite Wandtafel mit Abbildungen der wichtigsten kleinen deutschen Vögel. Herausgegeben (der Schule und dem Haus gewidmet) vom „Deutschen Verein zum Schutz der Vogelwelt", gemalt von Prof. A. Goering in Leipzig, Farbendruck von Gust. Leutzsch in Gera. Bildgrösse: 140—100 cm. Erläuternder Text v n Dr. E. Rey. Gr. 8. 24 pp. — Gera (Kunstverlag von G. Leutzsch) 1892. Preis unaufgezogen Mk. 7. auf Leinwand aufgezogen mit lackierten Rollstäben nebst Oesen zum Aufhängen Mk. 10.

An die erste vom obengenannten Vereine 1886 herausgegebenen Wandtafel sich anschliessend, gelangen auf der vorliegenden 50 weitere der wichtigeren deutschen Vogelarten in Lebensgrösse nach dem von Prof. A. Goering angefertigten Original in Buntdruck zur Darstellung. Der begleitende, von Dr. E. Rey herrührende Text bringt kurz und gemeinfasslich alles Wichtigere über Verbreitung und Biologie der einzelnen Species.

Hatten wir schon in unserer Besprechung der ersten Tafel (Mittheil Orn. Ver. Wien. X. 1886. p. 178) derselben unser volles Lob gespendet, so gilt dies nicht minder auch für die zweite, welche bis auf 2 Arten (Nr. 10 und 19) alle ähnlichen Zwecken dienende Darstellungen weit überflügelt daher ihrer Bestimmung, als Lehrmittel für Schule und Haus zu dienen, ganz entspricht und wärmstens empfohlen werden kann.

Rundschau.

Journal für Ornithologie. XLI. 1893. **Heft 1.** W. Hartwig: Nachtrag zu meinen beiden Arbeiten über die Vögel Madeiras. A. Koenig: Zweiter Beitrag zur Avifauna von Tunis (Schl.) m. 2 Taf. (*Saxicola moesta* ♂ juv. und *Rhamphocoris clot-bey* juv. und ♂ ad.) und 1 Karte.

Ornithologische Monatsberichte I. 1893. **No. 6.** E. Ziemer: 1888. W. v. Rothschild und E. Hartert: Die Formen von *Fringilla spodiogenys* in Nordafrika. K. C. Andersen: Zur Verbreitung des Girlitz. Nekrolog: E. Schütt. Rob. Hartmann — **No. 7.** A. Reichenow: System und Genealogie. E. Ziemer:

Wie halten unsere Raubvögel die Fänge im Fliegen? B. Altum: *Circus macrurus* (Eberswald), *Aquila clanga, Carpodacus erythrinus* (Ostpr.), *Pastor roseus* (Schles.). R. Rietz: Angebliches Nest von *Picus viridis.*

Ornithologische Monatsschrift. XVIII. 1893. **No. 5.** J. A Link: Feinde des Kukuks. A. Graf v. Mirbach: Ornithologischer Jahresbericht aus Südbayern. 1. Loos: Winterbeobachtungen betreffend den Nutzen einiger befiederter Waldbewohner. O. Taschenberg: Die Avifauna in der Umgebung von Halle. II. J. Kieler: Phänologisches aus Saarbrücken. Kleinere Mittheilungen: Häufigkeit des Singschwanes in Ostfrisland. Wilde Schwäne in Schlesien. Höckerschwan unweit Oldenburg. Rabenkrähe. Eine Krähe rüttelt. Einmauerung von Sperlingen durch Hausschwalben. Besonderer Nistplatz eines Waldkauzes. Ein Segler in das Bein eines Staares verbissen. Rauhfusskauz wieder auf Arnoldsgrüner Revier. — **No. 6.** E. Fr. Kretschmer: Bilder a. d. schlesw.-holst. Vogelleben. Die Kolberger Heide. G. Clodius: Ueber den Sommeraufenthalt des Kranichs und des weissen Storches, besonders der nicht brütenden Exemplare. A. Gf. v. Mirbach-Geldern: Ornithologischer Jahresbericht aus Südbayern. II. A. Walter: Frühzeitig ausgebrütete Vögel. Kleinere Mittheilungen.

Mittheilungen des Ornithologischen Vereines in Wien. XVII. 1893. **No. 5.** J. P. Pražák: Beiträge zur Ornithologie Böhmens. E. v. Czýnk: Vogelleben im Winter in den Karpathen. L. v. Führer: Skizzen aus Montenegro und Albanien mit besonderer Berücksichtigung der Ornis daselbst. J. Michel: Der Halsbandfliegenfänger (*Muscicapa albicollis*) als Brutvogel im Elbethal. — **No. 6.** E. v. Czýnk: Vogelleben im Winter in den Karpathen (Schl.). H. Glück: Ueber *Astur palumbarius* und *Astur nisus.* L. v. Führer: Skizzen aus Montenegro und Albanien mit besonderer Berücksichtigung der Ornis daselbst.

Zeitschrift für Ornithologie und praktische Geflügelzucht. XVII. 1893. **No. 6.** K. Wenzel· Die Rabenarten Norddeutschlands (Forts.) K. Th. Liebe: Der Baumfalke (*Falco subbuteo L.*) (a. Orn. Monatsschr. — **No. 7.** K. Wenzel: Die Rabenarten Norddeutschlands. K. Th. Liebe: Der Baumfalke (Schl.).

The Naturalist. 1893. **No. 212.** F. B. Whitlock: Northumberland Bird-Notes. Derselbe: Bird-Notes from Nottinghamshire 1892/93. L. Buttress: Ornithological Notes from North Notts for 1891/92. **No. 213.** J. Cordeaux: Bird-Notes from the Humber District in the Winter of 1892/93. (Contin.). Derselbe: American White-throated Sparrow in Holderness. Wm. D. Roebuck: Bibliography. Birds, 1890. **No. 314.** Wm. D. Roebuck: Bibliography. Birds, 1890.

Gefiederte Welt. XXII. 1893. **No. 26, 27, 28.** K. Floericke: Ornithologische Reiseschilderungen von der Balkanhalqinsel.

„Fauna." 1893. **No. I.** V. Ferrant: Ornithologische Notizen; Nutzen und Schaden der einheimischen Vogelwelt II. E. Faber: Miscellen. — **No. 2.** V. Ferrant: Nutzen und Schaden der einheimischen Vogelwelt III. O. Olm: Miscellen. — **No. 3.** F. Huberty: *Circaëtus gallicus.*

Verantw. Redacteur, Herausgeber und Verleger: Victor Ritter von Tschusi zu Schmidhoffen. Hallein.
Druck von J. L. Bondi & Sohn, Wien, VII., Stiftgasse 3.

I.

II.

III.

IV.

V.

VI.

a   b   c   d

Gez. von O. Kleinschmidt.   Lith. v E de Maes

Varietäten des deutschen Eichelhehers.

Ornithologisches Jahrbuch.

ORGAN

für das

palaearktische Faunengebiet.

| Jahrgang IV. | September—October 1893. | Heft 5. |

Über das Variieren des Garrulus glandarius und der ihm nahestehenden Arten.

Von OTTO KLEINSCHMIDT.

> „Wenn auch gewiss viele Naturforscher nicht ein-
> verstanden sein werden mit der Tendenz: geringe
> Abweichungen in der Form oder Färbung unzweifel-
> hafter Arten als genügend zu betrachten, um daraus
> selbstständige Arten zu bilden, so lässt sich doch
> nicht verkennen, dass durch fortgesetzte, sorgfältige
> Beobachtungen solcher Abweichungen schliesslich
> ebenso interessante als wichtige Resultate erzielt
> werden können. — — Somit wird es immerhin ein ver-
> dienstvolles Werk sein, die geringsten Abweichungen
> unter den Individuen einer Art nicht unbeachtet
> zu lassen.“   C. v. Müller: Naumannia 1858,

Während bei vielen Arten die einzelnen Individuen — für
unsere Sinne wenigstens — nicht von einander zu unterscheiden
sind, tritt bei anderen die Erscheinung der individuellen Variabilität so auffallend zu Tage, dass es beinahe schwer wird, nur
zwei völlig gleiche Exemplare zu finden. Solche Vögel sind z. B.
die Bussarde, Schleiereulen, Heher und andere.

Ich habe ganz besonders die letzteren zum Gegenstande
meiner Studien gemacht. Die bunte Färbung und Zeichnung
des Eichelhehers lässt die meisten Abweichungen vom Normal-
typus selbst für das ungeübte Auge leicht erkennen; sein Verbreitungsgebiet ist ein sehr grosses. In den aussereuropäischen
Gebieten der palaearktischen Region, wo er fehlt, wird er durch
ihm sehr nahestehende, oft kaum zu trennende Arten ersetzt,
und schliesslich bietet sein häufiges Vorkommen einen nicht zu

unterschätzenden Vortheil, da es das Sammeln reichlichen
Materiales wesentlich erleichtert.

Von grosser Wichtigkeit ist es, dass man die durch Alter,
Geschlecht und Jahreszeit bedingten Verschiedenheiten nicht
mit den Varietäten verwechselt. Es wird daher nöthig sein,
vorerst jene festzustellen, soweit es möglich ist:

Das Jugendkleid, das der Heher nur wenige Monate (vom
Nest bis zur ersten Mauser) trägt, ist dem Alterskleide nahezu
gleich; nur ist das kleine Gefieder kürzer, weicher, und matter
gefärbt, d. h. mehr braun. Es fehlt ihm noch jener weinrothe
Ton, den man beim Malen durch Beimischung von etwas Carmin
und Blau hervorbringt. Die Stirn ist trüber von Farbe und die
Zeichnung darauf geringer. Die blauen und schwarzen Bänder
des Spiegels sind breit, während sie bei alten Vögeln, namentlich vorn am Daumen, schmäler sind und enger beisammen stehen.

Inwiefern sich später noch die Heher mit zunehmendem
Alter verändern, lässt sich kaum ermitteln. Während der Mauserzeit halten sie sich so versteckt, dass man nur wenige Stücke
zu erbeuten vermag und bei diesen ist das alte Gefieder so
abgenützt, dass man seine (ursprüngliche) Färbung nicht mehr
mit den neuen Federn vergleichen kann. Es lässt sich nur vermuthen, dass die Haube, namentlich bei dem Männchen, sich
vergrössert. Auch ist vielleicht ein intensiv bläulicher Anflug
auf dem Hinterkopf (unter der Lupe eine feine, weiss und blaue
Querbänderung darstellend) als Kennzeichen höheren Alters
anzusehen, da ich sie bei Vögeln im Jugendgefieder nirgends
angedeutet fand.

Zwischen den Geschlechtern besteht kein durchgreifender
Unterschied. In der Regel ist das Männchen etwas grösser und
besitzt einen etwas stärkeren Oberschnabel mit seitwärts vor-
tretender Schneide (s. Tafel Nr. IV.), während beim Weibchen
die Schneide mehr eingezogen ist (Nr. III.). Doch ist es auch
oft umgekehrt, ebenso wie häufig die Haubenfedern beim
Weibchen (s. Tafel Nr. III.) sehr lang sind, bei meinem einzigen
gepaarten Paar sogar länger als beim Männchen.

Sehr auffallend sind die Veränderungen, welche der
Schnabel durch allmähliche Abnützung im Laufe jeden Jahres
erleidet. Im Herbste und Winter hat der Oberschnabel einen
kurzen Haken und etwa die Form, welche Schema a. auf unserer

Tafel darstellt. Gegen das Frühjahr hin wetzt sich die durch
die punktierte Linie angedeutete Stelle aus. Der Haken scheint
dadurch länger. Der Oberschnabel wird an der Spitze schwächer
und hat nun die Gestalt b. Der Haken und überhaupt die
Form a mag dem Heher beim Abpflücken und Bearbeiten der
Eicheln (Form b bei gelegentlichen Räubereien und Eierdieb-
stählen) von grossem Vortheile sein. Hängen keine Eicheln
mehr auf den Bäumen, (in schlechten Eicheljahren und in
Gegenden, wo nur einzelne Eichen stehen, hat Freund Margolf
bald aufgeräumt), so beginnen die Heher ihre Nahrung mehr
auf dem Boden zu suchen. Der zuletzt immer dünner gewordene
Haken stösst sich bei dem vielen Picken bald ab (s. die punktierte Linie in b) und es entsteht die Gestalt c. Der Schnabel
hat eine gerade Spitze wie der der Saatkrähe. Im Contrast mit
der niedrigen Vorderhälfte sieht die hintere Hälfte um so höher
aus. Die Schnäbel der Sommervögel haben deshalb ein plumperes
Aussehen und scheinen kürzer und stärker zu sein. Gegen die
Mauser hin nützt sich dann bisweilen die Spitze noch mehr
ab, und der Schnabel wird ganz stumpf. (Fig. d.). Während der
Mauser erneuert sich auch die Hornmasse des Schnabel's, indem
sie nach vorn wachsend, die Abnützung ausgleicht, während sich
an den nicht abgenützten Stellen die oberste Schicht abblättert.
Sehr hübsch kann man dies an einem Exemplar meiner Sammlung vom 5. November 1892 sehen. Der Vogel ist völlig ver-
mausert, nur auf der linken Seite des Kopfes stecken noch
sämmtliche Federchen theilweise in den Kielen. Auf der linken
Seite ist auch der Schnabel noch in der Erneuerung begriffen,
die auf der rechten Seite schon weiter vorgeschritten ist. Merkwürdig ist, dass dieser Vogel gerade auf der linken Seite in
der Mauser zurückgeblieben ist; es fehlt ihm nämlich das linke
Bein, das er offenbar durch einen Schuss verlor. Der Stumpf
ist unter der Ferse gut verheilt. Vielleicht hat die verminderte
Bewegung geringere Blutzufuhr und damit Verspätung der
Mauser auf der weniger bewegten Körperhälfte zur Folge gehabt.

Sonst mausern die Heher bekanntlich schon im Juli und
August. Mitte Juli sieht der früher so schmucke Vogel oft
ganz kläglich aus; so sehr ist sein Gefieder abgenützt. Besonders
die Federn auf dem Kopfe sind dann sehr abgerieben und
dadurch schmal zugespitzt. Die schwarzen Scheitelflecken sind

natürlich hierdurch verkleinert, so dass es im Spätsommer scheinbar nur hellköpfige Heher gibt.

Von dem Variieren nach Alter, Geschlecht und Jahreszeit scharf zu trennen, ist die eigentliche, die individuelle Variabilität. Sie erstreckt sich:

I. auf die plastischen Verhältnisse.

Hier ist bei unserem *Garrulus glandarius* wenig zu bemerken. Der Schwanz, der meist kaum ein wenig zugerundet oder fast gerade abgeschnitten ist, ist bisweilen so stufig, dass die Mittelfedern 2 cm. über die Aussenfedern hinausragen. Christian Ludwig Brehm will Unterschiede in der Kopfform gefunden haben. Er meint damit wohl nur solche in der äusseren Kopfform, denn ich vermochte an den Schädeln von verschieden gefärbten Hehern keine nennenswerten Unterschiede aufzufinden. Was die Schnäbel betrifft, so habe ich oben gezeigt, dass sie nach der Jahreszeit variieren. Doch darf man natürlich nicht meinen, dass die Sache stets so schematisch vor sich geht, und dass man immer nach dem Schnabel eines Heherbalges die Jahreszeit bestimmen könne, in der der Vogel erlegt wurde. Man findet im Herbste Heher mit spitzen, im Spätsommer, welche mit hakigen und sogar wenig abgenützten Schnäbeln. Von drei an einem Tage erlegten Exemplaren kann der eine einen Würgerschnabel haben, der zweite in der Gestalt seines Schnabels an die Rabenkrähe, der dritte an die Saatkrähe erinnern. Diese Verschiedenheiten können aber ihre Ursachen in dem Grade der Abnützung vor der letzten Mauser, dem Gebrauche während derselben und in anderen äusseren Umständen haben. Zum Theile sind sie ja auch, wie oben erwähnt, Geschlechtseigenthümlichkeiten, daneben jedoch sicherlich auch durch individuelle Variation bedingt.

II. Unterschiede in der Grösse.

Hier verweise ich ganz auf die weiter unten folgenden Tabellen; von den beiden extremen Massen ist

	das grösste:	das kleinste:
in Totallänge:	38,9 cm.	34,6 cm.
„ Flugbreite:	58,8 „	53,7 „
„ Fittichlänge:	19,2 „	17,0 „

III. Unterschiede in der Zeichnung.

Diese sind bei unserem Vogel nicht in dem Grade vorhanden wie bei seinen östlichen Verwandten. Die Ausdehnung der Kopfzeichnung ist insofern eine verschiedene, als sie sich bald über den ganzen Scheitel erstreckt, bald nur dessen vordere Hälfte, d. h. kaum etwas mehr als die Stirn einnimmt (s. Fig. V.). Die weisse Kehle ist manchmal scharf von der Brustfärbung abgegrenzt, in die sie gewöhnlich übergeht. Auf die Gestalt und Grösse des schwarzen Bartstreifens irgend welches Gewicht zu legen, halte ich für ganz verfehlt. Beide wechseln schon beim lebenden und beim frischen Vogel mit jeder Bewegung oder Verschiebung der Haut und der Federn. Beim Balg vollends liegt es ganz in der Hand des Präparators den Bartstreifen lang oder kurz, breit oder schmal zu machen. Die übrigen Differenzen in der Zeichnung werden am bequemsten beim folgenden Punkt erörtert, bei:

IV. den Unterschieden in der Färbung.

Das Gesammtcolorit ist bald dunkler bald heller. In letzterem Falle ist der Rücken nur ganz wenig mit Grau angeflogen, die Unterseite in der Mitte trübweiss, an den Seiten weinroth; in ersterem Falle ist die Rückenfarbe sehr stark mit Grau gemischt, die ganze Brust hoherfarben; über den Vorderhals zieht sich ein graues Querband. Bei den jungen Vögeln sind die beiden entsprechenden Varietäten (zwischen denen es natürlich alle möglichen Uebergänge gibt) auf der Unterseite völlig gleich. Die Oberseite zeigt bei dunkeln Stücken schon vom Nacken an ein düsteres Graubraun, bei hellen ein fuchsiges, am Nacken intensiv leuchtendes Rothbraun. Der Unterschied ist bei den Jungen noch auffallender ausgeprägt als bei den Alten.

Die **Kopffärbung** variiert am allermeisten und verdient deshalb ganz besondere Berücksichtigung.

Die übrigen *Garrulus*-Arten hat man bekanntlich bisher fast nur nach der Kopffärbung bestimmt.) Der Grund derselben ist reinweiss (Fig. IV.) bis trübweiss, bisweilen mit einem schwachen röthlichen Anflug. Nur bei zwei Stücken von über 150 Exemplaren ist dieser Anflug so deutlich, wie ihn Fig. VI. auf der Tafel zeigt.

Die schwarzen Flecken auf dem Scheitel sind in ihren Umrissen bald verschwommen, bald scharf begrenzt. Ihre Form ist bald rundlich, bald keilförmig. Alsdann stellt sie ein gleichseitiges Dreieck dar, dessen Spitze nach vorn und dessen Basis nach hinten gerichtet ist. Bei den meisten Individuen sind es Lancettflecken, die durch wechselnde Ausdehnung (in die Breite oder Länge oder Beides) dem Kopf ein sehr verschiedenes Aussehen geben können. (Vergl. Fig. III und IV.)

In ihrer Färbung ändern diese Fleckchen ebenfalls ab. Mattschwarz, intensives Schwarz, bläuliches Schwarzgrau, Schwarz mit feinen blauen Querbändern, röthliches Braungelb mit einem schwarzen Schaftstrich in der Mitte sind die einzelnen Nüancen, welche sich hier mehr oder weniger ausgeprägt finden.

Das schöne **Braun** an der letzten Flügelfeder (das kleinste völlig versteckte und verkümmerte Federchen nicht mitgerechnet) zeigt verschiedene Ausdehnung, indem es sich öfter noch theilweise auf die zweitletzte Schwinge zweiter Ordnung erstreckt. Zugleich mit ihm wechseln die Federchen am Flügelbug die hellere oder dunklere Schattierung.

Sehr auffallend ist eine graue **Bänderung** (aus Grauweiss und Blau zusammengesetzt), welche das erste Drittel des Schwanzes ziert und nur wenigen Exemplaren gänzlich fehlt. Oft wird sie von den Oberschwanzdeckfedern völlig verdeckt, oft aber auch reicht sie über diese hinaus bis zur Mitte des Schwanzes und noch weiter.

Hierin das Kennzeichen einer Subspecies zu erblicken, wie es Chr. L. Brehm mit seinem *Garrulus taeniurus* gethan hat, wird nicht rathsam sein, da bei mehreren Exemplaren meiner Sammlung frisch gewachsene Schwanzfedern sehr stark gebändert, die alten Federn daneben aber fast ungebändert sind. Man könnte deshalb hier einen Altersunterschied vermuthen. Dem aber widerspricht die Thatsache, dass schon im Jugendkleide die Schwanzbänderung vorkommt oder fehlt.

Auf einen besonders interessanten Fall dieser Bänderung komme ich weiter unten zurück.

Auch auf den letzten Primärschwingen ist an den schmalen Aussenfahnen eine ganz ähnliche Erscheinung nicht selten. Sonderbar ist, dass diese nicht immer an Schwingen und Schwanz zugleich auftritt, sondern oft an jenen sich zeigt, an diesem fehlt und umgekehrt.

Am **Spiegel** variiert das Blau in seiner Ausdehnung auf die Secundärschwingen, von denen in normalem Zustande nur die viertletzte auf der Aussenfahne weiss-blau-schwarze Querbinden trägt. Diese Variationen correspondieren keineswegs immer mit der oben erwähnten Erscheinung, vielmehr können die Bänder auf Schwanz, Primärschwingen oder Secundärschwingen gesondert auftreten.

Dagegen correspondiert viel Blau auf den Secundärschwingen mit dem Auftreten eines schwarzen Fleckes am Grunde der Primärschwingen. Es findet sich bei dunklen und hellen Individuen; am deutlichsten bei einem ♂ aus Hallein vom 26. März 1893 und einem aus Marburg vom 17. Februar 1892, das ich unten näher beschreiben werde.

Daneben ändert der Spiegel sehr ab in Bezug auf die Intensivität der blauen Bänder. Schon von den jungen Vögeln tragen die einen ganz blasse, die anderen tiefblau gefärbte Schmuckfedern. Die Verschiedenheit beruht also nicht auf dem Alter. Ebensowenig scheint sie climatisch bedingt zu sein, denn sie findet sich ganz ebenso bei ostpreussischen Hehern, wie bei denen aus Südeuropa.

Ueber andersartige Abänderungen am Spiegel hat mir Herr Staats von Wacquant-Geozelles seine Beobachtungen mitgetheilt. Ich finde dafür in meiner Balgsammlung zahlreiche Belege und will mich im Folgenden seiner Worte bedienen. Er schreibt mir:

„Ich habe etwa 10 Heher erlegt, deren blau-schwarz-weissliche Deckfedern am oberen (Spitzen-)Ende stark verwaschene Farben zeigten.

Einen Eichelheher schoss ich, dessen bezeichnete Federchen überhaupt — ganz und gar — verwaschene in einander verschwommene Farben zeigten.

Häufig ist ein weisser Keilfleck an der Spitze des Federschaftes vorhanden.

Zweimal erlegte ich Exemplare, welche eine Anzahl rein weisser Oberarmschwingen besassen. Die Zahl der (gewöhnlich in beiden Flügeln gleichzählig vorhandenen) rein weissen Schwungfedern betrug 2—5.

Auch hatten diese Heher gewöhnlich mehrere reinweisse „Spiegelfedern" (ohne irgendwelches Blau oder Schwarz.) Siehe Orn. Monatsschr. 1890. p. 115.

Sehr häufig ist ein weisser, grösserer Fleck auf den bunten Federn des Daumens. Dieser Fleck ist sehr abgegrenzt und verschönt den Vogel unbedingt. (Zuchtwahl?)

Der eine der beifolgenden Heher trägt auf einer Feder jeden Flügels einen weissen Sternfleck." —

Ich glaube, dass alle diese Abnormitäten auch die so oft ungleichförmige und verwaschene Spiegelzeichnung auf krankhaften Mangel an Farbstoff zurückzuführen und deshalb unter den Begriff des partiellen Albinismus zu rechnen sind. Vielleicht gehören hierher auch die weissen Fleckchen an den Spitzen der Schwanzfedern, die ich bei alten Hehern nur zweimal (Marburg a. d. L. und Konjica i. d. Hercegovina) gefunden habe und weisse Ohrdecken bei einem Tiroler Heher. Von Albinos gibt es natürlich alle möglichen Stufen bis zum rein weissen Heher. Sehr schön sieht ein solcher aus, wenn nur die blauen Spiegelfederchen noch theilweise ihre ursprünglichen Farben behalten haben. Einen derartigen Vogel sah ich 'vor einigen Jahren auf der Casseler Jagdausstellung, einen interessanten partiellen Albino mit ungefleckter Stirne im bosnischen Landesmuseum in Sarajevo u. s. w.

Der Albinismus ist eine Missbildung und seine Erscheinungen sind deshalb bei den Untersuchungen über das Variieren völlig auszuschliessen, da ihnen meist keinerlei Bedeutung und Gesetzmässigkeit beizulegen ist, was selbst bei dem scheinbar zufälligsten sonstigen Abändern möglich sein kann.

Alle nun die einzelnen aufgezählten Fälle von Eigenthümlichkeiten finden sich in der Natur auf die verschiedenste Weise combiniert und so oder einzeln bei den Individuen vertreten. Es ist mir bisher nicht gelungen, für die Art der Combination eine sichere Regel aufzustellen. Andere haben dies versucht, so vor allem Chr. L. Brehm. Er unterschied vom gewöhnlichen Eichelheher (*Glandarius germanicus* Brm. = *Corvus glandarius* L. vier (richtiger fünf) Subspecies.*)

---

*) S. Naumannia. 1885, p. 278.

a) *Glandarius robustus,*
b)   „   *septentrionalis,*
c)   „   *taeniurus,*
d)   „   *leucocephalus.*

Die Beschreibung des *Glandarius leucocephalus* habe ich bis jetzt nicht auffinden können. Wahrscheinlich ist darunter die in unserer Figur I. (junger Vogel) abgebildete Varietät zu verstehen, vielleicht auch noch Nr. IV. wie Flöricke in seiner „Avifauna Schlesiens" vermuthet. Unter dem Namen *Glandarius robustus* vereinigt (?) er wohl die durch besondere Grösse ausgezeichneten Individuen.

Glandarius septentrionalis charakterisiert er in seinem Handbuch der Naturgeschichte aller Vögel Deutschlands (S. 180) folgendermassen:

1. Der deutsche Eichelheher. *Glandarius germanicus* Brm. Schnabel mittellang, der Scheitel des schmalen Kopfes höher als die Hinterstirn.

2. Der nordische Eichelheher *Glandarius septentrionalis* Brm. (*Corvus glandarius* L.) Der Schnabel kurz, der Scheitel des breiten Kopfes nicht höher als die Hinterstirn. Er unterscheidet sich vom vorigen:

1. Durch den starken kurzen Schnabel.

2. Den breiten niedrigen Kopf.

3. Das andersgestaltete Brustbein.

4. Die weitere von breiteren Ringen gebildete Luftröhre.

Im vollständigen Vogelfang (1855) p. 63. führt Brehm auch nur zwei Formen an: 1) *Glandarius germanicus* und 2) den gebänderten Eichelheher *Glandarius taeniurus* Brm. „Er ähnelt dem vorhergehenden, hat aber einen an der hinteren Hälfte blau gebänderten Schwanz. Er wandert durch Deutschland."

In seinen Briefen an Léon Olphe Galliard (s. Orn. Jahrbuch 1892) erwähnt Brehm wiederholt eine fünfte Subspecies: *Garrulus fasciatus* mit gebänderten Schwingen.

So unmöglich es nun auch ist, nach all' diesen Subspecies auch nur den zehnten Theil aller Heher zu bestimmen, so lässt sich doch nicht leugnen, dass in diesen Beschreibungen mehrere Typen unseres Vogels gut charakterisiert sind.

Gloger meint in seiner Schrift: „Das Abändern der Vögel durch Einfluss des Klimas", (Breslau 1833 p. 143), dass alte Individuen, sowie östliche und südliche Exemplare viel Schwarz auf dem Kopfe hätten. Ich will nicht behaupten, dass es sich damit gerade umgekehrt verhalte, es gibt auch im Südosten viel dunkelköpfige Heher und das Klima mag bei dieser Färbung neben anderen Factoren eine Rolle spielen, aber viel mehr als eine willkürliche Vermuthung ist die Glogersche Bemerkung nicht.

Mir selbst ist zuerst im Sommer 1891 an einigen bei Marburg erlegten Jungvögeln der grosse Unterschied in der Färbung (Siehe Fig I und II) aufgefallen. Da ich die dunkeln Exemplare im Fichtenbestand schoss, die hellgefärbten dagegen im lichten Kiefern- und Buchenwalde antraf, da auch die beisammen angetroffenen Vögel stets grosse Aehnlichkeit zeigten, so vermuthete ich einen Zusammenhang zwischen Färbung und Aufenthaltsort, wie denn in der That die graue düstere Farbe mehr zum Dunkel des Fichtenwaldes, die hell fuchsige mehr zur rotbraunen Rinde der Kieferäste passt.

Im Herbst desselben Jahres fiel mir an etwa einem Dutzend Hehern, das ich nach und nach erhielt, das gleichmässige Zunehmen der schwarzen Kopfzeichnung auf. Der Erste, Ende October erlegte, glich etwa der Fig. IV. Jedes in der Folge erbeutete Exemplar war ein wenig dunkler, nur einmal war ein Vogel ein wenig heller und einmal ein Stück nicht anders als das vorhergehende. Am 12. Dezember erreichte die dunkle Kopffärbung ihren Höhepunkt in dem Exemplar, das ich in Fig. III abgebildet habe. Ich nahm nun an, dass die zuletzt erlegten dunkelköpfigen Heher nordische zugewanderte Stücke seien, während die hellköpfigen die einhoimische Form repräsentierten, aber fortgesetzte genauere Studien an reicherem Material belehrten mich, dass ich mich durch ein eigenthümliches Spiel des Zufalles hatte täuschen lassen. Bisher habe ich noch keinen sicheren Zusammenhang zwischen den Färbungsdifferenzen und Klima oder Aufenthaltsort entdecken können, obwohl ich die Möglichkeit eines solchen nicht völlig leugnen mag.

Floricke unterscheidet in seiner Avifauna der Provinz Schlesien*) eine westliche und östliche Subspecies: die östliche gross mit viel Schwarz auf dem Scheitel auf röthlichweissem Untergrund, die westliche klein von Massen, mit wenig Schwarz

*) p. 261.

am Scheitel auf grauweisslichem bis fast weissem Untergrund.
Bei der westlichen Form soll ausserdem der Oberschnabel weit
mehr über den Unterschnabel hinweggebogen sein, als dies bei
der östlichen der Fall ist. Das letztere ist bei meinen Hehern
gerade umgekehrt; ich finde bei dunkelköpfigen Hehern hakige
Schnäbel vorwiegend, (vergl. Fig. III und IV) während bei
den hellköpfigen meist nur durch Abnutzung ein Haken entsteht (s. Fig b).

Ob im Osten die dunkelköpfigen Formen wirklich überwiegen, scheint mir noch sehr ungewiss. Eher könnte die röthliche
Grundfärbung des Scheitels (Figur VI) sich als im Osten Europas
häufiger vorkommend herausstellen. Ob die Heher im Winter
südwärts wandern, scheint mir auch sehr zweifelhaft. Der im
Herbst bisweilen stattfindende Massenzug scheint meist eine
andere Richtung zu nehmen und auf anderen Ursachen zu
beruhen als auf der Furcht vor Winterkälte.

Ich wage es vorläufig noch nicht, bei unserem europäischen
Garrulus glandarius von Subspecies zu reden und will statt
dessen lieber einige der interessanteren Exemplare meiner Sammlung einzeln beschreiben, darunter vor allem die auf der Tafel
abgebildeten Vögel.

Nr. I. zeigt den Kopf eines jungen Vogels, den ich am
11. Juli 1891 am Frauenberg*) bei Marburg von einer Kiefer
herabschoss. Die Scheitelflecke fehlen fast gänzlich. Nacken
und Rücken sind lebhaft rothbraun; der Schwanz ist ein wenig
an der Wurzel gebändert. Alles Andere ist normal. (Der Mageninhalt bestand aus Heidelbeeren.)

Nr. II. Diesen Jungvogel schoss ich am 28. Juni 1891
am entgegengesetzten Ende der Oberförsterei Marburg beim
Auffliegen aus einer Fichtendichtung. Nacken und Rücken sind
düster braun, der Schwanz schwach gebändert. Der Vogel war
ein ♂. An derselben Stelle schoss ich gleich darauf noch ein
ebenfalls junges ♀, das dem ♂ völlig gleicht. (Beide hatten
Käfer im Magen.)

Nr. III. Der Kopf ist durch das Bild genügend gekenn-
zeichnet. Das Gesammtcolorit ist dunkel, der Rücken grau, das

---

*) Am gleichen Platze wurde am selben Tage noch eine ganze Anzahl
hellköpfiger Heher von stark röthlichem Colorit geschossen.

Querband auf der Brust nicht sehr deutlich, der Schwanz auf der ganzen Wurzelhälfte schön gebändert. Dieser Vogel war ein ♀ und wurde wie schon erwähnt am 12. December 1891 bei Marburg am Rande eines dichten Fichtenbestandes von einer Eiche herabgeschossen.

Nr. IV. Der Kopf meiner hellsten Exemplare; z. B. eines ♂ vom 10. Januar 1892 und eines solchen vom 23. Januar 1893. Letzteres in Eichen- und Buchenbestand bei Marburg geschossen.

Nr. V zeigt den Kopf eines Hehers, dessen Scheitel nur eine auffallend geringe Zeichnung besitzt. Ein ♂ dieser Varietät vom 25. Januar 1893 ist ziemlich gross, der Schwanz gebändert. Sein Aufenthaltsort war ein Thal bei Marburg mit Eichen- und Buchenwald und angrenzenden Fichten und Kiefernbeständen.

Nr. VI stellt einen Heher mit auffallend röthlichem Scheitel dar. Ich erhielt den Vogel, der aus der Gegend des Unterharzes stammt, von Herrn Professor Taschenberg in Halle. Am Schwanz sind nur geringe Spuren von Bänderung vorhanden.

Von anderen Exemplaren ist als sehr interessante Varietät noch ein ♂ vom 17. Februar 1892 aus der Umgebung Marburgs zu erwähnen. Die Kopfzeichnung ist mittelmässig, der Schwanz fast ungebändert und sehr stufig. An den Secundärschwingen trägt nicht nur die vierte, sondern auch die fünfte, soweit das Weiss reicht, eine blaugebänderte Aussenfahne, das sonst weisse Feld auf den Schwingen zweiter Ordnung ist in seiner vorderen Hälfte in der gleichen Weise weiss-schwarz-blau gebändert, wie der Spiegel und die übrige Hälfte ist noch theilweise bläulich überhaucht. Am Hinterrand des weissen Feldes finden sich wieder Spuren von Bänderung.

Durch diese reichere Färbung gewinnt der Flügel Aehnlichkeit mit dem Flügel von *Garrulus japonicus* Schl. Merkwürdig ist es nun, dass gleichzeitig noch eine andere Abänderung bei diesem Vogel an *japonicus* erinnert. Bei dieser Art ist die Wurzelhälfte der Schwingen erster Ordnung schwarz, nicht trübweiss, wie bei *glandarius*. Bei allen den Vögeln nun, welche einen abnorm ausgedehnten Spiegel besitzen, zeigt sich am Grunde der Primärschwingen, der sonst weiss, grau oder blaugebändert ist, ein tiefschwarzer Fleck. Bei dem erwähnten

Exemplar ist dieser Fleck so gross, dass er über die Federn des Spiegels, die ihn gewöhnlich verdecken, hinausragt. Zeugt dieses Zusammentreffen mit der Flügelzeichnung eines Hehers der von allen verwandten Arten von unserem Heher geographisch am weitesten entfernt wohnt, nicht von einer gewissen Gesetzmässigkeit der Variabilitätserscheinungen?

Interessant ist noch eine andere Bänderungserscheinung. Schon oben erwähnte ich, dass ausserhalb der Mauserzeit ersetzte Stossfedern regelmässig eine überaus schöne und lebhafte Bänderung besitzen. Bei einem ostpreussischen Vogel erstreckt sich diese beinahe bis ans Ende der Feder und wird, wo sie aufhört, durch jene mysteriöse Art von Bänderzeichnung ersetzt, wie wir sie von den Schwanzfedern der *Locustella luscinioides* kennen. Diese eigenthümliche Färbung wird von Naumann fälschlich als ausschliessliches Eigenthum des Nachtigallrohrsängers angesehen und eine „in der gesammten einheimischen Vogelwelt in dieser Weise einzige" Erscheinung genannt, während sie in Wirklichkeit bei allen Rohrsängern, ja bei allen übrigen Vögeln vom Adler bis zur Amsel vorkommt, wenn auch nur bei einzelnen Individuen deutlich ausgeprägt. Das Sonderbare bei dem erwähnten Heher ist, dass hier wirkliche farbige Bänder in die unbeständigen, nur unter einem bestimmten Gesichtswinkel wahrnehmbaren Querbinden übergehen. Ob wohl das Auge des Vogels für diese Licht-Reflexe empfänglicher ist und da eine bunte Zeichnung sieht, wo das mehr oder weniger farbenblinde Menschenauge nur einen flüchtigen Schimmer wahrnimmt?

An einem Balg von *Garrulus krynicki* vom 16. März findet sich ganz derselbe Fall.

Im Folgenden will ich nun noch einen Ueberblick über die von mir gesammelten und untersuchten Heher zu geben versuchen.

In den Tabellen enthält Rubrik 1 Angaben über das Geschlecht. Die Zeichen ♂ und ♀ bezeichnen dabei stets das durch Section constatierte Geschlecht. Weniger sichere Geschlechtsangaben pflege ich durch M und W zu bezeichnen.

Rubrik 2 enthält da, wo der Schnabel eine charakteristiche Form besitzt, entweder die Bemerkung s = spitz und stark oder h = hakig und schwach.

Rubrik 3 und 4 enthalten Angaben über Zeit und Ort. Unter 5 finden sich Angaben über den Aufenthaltsort bez. die Waldgattung, in der der betreffende Vogel angetroffen wurde.

In den folgenden Spalten wird die Färbung charakterisiert und zwar in den nächsten die Ausdehnung der schwarzen Kopfzeichnung. Hier entspricht die Stufe 1 etwa dem Typus IV auf unserer Tafel, Stufe 4 dem Typus III, 2 und 3 bezeichnen die Uebergangsformen zwischen beiden, so dass 2 die hellere, 3 die dunklere Mittelform bezeichnet.

In Nr. 7 ist das Vorhandensein oder Fehlen der röthlichen Grundfarbe auf dem Scheitel angegeben; dabei bedeutet:

0 = Scheitel weiss (Fig. IV).

1 = Scheitel wenig oder theilweise mit schwachen Roth angeflogen (Fig. V).

2 = Scheitel mit deutlich röthlichem Untergrund (Fig. VI).

Nr. 8 enthält Bemerkungen über das Gesammtcolorit, Nr. 9 solche über die Ausdehnung der blauen Färbung und Zeichnung, und zwar bedeutet hier

S = blaue Bänder auf dem Schwanz.

F =   „   „   auf den Primärschwingen.

P =   „   „   auf den Secundärschwingen.

K = besonders lebhafte Bänderung auf den Kopfflecken.

Die Rubriken 10 bis 14 enthalten die Masse. Die vergleichende Grössenbestimmung ist ein sehr schwieriges Capitel. Nach dem Augenmass, d. h. nach den Bälgen, lässt sich gar nicht sicher urtheilen, selbst dann nicht, wenn man Schnäbel und Füsse vergleicht. Besser sind Masse am frischen Vogel genommen. Aber auch hierbei sind Irrthümer möglich. Bei der Messung kleinerer Theile sind die Differenzen gar zu gering, um in's Auge zu fallen. Dazu geben die Grössenverhältnisse vom Schnabel, Tarsus etc. bei der grossen individuellen Variabilität dieser Theile nicht immer ein Kriterium für die Grösse des ganzen Vogels ab. Als solches sieht man meist die Fittichlänge an. Aber sie kann eine sehr verschiedene sein, je nachdem der Flügel in seinen einzelnen Gelenken (namentlich im letzten) mehr oder weniger gebogen ist. Durch das Messen beider Flügel kann man diesen Nachtheil etwas ausgleichen. Totallänge und Flugbreite machen die Schwankungen der individuellen Grösse sehr deutlich. Sie können natürlich nur am

frischen Vogel genommen werden, bleiben aber ebenfalls unsicher.
Man messe nur einen und denselben Vogel zu verschiedenen
Malen und notiere jedesmal die gefundenen Masse. Vergleicht
man dann diese, so wird man selten völlige Uebereinstimmung
und oft sogar beträchtliche Differenzen zwischen den Resultaten
antreffen.*) Nur solange der Vogel blutwarm und dann, wenn
die Todtenstarre „vollständig" vorüber ist, kann man richtige
Masse erhalten. Leider aber hat man nicht immer Zeit, das
Object sofort nach der Erlegung zu messen oder abzuwarten,
bis die Gliederstarre gänzlich aufgehört hat.

Bei all diesen Unsicherheiten darf man sich nicht wundern,
wenn manche wissenschaftlichen Sammler das Messen als eine
erfolglose Mühe völlig aufgeben. Man kann aber die genannten
Übelstände theilweise durch folgende Massregeln beseitigen.
Vor allem dürfen nur die von ein und derselben Person genommenen
Masse verglichen werden. Sodann muss bei allen Messungen
die Messzeit (I = blutwarm, II = in der Todtenstarre, III =
nach der Todtenstarre**) gemessen) angegeben werden, am
besten durch eine den betreffenden Zahlen vorgesetzte römische
Ziffer. (Vergl. untenstehende Tabelle.) Endlich muss man möglichst
viele, zum wenigsten aber zwei Masse angeben, die in Relation
stehen.

Die Tabellen zeigen in Nr. 11 die Totallänge, in Nr. 12
die Flugbreite, in 13 die Entfernung der Spitze des ruhenden
Flügels von der Schwanzspitze an. Die Rubrik 14 gibt noch
die Fittichlänge an, weil ich viele Exemplare nicht im Fleische
messen konnte.

Angenommen nun den Fall, dass bei einer Anzahl nordischer Heher die Flugbreite verhältnismässig grösser wäre als
bei südlichen Exemplaren, so dürfte man nur dann, wenn auch
die Fittichlängen entsprechend grösser, die Differenz zwischen
Flügel- und Schwanzspitze aber relativ geringer wäre, annehmen,
dass die Heher des Nordens längere Flügel hätten.

---

*) Die Differenzen werden noch grösser, wenn man verschiedene
Personen denselben Vogel messen lässt.

**) Wenn die mit dem Aufhören der Muskelstarre rasch erfolgende
Zersetzung noch weiter fortschreitet (IV) ändern sich wieder die Masse:
die Totallänge nimmt zu, die Flugbreite wird durch Eintrocknen der Hand-
gelenke geringer.

Man sagt, im 17. Jahrhunderte habe Gott die Naturgesetze gegeben, im 18. die Natur selbst, im 19. die verschiedenen Naturforscher; erst die moderne Wissenschaft habe erkannt, dass in Wahrheit das Naturgesetz von den Einzelfällen abhängig sei und nur durch sie bestimmt werde.

Es liegt etwas sehr Wahres in diesem Ausspruche, und ich will deshalb, soweit es der Raum gestattet, von Westen nach Osten fortgehend, die gesammelten Einzelthatsachen meines Themas aufzählen.

Leider ist es mir bis jetzt unmöglich gewesen, aus Spanien, Frankreich und England Heher zu erhalten. Meine westlichsten Stücke stammen aus Hessen, von Ingelheim bei Mainz und Marburg a. d. Lahn (s. Tab. I.—IV.).

Die Masse können von Tab. II. zum Vergleichen natürlich nur bei Geschwistern angewandt werden, und auch hier mögen die Differenzen noch zum Theil auf Altersunterschied beruhen Die Tabelle zeigt, dass schon die Geschwister, wenn sie auch stets eine gewisse Familienähnlichkeit besitzen, variieren. Die Färbungsextreme (Fig. I und II) wird man freilich wohl nie in einem Neste beisammen finden. Die Verschiedenheiten im Gesamtcolorit fallen bei den jungen Vögeln sehr in's Auge, und der Gedanke liegt nahe, dass wir es hier mit einer sich nach dem Aufenthalt richtenden Schutzfärbung zu thun haben. Die Nahrung mag dabei auch von Einfluss sein. (Ich fand im Magen der dunklen Exemplare meist Käfer und Reste anderer Insecten, bei hellen dagegen Beeren und Kirschen, und man kann annehmen, dass die jungen Vögel für die Nahrung, mit der sie im Neste gefüttert wurden, eine zeitlang eine gewisse Vorliebe behalten.) Nicht unwahrscheinlich ist es auch, dass, wie Professor Liebe vermuthet, die Farbe der Umgebung des Nestes durch das Auge der Mutter auf die Farbe der Nachkommenschaft einwirkt.

Im Gegensatze zu Brehm, Flöricke und meinen eigenen früheren Ansichten, kann ich zwischen den Sommer- und (angeblich nordischen) Wintervögeln keinen durchgreifenden Unterschied finden. Bei ersteren gehören ganz ebenso wie bei jenen $3/4$ der Gesammtzahl zu der Brehm'schen Varietät *taeniurus*. Im Sommer verschiessen die Farben, so dass sich die Unterschiede in der Schwanzbänderung und in der Rückenfarbe mehr ausgleichen, wogegen beide im frischen Herbstgefieder am deut-

I. Hessische Häher.

1. Geschlecht	2. Schnabel	3. Zeit	4. Ort	5. Waldgattung	6. Kopfzeichnung Schwarz 1—4	7. Kopfzeichnung Roth 0—2	8. (gesammt-)colorit	9. Bänderung	10.11.12. Messtoü	Totallänge	Flugbreite	13. Differenz	14. Flügel rechter Flgl.	linker Flgl.	15. Sonstige Bemerkungen
♀	—	7. Oct. 91	Ingelheim	Feldgehölze bestehend aus Kiefern u. Laubholz	4	1	dunkel	S F . P K	—	—	—	—	18,6	18,7	
—	—	3. Dec. 92	„		3	0	„	S . P K	—	—	—	—	17,5	17,1	
♂	s	25. Sept. 92	„		3	1	dunkel	S F . P K	III	36,2	55,2	7,5	17,5	17,4	
♂	s	16. Sept. 92	„		3	1	mittel	. . P	III	36,3	56,0	7,2	18,0	18,0	
♀	—	24. April 92	„		2—3	0	hell	. P P	III	36,7	57,1	7,0	18,3	18,3	gepaartes Paar am Neste erlegt.
♂	s	24. April 92	„		2—3	0	„	S F . P P	III	37,5	59,2	7,2	18,7	18,7	
♀	h	5. Dec. 92	„		2	0	„	S . P .	III	35,5	55,6	7,1	18,0	18,0	
♂	s	5. Dec. 92	„		2	—	mittel	S . P .	III	36,7	57,0	7,3	18,2	18,3	
♀	h	Ende Sept. 91	„		2	0	hell	S F . .	III	37,1	57,3	7,5	18,2	18,1	
♂	h	Sommer 93	„		1	1*			—	—	—	—	16,6	18,7	
—	—		„		3	—			—	—	—	—	17,5	17,5	
				Durchschnitt:	2,57	0,54		S 0,64	—	36,6	56,7	7,26	18,00	18,10	

*) Der röthliche Anflug ist bei den hier mit 1 bezeichneten Stücken sehr schwach.

II. Junge Vögel aus der

1. Geschlecht	2. Schnabel	3. Zeit	4. Ort	5. Waldgattung	6. Kopfzeichnung Schwarz	7. Roth	8. Gesammt-colorit
♂♀		28. Juni 91	Bürgel	Fichten	4	0	dunkel
—		28. Juni 91	„	„	4	0	„
—	An den Schnäbeln sind noch keine Verschiedenheiten zu erkennen	Juli 91	Marburg	—	4	0	—
—		—	Witzenhausen*)	—	3	0	hell
—		Juli 92	Marburg	—	3	0	—
—		„	„	Kiefern und Fichten	3	1	—
—		„	„	„	3	1	—
—		„	„	„	2	1	—
—		„	„	—	2	0	—
W		20. Juni 92	„	Fichten	2	0	dunkel
—		26. Juni 92	„	Junge Buchen und Kiefern	2—3	1	hell
—		„	„	„	2—3	1	„
—		„	„	„	2	0	„
W		„	„	„	2	0	dunkel
W		18. Juni 92	Cappel	„	2	0	„
—		„	„	„	2	0	„
W		„	„	„	1	1	hell
—		„	„	„	2—3	0	„
♂♀		10. Juli 92	Marburg	Buchen	1	0	„
♂♀		31. Juli 92	„	—	1	2	„
♂♀		11. Juli 91	Frauenberg	Kirschbäume	1	0	„
♂♀		„	„	„	1	0	„
♂♀		„	„	„	2	2	—
—		21. Juli 92	Marburg	Kiefern und Buchen	0	1	hell
—		11. Juli 91	Frauenberg	Kiefern	0	1	„

*) Wenige Exemplare aus der Gegend von Cassel werden hier mit aufgezählt.

Umgebung von Marburg a./L.

9. Bänderung	10. Messzeit	11. Länge	12. Flugbreite	13. Differenz	14. Fittich rechter Flgl.	14. Fittich linker Flgl.	15. Sonstige Bemerkungen
S F . .	—	36	54	8	18,4	18,3	Vergl. Fig. II.
. F .	—	36	54	8	18,3	18,3	Geschwister
_ . .	—	—	—	—	18,1	—	
S . P .	—	—	—	—	18,2	18,1	
—	—	—	—	—	—	—	
—	—	—	—	—	—	—	
—	—	—	—	—	—	—	
—	—	—	—	—	—	--	
—	—	—	—	—	—	—	
—	II	24,5	42,5	3,2	—	—	
S . . .	III	34,1	55,6	6,3	17,0	17,1	
. . .	II	32,2	52,0	6,5	16,3	16,2	Geschwister
. . .	III	33,4	55,0	7,0	16,4	16,5	
. .	III	33,5	53,0	7,0	16,2	16,2	
_ . . .	II	29,7	48,5	5,3	14,6	14,6	
_ F . .	II	29,5	49,2	5,5	14,7	14,8	Geschwister
_ . P .	II	30,0	48,4	6,0	14,5	14,5	
S F . K	II	36,0	56,5	7,7	18,1	18,0	der zugehörige Vater
S F P .	III	36,3	55,7	8,4	18,4	18,3	
. .	—	36	55	—	18,0	17,9	
S . .	—	35	55	—	17,0	17,2	wahrscheinlich
S . P .	—	37	57	—	17,6	17,7	Geschwister
_ . . .	—	35	55	—	16,8	—	
_ . P .	—	—	—	—	17,7	—	
—	—	36½	57	—	18,0	18,0	Vergl. Fig. I.

IV. Wintervögel aus der Umgebung von Marburg a./L.

1. Geschlecht	2. Schnabel	3. Zeit	4. Ort	5. Waldgattung	6. Schwarz	7. Roth	8. Gesammt-colorit	9. Handfederung	10. Maasszeit	11. Länge	12. Flügelbreite	13. Differenz	14. rechter Flgl.	14. linker Flgl.	15. Sonstige Bemerkungen
					Kopfzeichnung								Flügel		
♀	h	12. Dec. 91	Marburg	Fichten	4	1	dunkel	S F P	—	34,5	—	—	17,5	17,5	Vergl. Fig. III
♀	h	12. Febr. 92	Witzenhausen	—	4	0	„	. P .	—	—	—	—	17,7	15,0	Kreuzschnäblig
♀	—	24. Febr. 92	Marburg	Kiefern	4	0	mittel	S . P K	—	36,2	56,1	6,9	17,9	18,0	
♀	h	20. Nov. 91	„	„	4	0	dunkel	S F P K	—	—	—	—	17,2	17,0	
♂	—	19. Oct. 92	„	Fichten	3—4	1	hell	. . .	III	38,0	57,5	8,0	18,7	18,5	
♀	—	22. Dec. 92	„	„	3	—	mittel	. P K	III	—	57,5	—	18,6	18,2	
♂	—	12. Nov. 91	„	„	3	1	dunkel	S . .	—	85	54,0	7,5	17,9	19,1	
♀	h	16. Dec. 91	„	Kiefern / Fichten und Buchen	8	1	„	S . P .	III	37,5	58,5	7,5	19,2	19,2	
♀	—	6. Nov. 92	„	Fichten	3	—	mittel	S . . K	III	36,4	57,5	7,5	18,0	17,9	
♂	h	1. Jan. 93	„	Kiefern / Fichten und Buchen	3	—	„	S . F P K	III	36,9	56,5	7,5	18,6	18,0	
♀	—	6. Dec. 92	„	Kiefern	3	1	hell	S . . K	III	37,2	58,4	7,2	18,6	18,6	
♀	s	5. Nov. 92	„	„	2—3	—	dunkel	S . .	—	37,7	57,4	7,5	18,3	18,6	
♂	s	9. Nov. 91	„	„	2	1	„	S .	—	37	55	7,5	18,3	18,2	
♀	h	9. Nov. 92	„	Kiefern	3—4	0	„	. P .	III	38,9	58,8	8,2	18,3	18,4	Das linke Bein fehlte
♀	—	21. Jan. 92	„	—	2	0	mittel	. K	—	35,6	55,5	7,6	17,5	17,7	Schwanz sehr stutz.
♀	s	17. Febr. 92	„	Eichen	2	1	„	. P .	—	36,9	57,9	8,3	18,3	18,4	
♀	s	26. Jan. 92	„	„	2	0	dunkel	S F P .	—	37,7	58,6	7,5	19,1	19,0	
♀	s	8. Nov. 91	Ginseldorf	—	2	1	„	S	—	—	—	—	—	—	
♂	s	26. Oct. 91	Marburg	Buchen und Kiefern	2	0	hell	. K	—	38,5	59	—	19,0	19,0	

♂/♀	h/s	Datum	Ort	Holzart			Färbung	S.F.P.K						Das linke Bein fehlte
	h	14. Jan. 92	Büdingen	—	2	1	hell	S F P ·	—			—	17,2	17,1
♀	—	3. Febr. 92	Marburg		2	0	mittel	S F · ·	—			—	17,8	17,5
♂	h	4. Nov. 92	"	Eichen	2	1	"	S F P ·	III	36,4	55,6	7,7	17,5	17,2
♀	h	20. Nov. 91	"		2	0	hell	S · · ·	—			—	19,0	19,0
♂	—	25. Jan. 93	"		2	0	"	S · P ·	III	37,7	58,1	8,8	18,2	18,4
	h	Dec. 91	"		2	0	"	· · P ·	—	36,1	55,3	8,0	18,5	18,5
♀♂	h	23. Febr. 92	"		2	1	mittel	S F P ·	—	35,4	55,2	7,8	18,3	18,0
♀	—	9. Febr. 92	"		2	0	hell	S F P K	—	35,3	54	—	17,6	17,6
♂	—	31. Oct. 91	"		2	1	"	S · P ·	III	36,9	55,9	9,5	17,3	17,3
♀♂	h	28. Febr. 92	"	Buchen	1	0	—	S · · ·	—	34,7	55,0	7,0	18,0	18,0
	—	21. Jan. 92	"	Fichen	1	1	hell	S F P K	III	34,7	54,7	7,6	17,9	17,9
♀	—	9. Jan. 92	"	Laubholz	2	0	mittel	S · · K	III	37,0	58,4	7,9	17,6	17,5
♂	h	24. Febr. 93	"	Junge Kiefern	2	0	"	S · · ·	III	37,5	59,0	7,7	15,2	18,6
♀♂	—	7. Nov. 92	"	Eichen u. Fichten	1	0	hell	S · P ·	—	36	55	—	18,7	18,8
♀	—	31. Oct. 91	"	Buchen	2	0	mittel	S · · ·	III	37,2	57,8	7,7	18,2	18,2
♂	s	7. Nov. 92	"	Buchen	1	0	"	S · P K	—	36,6	58,3	6,9	18,2	18,4
♀	—	10. Jan. 92	"	Junge Kiefern	1	0–1	hell	S · · ·	III	37,6	57,1	7,9	18,5	18,3
♂	s	20. Dec. 92	"	Buchen	1	1	"	S · · ·	III	36,4	55,8	7,8	17,5	17,5
♂	s	5. Nov. 92	"	Eichen	1	1	"	S · · ·	III	38,5	59,7	8,2	18,8	18,5
♀		9. Nov. 92	Kölbe	Eichen	1	0	"	S F · ·	III	37,5	57,9	7,2	18,3	18,9
♂	s	23. Jan. 93	Marburg	Eichen										
Durchschnitt:					2,33	0,39		S 0,77		36,73	56,90	7,73	18,16	18,13

III. Alte Sommervögel aus der Umgebung von Marburg a./L.

1. 2.	3.		4.	5.	6. Kopfzeichnung		7.	8.	9.	10.	11.	12.	13.	14. Fittich		15.
Geschlecht	Schnabel	Zeit	Ort	Waldgattung	Schwarz	Roth	Gesammt-colorit	Banderung	Messzeit	Länge	Flugbreite	Differenz	rechter Flgl.	linker Flgl.	Sonstige Bemerkungen
♀	l.	6. April 92	Marburg	Buchen u. Fichten	3	0	dunkel	S F P.	II	36,3	55,7	7,4	17,9	17,7	—
♂	h.	7. Mai 92	„	—	3	0	„	F P.	—	—	—	—	17,8	—	Schnabel Fig. d
♂	h.	Juli 91	„	—	3	0	„	—	—	—	—	—	—	—	—
♀	l.	11. April 92	Bauerbach	Buchen	3	0	„	—	—	—	—	—	—	—	—
♀	s.	29. Juli 92	Marburg	Buchen	3	0	„	—	—	—	—	—	—	—	—
♂	h.	28. März 92	Bauerbach	—	3	0	„	F P.	II	36,5	57,3	—	18,3	18,2	Schnabel. Fig. b.
♂	s.	16. April 92	Bauerbach	Buchen	3	0	„	P K.	II	34,6	53,7	17,1	17,0	Spiegel verwaschen
♀	h.	6. Mai 92	„	—	3	0	hell	P K.	II	38,4	59,4	9,0	18,7	18,5	—
♀	h.	4. Mai 92	Marburg	Buchen	1	0	„	F P.	II	36,0	56,5	7,7	18,1	19,0	Vergl. Tabelle II.
♂	s.	9. März 92	Marburg	—	2—3	0	„	K	III	36,1	56,1	7,7	18,4	18,2	—
♀	h.	6. März 92	„	Buchen	3	0	„	—	III	35,6	—	7,7	17,3	—	—
♀	l.	6. Mai 92	„	—	3	0	„	P K.	III	34,6	54,4	7,6	17,2	17,2	Spiegel verwaschen
♀	s.	18. Juni 92	Cappel	Buchen und Kiefern	2—3	0	„	P K.	III	36,3	56,0	—	—	—	—
♀	s.	5. Mai 92	Marburg	—	2	0	„	P	III	—	38	59	—	17,5	—
♂	l.	4. Mai 92	„	—	2	1	„	P	III	37,4	58,0	7,4	18,4	18,4	—
♀	l.	1. März 92	„	—	2	0	„	P	III	36,1	56,4	7,8	18,6	18,0	—
♀	s.	16. Juli 92	„	—	2	0	„	—	III	37,4	58,0	7,8	18,0	17,7	—
♀	h.	5. Juli 92	„	Buchen	1	0	„	—	—	—	—	—	—	—	—
♀	h.	10. Mai 92	„	Buchen	2	0	„	—	—	—	—	—	—	—	—
♀	l.	6. Mai 92	„	Buchen	2	0	sehr hell	—	—	—	—	—	—	—	—
		Durchschnitt:			2,45	0,15	—	s. 0,75	—	36,41	56,66	7,75	18,0	17,93	—

V. Heher aus der Gegend von Hannover und Hameln.

1. Geschlecht	2. Schnabel	3. Zeit	4. Ort	5. Waldgattung	6. Kopfzeichnung Schwarz	7. Kopfzeichnung Roth	8. Gesamtkolorit	9. Mäuderung	10. Messzeit	11. Länge	12. Flugbreite	13. Differenz	14. Fittich rechter Flgl	14. Fittich linker Flgl	15. Sonstige Bemerkungen
		12. Jan. 93	Sophienhof	Fichten mit einzelnen Eichen	3	0	dunkel	. F P K .	—	—	—	—	17,9	17,9	
♀	s	14. Nov. 92	"		1	1	hell	. . F P .	—	—	—	—	17,7	17,9	
♂	h	20. Nov. 92	"		3—4	0	dunkel	S . .	—	—	—	—	18,5	18,4	
♀	s	April 92	"		3	0	hell	—	III	37,0	56,6	7,7	18,0	18,2	
♂	s	20. Nov. 92	"		3	0	—	F P K	III	37,0	—	—	18,1	16,3	
♀	s	17. Nov. 92	"		3	0	mittel	S . F .	III	36,6	—	—	18,0	17,5	
♂		April 92	"		2—3	0	"	S S F	—	—	—	—	18,3	18,3	
♀		20. Nov. 92	"		2	1	"	S . .	—	—	—	—	17,2	17,2	
♂		April 92	"		2—1	0	hell	S . .	III	37,7	58,3	7,7	19,0	18,5	
♀		20. Nov. 92	"		1	1	"	. . .	—	—	—	—	18,2	18,0	
♂	h	24. Nov. 92	"		1	0	mittel	. F P .	—	—	—	—	17,8	17,3	
		April 92	Salzgitter bei Hannover												
		Durchschnitt:			2,30	0,25	S	S 0,50	—	37,07	57,45	7,7	18,01	17,95	17,98

Ich schliesse einige Heher aus verschiedenen Gegenden hier an:

1. Geschlecht	2. Schnabel	3. Zeit	4. Ort	5.	6. Schwarz	7. Roth	8. Gesamtkolorit	9. Mäuderung	10.	11.	12.	13.	14. rechter Flgl	14. linker Flgl	15.
♀		28. Dec.	Jena		4	0	—	. . K	—	—	—	—	—	—	
		—	Aschersleben*)		3	1	dunkel	. F P K	—	—	—	—	18,3	18,2	
♂		"	"		1	2	hell	S . P K	—	—	—	—	18,2	18,3	
♀		8. Dec. 88	Nonnhausen**)		2	—	dunkel	—	—	—	—	—	18,3	—	
♂		24. Nov. 88	"		1—2	—	mittel	—	—	—	—	—	18,1	—	

*) In der Nähe des Unterharzes.
**) In der Mark.

VI. Ostpreussische Heher.

1. 2.	3.	4.	5.	6. 7. Kopfzeichnung		8.	9.	10.	11.	12.	13.	14. Fittich		15.
Geschlecht / Schnabel	Zeit	Ort	Waldgattung	Schwarz	Roth	Gesamt-colorit	Bänderung	Messzeit	Länge	Flugbreite	Differenz	rechter Flgl.	linker Flgl.	Sonstige Bemerkungen
♀	20. Febr. 93	Ortelsburg	—	1	0	dunkel	P Kj. III	37,2	57,4	8,2	18,5	18,7	
♂ s	4. Febr. 92	Trakehnen	—	4	0	"	Kj.	III	37,5	57,5	8,5	18,3	18,2	
♂ h	14. März 93	Carlswalde	—	4	1	"	P Kj.	III	37,9	57,5	8,5	18,5	18,5	
♂ s	29. Febr. 93 / 2. März 93	Weszkallen	Fichten und Laubholz	3—4	0	mittel	S F P.	III	37,0	57,7	7,6	18,0	—	
♀ s	11. März 93	Uszballen	Laubholz	3—4	0	"	S F P.	III	37,0	58,1	7,6	18,4	18,0	
♂ s	2. März 93	Schorellen	Fichten u. Eichen	3	2	"	K.	IV	37,8	58,4	7,5	18,6	18,5	
♂ h	18. März 93	Carlswalde	Fichten u. Eichen	3	1	mittel	P K.	III	37,2	55,8	8,5	17,8	17,2	
♂ h	20.Febr.93	Weszkallen	Fichten und Laubholz	2—3	1	sehr dunkel*)	P K.	III	37,0	57,5	8,0	19,3	19,3	
♀ h	20.Febr.93	Weszkallen	Laubholz	2	1	"	P.	III	37,5	58,5	8,0	18,0	18,4	
♂ s	28. Febr. 93	Schorellen	Fichten u. Eichen	2	1	"	S F.	IV	36,7	56,2	6,6	18,1	17,8	
♀ s	29. Febr. 3 März 93	Weszkallen	Fichten und Laubholz	1	0—1	"	S F.	III	35,7	56,3	8,0	18,0	18,1	
♀ s	2. März 93	Weszkallen	Laubholz	1	0—1	"	S.	III	36,1	54,5	7,5	18,3	18,3	
♀ s	13. März 93	Uszballen	Kiefern u. Fichte	1	1	hell	S.	III	36,1	54,5	7,5	17,9	17,9	
			Durchschnitt:	2,86	0,64	—	0,68	—	37,01	57,0	7,81	18,23	18,19	

*) Der ganze Vogel erinnert sehr an G. hyrcanus.

lichsten sind. Dieser Umstand mag Brehm zu der falschen
Annahme verleitet haben, dass diese Querbinden nur bei Wander-
vögeln vorkämen.

Ähnlich verhält es sich mit der Kopffärbung. Die Durch-
schnittszahl ist sogar bei den Wintervögeln niedriger (2,33 : 2,45).
Allerdings ist hier in Betracht zu ziehen, dass die Tabelle
nicht genau die Wirklichkeit gibt. Die Natur lässt sich nicht
mit Leichtigkeit in ein solches enges Schema zwängen. Die
mit demselben Buchstaben oder derselben Zahl bezeichneten
Färbungsgrade sind wieder unter sich verschieden. Leider ist
es unmöglich, sie mit umständlichen Bruchtheilen anzugeben.

Auf den ersten Blick scheint es auffallend, dass in Tabelle III
ganz dunkle Exemplare (4) fehlen. Da sie sich aber bei den
jungen Vögeln (s. Tabelle II) finden, kann es nur Zufall sein,
was bei der geringen Anzahl der gesammelten Stücke nicht zu
verwundern ist. Während der Sommermonate sind die Heher
wie verschwunden und selbst am Neste sehr scheu. Erst wenn
die Jungen ausgeflogen sind, halten sich die Alten weniger
ruhig und versteckt und sind dann wieder leichter zu schiessen.
Im Fichtenwald, wo sie sich natürlich am schnellsten dem Blick
entziehen können, vermochte ich zur Sommerszeit kein einziges
Exemplar zu erlegen und vielleicht beruht gerade hierauf das
Fehlen des dunkeln Extrems in Tabelle III. Es ist mir nämlich
aufgefallen (was auch die Tabellen zeigen), dass die in dunkeln
schattigen Waldpartien erbeuteten Heher meist zur schwarz-
köpfigen Varietät gehörten, während an lichteren Waldstellen
hellköpfige angetroffen wurden. Möglich, dass auch dies nur
Zufall war, dass in einem Jahr in derselben Gegend dunkle, in
anderen Jahren helle Heher vorwiegen. Aber da wir in ganz
bestimmten düsteren Fichtencomplexen immer nur ganz dunkle
Stücke erbeuteten, so vermuthe ich, dass unsere Vögel mit
Vorliebe einen ihrer Färbung entsprechenden Aufenthalt
wählen.

Masse und Färbungsverhältnisse norddeutscher Heher zeigt
Tabelle V.

In der Sammlung des Herrn Schlegel in Leipzig sah ich
zwei Stücke, wovon das eine ganz hell, das andere ganz dunkel-
köpfig war.

Bei den ostpreussischen Hehern (s. Tab. VI.) erklären sich

die durchwegs bedeutenden Masse dadurch, das die untersuchten Individuen zum grössten Theil ♂ ♀ sind.

Auffallend ist das viele Roth, auf dem Kopfe und in diesem Punkte scheint Floricke recht zu haben, dass nämlich im Osten der Scheitel mehr röthlich-weiss ist. Er hat dies, wie er sich mir gegenüber äusserte, schon vor langer Zeit an schlesischen Stücken wahrgenommen. Von zwei schlesischen Bälgen (die schwarze Kopfzeichnung ist bei beiden mittelstark, 2 – 3) zeigt der kleinere deutlich röthlichen, der grössere reinweissen Scheitel. Die Ausdehnung der schwarz-weissen Kopfzeichnung nach hinten zu, ist bei beiden eine geringe und gleicht darin den ostpreussischen Exemplaren. Ich habe darauf verzichtet, über diese Eigenthümlichkeit in den Tabellen Bemerkungen anzubringen, weil es dabei zu schwierig ist, in allen Fällen die wirklichen Abnormitäten von den scheinbaren zu unterscheiden, die beim Präpariren durch eine Verschiebung der Kopfhaut entstehen. Bei den Sumpfmeisensubspecies befindet man sich bekanntlich in derselben misslichen Lage.

Über die Heher Livlands hat mir Herr Baron Oskar von Löwis of Menar ausführlich geschrieben. Auf Grund seiner Mittheilungen kann ich die baltische Form unseres Vogels folgendermassen charakterisieren. Die schwarze Kopfzeichnung ist mittelmässig (2). Die braunrothe Färbung des Nackens geht so weit nach vorn, dass sie den ganzen Hinterkopf einnimmt. Der Kopf mag also etwa Fig. V gleichen. Ein auffallendes Variieren findet bei den Standvögeln nicht statt. Die Wälder bestehen meist aus Fichten mit eingesprengten Laubhölzern oder aus Birken mit eingesprengten Tannen. Eichen sind selten. Die biologischen Eigenthümlichkeiten sind dort ganz dieselben wie hier. Man findet den Vogel ununterbrochen den ganzen Winter hindurch, und zwar in viel grösserer*) Anzahl als zur Brutzeit — namentlich auch in allen Gehöften, Gärten (wie bei uns im kalten Winter), Baumgärten mit Eichen, Feldgehölzen, Vorwäldern, auch mitten in grossen Forsten, sobald dieselben von Wiesen, Flussgeländen und sonstigen Freiplätzen unterbrochen

---

*) Dies wohl nur deshalb, weil er im Sommer versteckter und vereinzelter lebt.

sind. Das unregelmässige Streichen findet hauptsächlich in der
Zeit von Mitte August bis Ende October statt. Wo viele Eich-
bäume vorhanden, wie z. B. in Meiershof, dauert das Rasten
in Massen so lange, bis die letzte Eichel verzehrt ist.

VII. Russische Heher.

1. Geschlecht	2. Schnabel	3. Zeit	4. Ort	6. Schwarz	7. Roth	8. Gesammt-colorit	9. Bänderung	14. Fittich		15. Sonstige Bemerkungen
				Kopfzeichn.				rechter Flgl.	linker Flgl.	
♀	—	18. Oct.?	Moskau	3	1	dunkel	S F P .	19,4	18,2	Schnabel stark und hakig
♀	—	2. Oct.?	Wladimir	2 -3	1 —0	mittel	. F . .	18,5	18,5	Schnabel etwas schwächer
♂	h	8. Oct. 89	Sarepta	2	1	„	S . P .	18,2	17,9	Schnabelhaken flach und spitz
♂	—	12. Oct. 89	„	1	1	„	S . P .	18,4	18,4	—
Durchschnitt:				2,20	0,8		0,75 S	18,38	18,25	

Auch bei diesen vier Vögeln ist der Scheitel deutlich mit
röthlich-gelb getrübt. Leider kenne ich den *Garrulus severzowi*
Bogdanow, von der mittleren Wolga nur dem Namen nach.
Diese Subspecies soll den Übergang vom typischen *Garrulus
glandarius* zum *Garrulus brandti* vermitteln. Vielleicht repräsentieren die beiden ersten Exemplare obenstehender Tabelle eine
dem *Garrulus severzowi* ähnliche Form. Es liegt etwas schwer
zu beschreibendes in ihrem Gesammtcolorit, was, wenn deutlicher ausgeprägt an *brandti* erinnern könnte. Aber von einer
wirklichen Übergangsform kann hier keine Rede sein. Alle vier
Individuen sind echte *glandarius*, von denen *brandti* mit seinem
seidenweichen fuchsig-gelbbraunen Gefieder und dem ockergelben
Scheitel ganz verschieden ist.

Die Haube scheint, soweit man dies nach Bälgen beur-
theilen kann, bei den russischen und ostpreussischen Vögeln
kleiner zu sein, als bei den west- und mitteldeutschen. Wenn
Brehm dies mit seiner schwerverständlichen Beschreibung der
Kopfformen gemeint hat, so wäre vielleicht sein *Garrulus septentrionalis* als gute Subspecies haltbar.

Es wäre eine sehr lohnende Aufgabe, an allen den Stellen,
wo sich die Verbreitungsgebiete verschiedener Heherarten

VIII. Heher aus Österreich.

1. Geschlecht	2. Schnabel	3. Zeit	4. Ort	5. Waldgattung	6. Kopfzeichnung Schwarz	7. Roth	8. Gesammt-colorit	9. Bänderung	10. Messzeit	11. Lange	12. Flugbreite	13. Differenz	14. rechter Flgl.	14. linker Flgl.	15. Sonstige Bemerkungen
♂+	–	8. Nov. 87	Innsbruck	Nadelholz	4	0	dunkel	P K*					19,0	19,6	
+♀		27. Oct. 87	„	„	3	0	hell	S F P K					16,9	19,8	
♂+		26. Nov. 87	Hallein bei Salzburg	„	1	1**	dunkel						19,5	19,1	
+♀	–	18. März 84	„	„	3	0	„								
♂+♀	–	5. Nov. 80	„	„	1	1	hell						17,3	19,1	
+♂		17. Oct. 89	„	„	3	1	mittel						18,4		
+♂♀		19. Juni 87	„	„	2	1	hell	S					17,8		
♂+♀	–	3. Sept. 91	„	„	1	1	hell						17,5		
♂+	s	30. Oct. 91	„	Fichten	0	0	mittel		III	37,0	57,2	7,8	18,3		
♂+	s	26. März 93	„	„	3–4	1	dunkel	K	III	37,5	59,0	7,5	18,5	18,5	
♂+	s	26. März 93	„	Laubgebüsch im Fichtenwald	3	1	mittel	S F P	III				18,6	18,7	
	–			2–3											
		Durchschnitt:			2,62	0,64	—	S 0,30		37,25	58,1	7,65	18,44	18,75	

*) Kopfbänderung sehr stark.

**) Die röthliche Färbung auf dem Scheitel bildet bei all' den hier mit 1 aufgezählten Exemplaren nicht die eigentliche Grundfarbe, sondern bildet nur bräunliche Säume an den Rändern der schwarzen Flecken.

IX. Heher von der Balkanhalbinsel.

Geschlecht	Zeit	Ort	Kopffärbung	Flügellänge	Sonstige Bemerkungen
		Bosnien:			
♂	19. März 90	Umgebung von Sarajevo	sehr dunkel	—	—
♂ pull	11. Juni 89		„ „	—	—
♂	15. Mai 87	Helenenthal bei Sarajevo	normal, Grundfarbe weiss	18,4	sehr schwachschnäblig
♂	8. Nov. 89	Koševo bei Sarajevo	ziemlich hell, Grund weiss	17,7	am Zuge erl.
♂	19. August 88	Kozara planina	hell, Grund röthlich	18,3	—
		Hercegovina:			
♀	20. Januar 92	Ljutosir bei Metković	sehr hell	18,6	Schnabel schwach
♀	„	„ „	ziemlich hell bis normal	17,5	—
♀	11. Nov. 90	Itilek	„ „ „	18,2	—
		Bulgarien:			
♀	19. Oct. 91	Gulica bei Mesembria	ziemlich dunkel	17,9	Schnabel stark
♀	17. Juni 90	Sarigel bei Varna	sehr dunkel	18,0	„
♂	14. Juni 90	Hadzimlet bei Varna	normal bis dunkel, röthlich		„
♀	29. Sept. 81	Dobrudscha	sehr dunkel, blau gebändert	18,1	—

berühren, grössere Suiten zu sammeln und zu constatieren, ob
sich Übergänge finden oder nicht. Mein Material ist bis jetzt
leider in dieser Beziehung noch höchst unvollständig. Doch
das soll mit der Zeit anders werden.

Radde beschreibt in seiner „Ornis caucasia" eine Anzahl
von Mittelformen zwischen *Garrulus glandarius* und *G. krynicki*
und fasst beide Arten in eine zusammen. Seinen Abbildungen
nach zu urtheilen sind aber jene Mittelformen nur an *glandarius*
anklingende, gewissermassen durch die Färbung maskierte
krynicki und *hyrcanus*. Meine beiden Heher aus Sarepta (an der
südlichen Wolga) erinnern auch nicht entfernt an die kauka-
sischen Typen· Ähnliches lässt sich von den Hehern der Balkan-
halbinsel und überhaupt des südlichen Europa sagen. Von der
eigentlichen Verbreitungsgrenze der Südwestküste des schwarzen
Meeres habe ich zwar nur wenige Exemplare in Händen gehabt,
aber diese entsprachen so völlig dem deutschen Hehertypus,
dass ich kaum an einen wirklichen Übergang zu *krynicki* glauben
kann. Genauere Untersuchungen über diese Frage behalte ich
mir noch vor.

Zwei Exemplare, die ich selbst in der Hercegovina erlegte
und also im Fleisch untersuchen konnte, waren beide normale
glandarius.

X. Vergleichende Durchschnitts-Tabelle.

Tabelle	Ort oder Land	Kopffärbung 6 Schw.	7 Roth	9. S Schwanz-bänderung	10. Länge	11. Breite	12. Differenz	13. Fittich
I.	Ingelheim in Hessen	2,57	0,54	64%	36,57	56,77	7,26	18,10
II.	Marburg a./L. (Junge)	2,14	0,48	58%	—	—	—	—
III.	„ „ (Sommer)	2,45	0,15	75%	36,41	56,65	7,75	17,97
IV.	„ „ (Winter)	2,33	0,39	77%	36,73	56,90	7,70	18,15
V.	Gegend von Hannover	2,20	0,25	50%	—	—	—	17,98
VI.	Ostpreussen	2,86	0,64	58%	37,01	57,0	7,81	18,19
VII.	Russland	2,20	0,80	75%	—	—	—	18,32
VIII	Österreich	2,62	0,64	30%	37,25	58,1	7,65	18,44
IX.	Balkanhalbinsel	—	—	—	—	—	—	18,07

Ich habe gegen die Angabe von Durchschnittszahlen eine
gewisse Abneigung. In der Natur gibt es keinen Durchschnitt,

sondern nur Individuen; und Unterschiede, die nicht schon an den Grössenverzeichnissen der einzelnen Exemplare in's Auge fallen, bleiben für mich immer zweifelhaft. Deshalb wage ich nicht, aus den Resultaten der Vergleichstabelle bestimmte Schlüsse zu ziehen. Zwar zeigt sie eine deutliche Zunahme in den Grössenverhältnissen und der schwarzröthlichen Kopffärbung nach Osten hin und gewinnt somit Flöricke's (und meine frühere Annahme einer östlichen Subspecies einen gewissen Grad der Möglichkeit, wenn man von der Schnabelform absieht und als Verbreitungsgebiet dieser dunklen Unterart nicht nur den Nordosten, sondern auch die Gebirge des Südens ansieht.

Flöricke gibt als durchschnittliche Grösse der schlesischen Heher 35·2 (Totallänge) und 55·6 (Flugbreite) an, Friedrich 32·2 und 53·5 für westdeutsche Exemplare. Beide Masse sind auffallend gering, was indessen sicherlich nur auf die verschiedene Art des Messens zurückzuführen ist. Friedrich nimmt alle Masse sehr knapp. Flöricke dehnt den Vogel beim Messen mehr aus und ich dehne ihn so weit aus, als es ohne Anwendung von Gewalt möglich ist. Auch haben vielleicht Flöricke und Friedrich öfters vor Beendigung der Todtenstarre ihre Masse genommen.

Aber auch beim sorgfältigsten Messen sind viele kleine Ungenauigkeiten unvermeidlich und so kleine Unterschiede, wie sie Tabelle X aufweist, können daher immerhin nur ein Spiel des Zufalles sein. Ich darf also meine Untersuchungen keineswegs als abgeschlossen betrachten.

Werfen wir nun noch einen Blick auf sämmtliche Tabellen! — Die Schnabelstärke variiert unregelmässig, namentlich in der Breite und ist nicht nur von Jahreszeit und Geschlecht abhängig. Die Schnabelspitze ist bald mehr bald weniger gekrümmt. Lässt man einen Heherbalg mit hackigem Schnabel kopfunter auf den Boden fallen, so geschieht dasselbe, was in der Natur durch allmähliche Abnützung sich vollzieht; der Hacken stösst sich ab, der Schnabel wird spitz. Aber auch bei langem unversehrtem Schnabelhaken macht sich insofern ein Variieren geltend, als sich dieser überstehende Haken bald gerade nach vorne (s), bald in starker Biegung beinahe senkrecht nach unten (h) richtet. In den Tabellen wurde namentlich auf letztere Verschiedenheit Rücksicht genommen und scheinen krumme Haken bei dunkeln Hehern etwas häufiger zu sein.

Ein gewisser Zusammenhang scheint zwischen Färbung und Aufenthalt zu bestehen. Auf die Frage, ob dieser jene, oder jene diesen beeinflusse, komme ich weiter unten zurück.

Die röthliche Kopffärbung ist nicht, wie Flöricke annimmt, regelmässig mit sehr dunkler Fleckenzeichnung verbunden. Sie scheint unabhängig von dieser nach Osten zuzunehmen.

Sehr schwer lässt sich auch über die blaue oder bläuliche Bänderung etwas sagen. Die Tabelle zeigt nur, dass sie nicht immer an allen den betreffenden Theilen des Gefieders zugleich auftritt, sondern oft an einer Stelle sehr stark ausgeprägt ist, an den übrigen dagegen gänzlich fehlt.

Dass bedeutendere Grösse sich bei den intensiver gefärbten Stücken fände, lässt sich nicht behaupten.

Das Gefieder des Hehers enthält vier Hauptfarben: Roth, Schwarz, Blau und Weiss. Die Körperfarbe ist als deren Mischung wenigstens der Drei ersten) anzusehen. Je nachdem dieser oder jener, einer oder mehrere Farbentöne vorherrschen, entstehen unzählig viele Abänderungen.

Unter allen diesen treten drei Hauptformen hervor:

1. *varietas rufina* mit vielem Roth (vergl. Fig. VI).
2. *varietas nigrans* mit vielem Schwarz (vergl. Fig. III).
3. *varietas albida**) mit vielem Weiss (vergl. Fig. IV).

Eine *Varietas taeniura* (Brehm) könnte man als vierte anreihen, aber die blaue**) Bänderzeichnung tritt, wie schon erwähnt, in ihrer Vertheilung zu unregelmässig auf. Hier gilt es nur, die wichtigsten Varietäten und solche, die sich wenigstens manchmal gegenseitig ausschliessen (vergl. die Tafel), aus der unendlichen Menge von Färbungsverschiedenheiten und Combinationen hervorzusuchen. Dass auch hierbei viele Vögel zwei Varietäten zugleich repräsentieren, ist selbstverständlich.

Sobald man einer dieser Varietäten ein bestimmtes geographisches Verbreitungsgebiet oder eine ähnliche Bedeutung (z. B. als Gebirgs- oder Nadelwaldform) auf Grund weiterer Unter-

---

*) Da Weiss eigentlich keine Farbe ist, so darf die weisse Varietät eigentlich nur als Negation der beiden anderen aufgefasst werden.

**) Blau ist nach Severzows Untersuchungen keine Pigmentfarbe der Federn.

suchungen zuschreiben kann, darf man sie zur Subspecies
erheben.

Von der Varietät und ihrer der Art sich nähernden Stufe,
der Subspecies, streng zu unterscheiden sind: Die Abnormität
und die Race.

Die Abnormität ist eine krankhafte Erscheinung, oft hervorgerufen durch Eingriffe des Menschen in den Naturzusammen-
hang, namentlich durch die Veränderungen, welche die natürlichen Verhältnisse durch die Cultur erleiden.

Hierher gehören vor allem die verschiedenartigen Fälle
von Albinismus. Die Behauptung, das dieser theilweise in der
menschlichen Cultur seine Ursache habe und von ihr begünstigt
werde, scheint auf den ersten Blick gewagt und doch ist sie
berechtigt. In sehr cultivierten Gegenden fehlen die Raubvögel, denen sonst nach kürzerer oder längerer Zeit fast jeder
Albino unfehlbar zur Beute fällt; die Albinos sind meist junge
Individuen. Durch die Verminderung der natürlichen Feinde
vermehrt sich die Art ausserordentlich, so dass ihr oft die durch
die Cultur veränderten Terrainverhältnisse nicht mehr in genü-
gendem Masse naturgemässen Aufenthalt und Nahrung bieten
können. Die unvollkommene Ernährung hat dann Degeneration
zur Folge. Bei Schmetterlingen habe ich ähnliches deutlich
constatieren können. An Plätzen, wo sich der Weidenspinner
(Liparis salicis) übermässig stark vermehrte, frassen die Raupen
ganze Bäume kahl, und an solchen Stellen fand ich dann später
abnorm kleine Schmetterlinge.*) In Culturgegenden werden
ferner die Bruten der Vögel öfter gestört. Die nachgelegten
Eier sind kleiner und aus ihnen entwickeln sich auch kleinere
und schwächer gefärbte Junge.

Bei Marburg, wo viele Raubvögel brüteten und wo die
Heher namentlich viel unter der Verfolgung durch den Sperber
zu leiden hatten, habe ich keinen einzigen nennenswerten
Fall von Albinismus gefunden.

Bei Sophienhof im Kreis Hameln dagegen gehören Habicht
und Marder zu den grössten Seltenheiten. Die Heher haben sich
infolgedessen so ausserordentlich vermehrt, dass z. B. Herr
Staats von Wacquant-Geocelles 60, 90 und 148 an einem ein-

*) Man kann freilich auch annehmen, dass die Raupen durch Stürme
herabgeworfen, sich zu früh verpuppten.

zigen Tage vom Gartentisch aus erlegen konnte. Dort finden
sich denn auch Albinismen sehr häufig, und ein weisser Fleck
auf dem Spiegel der Eichelheher tritt so oft auf, dass man in
ihm fast das Merkmal einer ständigen Abnormität, einer **Race**
erblicken kann.

Racen in diesem Sinne gibt es sonst in der Natur selten.
Sie können meist nur durch Züchtung in der Gefangenschaft
aus den Abnormitäten gewonnen werden.

Ebenso wie die Albinismen sind auch Melanismen krankhafte Erscheinungen und deshalb als Abnormitäten in dem
Sinne, wie ich hier das Wort gebrauche, anzusehen.

Man könnte nun auch die beschriebenen Heher-Varietäten
als zufällige krankhafte Abweichungen ansehen. Zum **Theile**
sind sie es auch sicherlich. Der Kopf Nr. 1 auf der Tafel kann
dazu gehören; desgleichen wohl alle die Heher, bei denen das
Roth auf dem Kopfe nicht die Grundfarbe bildet, sondern die nur
theilweise mit Schwarz ausgefüllte Fleckenzeichnung andeutet.

Dass wir es aber in der Hauptsache hier mit Varietäten
und nicht mit Abnormitäten zu thun haben, beweist das
Variiren der asiatischen Heherarten.

Es wird von Interesse sein, auch auf diese noch etwas näher
einzugehen und sie mit dem europäischen Heher und seinen
Varietäten zu vergleichen.

Die Heher gehören bekanntlich zu den Charaktervögeln
der paläarctischen Region. Man kennt ausser unserem *Garrulus
glandarius* noch zwölf Arten. (Den Unglücksheher als „Drei-
zehnten" nicht mitgerechnet.) Von diesen bewohnen zwei Nordafrika, die übrigen Asien. Zwei von den letzteren sind durch
ihre geringe Grösse und andersartige Zeichnung wesentlich
von allen anderen verschieden. Es sind dies *Garrulus lanceolatus*
Vigors und *Garrulus lidthi* Bp. Die zehn übrigen Arten stehen
sämmtlich unserem gewöhnlichen Heher so nahe, dass man
versucht sein könnte, sie als Subspecies einer einzigen Art aufzufassen. Auf den ersten Blick bemerkt man nämlich nur verhältnissmässig geringe Unterschiede in der Färbung und solche
genügen nicht zur Sonderung der Arten. Dazu sind vor allem
plastische Verschiedenheiten im Körperbau und Gefieder noth·
wendig. Allerdings sind diese oft so versteckt und geringfügig,
dass in der Praxis die mit ihnen verbundene Zeichnung und

Färbung vielfach das wichtigste Bestimmungsmerkmal abgibt.
Niemals aber dürfen kleine Abweichungen in der Färbung zur
Aufstellung einer neuen Art benützt werden. Ich brauche nur
an den Saisondimorphismus der Schmetterlinge (wohl am deutlichsten bei *Vanessa prorsa* und *levana*) zu erinnern, um diesen
Satz zu beweisen. Jeder Oologe weiss, dass Form und Schalen-
dicke viel constanter sind als die äussere Färbung des Eies.
Wie wandelbar die Färbung ist, sah ich im vergangenen Winter
an einem Kopfe von *Anas boscas* L. Hieng ich diesen bei starkem
Frost einige Zeit vor's Fenster, so schillerte er an den Seiten roth,
hieng ich ihn dagegen eine Weile an den Ofen, so schillerte er grün.

Zwischen Arten, die sich nur durch die Färbung unterscheiden, findet man da, wo beide nebeneinander vorkommen,
oft alle erdenklichen Uebergänge (z. B. bei den Schwanzmeisen,
Acredula caudata und *rosea*, und dem Dompfaffen, *Pyrrhula
europaea* und *rubicilla*). Deren Deutung macht nun den Natur-
forschern grosse Schwierigkeiten. Bald sagen sie: „Beide Arten
paaren sich mit einander und sind deshalb identisch." Bald
folgern sie aus derselben angenommenen Thatsache das Gegen-
theil und meinen, die Übergänge seien nur Bastarde und die
Arten deshalb scharf zu scheiden. Dem vielen Streiten um Art
oder Nicht-Art geht man leicht aus dem Wege, indem man
den Begriff der Subspecies in die Systematik einführt und die
Färbungsextreme, sobald sie einigermassen ständige Varietäten
darstellen, trinär benennt. Das Vorkommen von mannigfach
abgestuften Übergängen, die durchaus nicht immer das Product
von Bestardierungen zu sein brauchen, ist dabei geradezu Regel.*)

---

*) Erwähnen muss ich hier noch, dass auch zwischen guten Arten Über-
gänge vorkommen. Diese sind aber nur scheinbare und werden besser als
an eine gewisse Art „anklingende" Varietäten bezeichnet. Ich besitze davon
schöne Beispiele in meiner Sammlung z. B. von der Rohrweihe und dem
Eisvogel und werde hierüber bei späterer Gelegenheit berichten. Am deutlichsten wird diese Erscheinung in der Oologie. Es gibt beispielsweise Eier
von *Falco subbuteo*, welche in ihrer Färbung an die von *Falco tinnunculus*
erinnern und umgekehrt *tinnunculus*-Eier, welche an *subbuteo* anklingen. Und
doch wird ein Kenner beide unterscheiden können.

So könnte man die oben beschriebenen Varietäten von *Garrulus glandarius* als Anklänge an *Garrulus krynicki* (vergl. Fig. III) und *hyrcanus*
(vergl. Fig. VI.) und umgekehrt die Exemplare von *krynicki* und hyrcanus,.
bei denen die Kopfplatte nicht geschlossen ist als Anklänge an Glandarius
ansehen. Ein Laie würde zwischen derartigen Individuen gewiss keinen
Unterschied finden. Es ist übrigens die Möglichkeit nicht ganz ausgeschlossen,
dass wir es hier mit wirklichen Übergängen zu thun haben und dass, wie
Radde es will, die europäischen und ostasiatischen Heher zu einer Art gehören,

Auf Grund dieser keineswegs vorgefassten, sondern erst durch Prüfung der Objecte gewonnenen Principien muss ich die zwölf Heherarten auf sechs reduciren. Von dem nordafrikanischen *Garrulus minor* Verreaux habe ich leider noch keinen Balg besichtigen können und vermag deshalb über ihn kein Urtheil abzugeben. Wallace kennt und erwähnt ihn ebenfalls nicht. Da er auf der Verbreitungskarte der Heherarten in seinem „Island life" für Nordafrika das Vorkommen von *Garrulus glandarius* annimmt, so vermuthe ich, dass Garrulus minor vielleicht nur eine Subspecies unseres Hehers bildet.

Der andere Nordafrikaner *Garrulus cervicalis* Bp. könnte als eigene Art angesehen werden, zumal ich keine Übergänge zu anderen Arten von ihm kenne; dies mag jedoch in seiner Beschränkung auf ein kleines Gebiet und den dort gleichartigen Existenzbedingungen begründet sein und getreu dem Grundsatze, auf geringfügige Färbungsverschiedenheiten keine besondere Art zu begründen, fasse ich *Garrulus cervicalis* mit *Garrulus atricapillus* Geoffr., *Garrulus krynicki* Kalenicz. und *Garrulus hyrcanus* Blanf. zu einer Art unter dem Namen: *Garrulus melanocephalus* (Géné)*) zusammen. Zum Beweise meiner Ansicht verweise ich 1) auf die Ausführungen Raddes in seiner Ornis caucasica; 2) repräsentieren die bisher unterschiedenen Arten nur Parallelformen zu den weiter oben beschriebenen Varietäten von *glandarius*; 3) habe ich mich selbst an einer grösseren Suite von dem Vorhandensein so zahlreicher und so allmählicher Uebergänge zwischen *atricapillus, krynicki* und *hyrcanus* überzeugt, dass kein Naturforscher wird sagen können, bei welchem Individuum (wenn man die einzelnen Exemplare nach ihrer Färbung neben einander reiht) die eine Art aufhört und die andere beginnt.

Der Heher mit schwarzem Nacken und Hinterkopf, *Garrulus melanocephalus* (Géné), unterscheidet sich von *G. glandarius* (L.) nur durch den Kopf. Der übrige Körper ist bei beiden Vögeln ganz-derselbe. Am Kopf dagegen sind bei *glandarius* die Federn des Hinterkopfes und Nackens weitstrahlig, weich und heherfarbig gefärbt, höchstens das Rothgrau durch sehr feine bläuliche und röthliche Bänderung etwas violett schimmernd

---

*) Ich vermeide, soweit es angeht, den Gebrauch neuer Namen.

Bei *melanocephalus* sind die Federn des Hinterkopfes und Nackens engstrahlig, fest und tiefschwarz gefärbt. Das Schwarz bildet auf dem Hinterkopf und Nacken in der Regel eine ununterbrochene geschlossene Kopfplatte. Bei *glandarius* beginnt die schwarze Kopfzeichnung auf der Stirn und variiert in ihrer Ausdehnung nach dem Hinterkopfe zu.

Bei *melanocephalus* beginnt sie am Hinterkopf, ist hier am intensivsten und variiert in ihrer Ausdehnung nach der Stirn zu. Die Varietäten von *melanocephalus* bewohnen verschiedene geographische Gebiete und sind deshalb ständig. Die Art *Garrulus melanocephalus* (Géné) zerfällt demnach in folgende vier Subspecies.

1. *Garrulus melanocephalus hyrcanus* (Blanf.).

Kopfplatte bis zur Stirn ausgedehnt, oft nicht völlig geschlossen und dann an *Garrulus glandarius*, varietas *nigrans* anklingend Grundfarbe des Kopfes und die ganze Kehle weinroth, an *glandarius* varietas *rufina* erinnernd, bei der jedoch die Kehle weiss ist. Gesammtcolorit dunkel, Grösse etwas geringer als bei *glandarius*. Heimat: Gegend der Südwestküste des kaspischen Meeres.

2. *Garrulus melanocephalus krynicki* (Kalenicz.).

Kopfplatte bis zur Stirn oder beinahe bis zur Stirn ausgedehnt und hier wie bei der vorigen Subspecies in Flecken aufgelöst. Bisweilen nicht völlig geschlossen. Grundfarbe der Stirn weiss bis röthlichweiss. Kehle weiss. Gesammtcolorit dunkel. Grösse des *G. glandarius*; manchmal grösser, besonders die Exemplare mit wenig Roth. Haupt-Verbreitungsgebiet: Klein-Asien und die Gegenden am schwarzen Meer.

3. *Garrulus melanocephalus albifrons* = *Garrulus melanocephalus atricapillus* (Geoffroy St. Hil.).

Kopfplatte nur bis zur Mitte des Scheitels, etwa bis zur Augengegend reichend. Vorderkopf, Wangen und Kehle rein weiss. Gesammtcolorit hell. Grösse des *glandarius* und darüber. Verbreitungsgebiet von Syrien längs des Euphrats bis zum arabischen Meer.

4. *Garrulus melanocephalus cervicalis* (Bp.).

Kopfplatte wie bei *albifrons* und *krynicki*. Kopfseiten und Kehle wie bei *albifrons* rein weiss, Hals und Nacken lebhaft rothbraun. Grösse des *glandarius*. Heimat: Nordostafrika.

Von den drei ersten Subspecies gibt es zahlreiche Ueber-
gangsvarietäten, auch die Varietät mit gebändertem Schwanz.
(varietas *taeniura*.) Bei einem *Garrulus krynicki* meiner Sammlung
ist der Schwanz nur wenig unter den Deckfedern gebändert.
Die rechte Mittelfeder dagegen ist neu, zeigt auf zwei Dritteln
ihrer Länge eine überaus lebhafte Bänderung und hat eine
weisse Spitze. Der Schnabel ist bei *Garrulus melanocephalus*
bald stark, bald schwach, bald spitz, stumpf oder hakig, ganz
wie bei G. glandarius.

Ein interessanter Heher ist *Garrulus leucotis* Hume. Ich
kenne ihn leider nur nach guten Abbildungen und Beschreibungen und kann deshalb noch nicht bestimmt sagen, ob er
eine selbständige Art bildet, oder als Subspecies zu *Garrulus
melanocephalus* gehört. Das Merkwürdige an ihm ist, dass sich
sein Körper gewissermassen aus Theilen von den Hehern zu-
sammensetzt, zwischen denen er mitten inne steht. Sein Kopf
gleicht nämlich ganz dem von *Garrulus melanocephalus albifrons*,
während der mit doppeltem Spiegel geschmückte Flügel mit
dem Flügel von *Garrulus ornatus* übereinstimmt, welchen ich
nun sogleich näher beschreiben werde. Auch in der Grösse
steht *leucotis* zwischen den beiden Arten. Seine Heimat sind
die Wälder von Burmah.

Die drei folgenden Arten: *Garrulus bispecularis* Vigors,
sinensis Swinh. und *taivanus* Gould sind wieder nur als Subspecies
einer einzigen Art anzusehen. Als deren Namen wähle ich das
Synonym von *bispecularis*: *Garrulus ornatus* Swinh. *Garrulus
ornatus* (Swinh) zeichnet sich vor allen andern hier beschriebenen
Hehern durch seine Kleinheit und Zierlichkeit aus. Das Gefieder
ist wie bei *glandarius* und *melanocephalus* ziemlich engstrahlig
und hart. Die Scheitelfedern sind nur wenig verlängert und
zeigen wie das übrige Gefieder eine weinröthliche Heherfarbe.
Auf dem Kopfe fehlt von dem Bartstreifen abgesehen, alle weiss-
schwarze Zeichnung. Nur an der Stirn und den Nasenborsten
finden sich bisweilen feine schwarze Striche; bei einer Subspecies sind die Nasenfedern ganz schwarz. Schwanz und Flügel
sind wie bei unseren G. *glandarius*, nur ist das bei diesem rein-
weisse Feld auf den Secundärschwingen ebenfalls blau und
schwarz gebändert, so dass diese Art einen richtigen Doppel-

spiegel besitzt. Sie zerfällt, wie schon angedeutet, in folgende drei Subspecies:

1. *Garrulus ornatus bispecularis* (Vigors).

Nasenfederchen ganz ohne Schwarz, rein hoherfarbig. Grösse eines sehr schwachen *glandarius*. Heimat: die Waldgebiete Indiens am Himalaja.

2. *Garrulus ornatus sinensis* (Swinh.).

Nasenfederchen an der Spitze mehr oder weniger mit Schwarz gefleckt. Auf der Vorderstirn feine dunkle Schaftstriche. Kleiner als der vorige. Bewohnt China.

3. *Garrulus ornatus taivanus* (Gould.).

Nasenfederchen ganz schwarz, so dass von oben gesehen, ein schwarzes Band quer vor der Stirne liegt. Kleiner als der vorige, bewohnt die Insel Formosa.

Die Schnabelform ist auch bei dieser Art, wie bei den vorigen verschieden.

Japan beherbergt den *Garrulus japonicus* Schl. Dieser östlichste aller Heher gleicht in seinem Gesammthabitus so sehr dem westlichsten Heher (*G. glandarius* L.), dass ihn mehrere Ornithologen *Garrulus glandarius japonicus* genannt haben.

Kleine plastische Verschiedenheiten bestimmen mich jedoch diesen Vogel als selbständige Art neben *glandarius* zu stellen. Die Federn des Scheitels sind nämlich bei *japonicus* engstrahlig und hart, besonders nach der Stirn zu, so dass man schon bei geschlossenen Augen unsern Vogel durch das Gefühl von *glandarius* und *melanocephalus* unterscheiden kann. Die Federchen der Vorderstirn sind deutlich nach vorn gekrümmt. Der Schnabel ist immer schwach und zeigt in der Regel einige weisse Flecken.

Die Färbung, namentlich die schwarzen Flecken auf dem Scheitel erinnern ganz an *glandarius*. Nur ist der Backenstreif im Gegensatz zu allen übrigen Heherarten nach oben auf die Zügel und Augengegend ausgedehnt. Mit diesem tiefen Schwarz steht die rein-weisse Grundfarbe des Scheitels und die weisse Kehle in lebhaftem Contrast. Auf der Wurzelhälfte der Primärschwingen steht ein sammetschwarzer Fleck. Das beim europäischen Heher weisse Feld auf den Secundärschwingen ist bis zur Hälfte von dem lebhaft blauen Spiegel eingenommen.

Bei *japonicus* variiert die schwarze Kopfzeichnung genau
in dem Masse wie bei *glandarius* und es finden sich ähnliche
Typen wie Fig. III und IV auf unserer Tafel. Wir haben
also auch hier eine *varietas nigrans* et *albida*, welche als Subspecies anzusehen sind, sobald sich eine locale Sonderung beider
Varietäten vielleicht für Nord- und Süd-Japan nachweisen lässt.

Die letzte Heherart ist *Garrulus brandti* Eversm. Diese
Art verbreitet sich vom Ural durch die Waldgebiete von ganz
Sibirien bis China und Kamtschatka. Der Vogel ist dem *glandarius* ähnlich, doch ist das ganze Gefieder weitstrahliger und
fühlt sich deshalb sehr weich und seidig an. Der weinfarben-
purpurne Ton fehlt dem Colorit gänzlich. Hierdurch und durch
seine kurze Haube erinnert *G. brandti* an das Jugendkleid von
glandarius.

Die Kehle ist weisslich, der Oberkopf rostgelb mit schwarzer
Fleckenzeichnung. Der leuchtend rostbraune Nacken und Hals
sticht grell gegen den tiefgrauen Rücken ab. Der Flügel ist
beim typischen *brandti* wie bei *glandarius*. In der Grösse kommt
er dem *Garrulus melanocephalus hyrcanus* (Blanf) und klein-
wüchsigen *glandarius* gleich.

Auch bei dieser Art lassen sich wenigstens zwei Varietäten
unterscheiden. Die *varietas nigrina* hat auf dem Scheitel grosse
schwarze Flecken, rostrothen Nacken und blaugrauen Rücken.
Bei der *varietas pallida* sind die Scheitelflecken klein, der
Nacken gelbbraun, der Rücken bräunlich-aschgrau. Der Schnabel
ist bald stark und stumpf, bald schlank und spitz.

Eine sehr interessante Varietät (wahrscheinlich Subspecies)
dieses Hehers entdeckte ich in der Balgsammlung des Berliner
Museums. Diese Abart bildet gewissermassen das Gegenstück
zu *Garrulus leucotis* Hume. Wie dieser aus dem Körper von
Garrulus ornatus bispecularis (Vigors) und dem Kopfe von *Garrulus melanocephalus albifrons* zusammengesetzt erscheint, so
vereinigt mein *Garrulus brandti ornatus* gleichsam den Kopf
von *brandti* Eversm. mit dem Körper von *ornatus sinensis*.
(Swinh.) Der Vogel kommt in China vor, in dem Grenzgebiete
beider Arten. Er repräsentiert einen *Garrulus brandti* mit eng-
strahligerem härterem Gefieder als gewöhnlich. Die Färbung
zeigt am Kopfe eine leise Spur von Weinroth. Der Rücken, auf
dem sonst ein tiefes Gran für *brandti* charakteristisch ist, ist

bei *brandti ornatus* röthlich heherfarben, nicht vom Nacken verschieden, höchstens an den Schultern ein wenig mit Grau
getrübt. Der Spiegel ist lebhaft und doppelt, doch nicht ganz
wie bei *ornatus sinensis*, sondern auf den Secundärschwingen
bleibt ein grösseres oder kleineres weisses Dreieck übrig.

Das Berliner Museum besitzt von dieser Varietät zwei
Exemplare, beide im März 1874 durch von Moellendorf bei
Peking gesammelt. Leider sind sie beschädigt und namentlich
die Flügelspitzen abgestossen. Bei dem einen ist der Fittich
17·0 +?, der Schwanz 16·0, der Lauf 3·8 cm. lang, bei dem
andern betragen dieselben Masse 17·7 + ?, 16·5 und 4·1 cm.
Bei dem letzteren ist der zweite Spiegel kleiner, der Rücken
dunkler. Die Subspecies bleibt vorläufig problematisch. Erst,
wenn mehr Exemplare derselben Art gefunden werden, kann
man versichert sein, dass wir es hier mit einer wirklichen ständigen Varietät und nicht — was immerhin auch möglich wäre,
mit Bastarden zu thun haben.

Zum Schlusse will ich nun nochmals die sämmtlichen Eichel-
heher-Arten mit ihren Abarten, Varietäten und Ausartungen
(Abnormitäten) übersichtlich zusammenstellen.

I. Garrulus glandarius (L.).

Subspecies: Keine.*) *(Garrulus minor* Verr.?)

Varietäten: a. varietas *albida*

b. „ *nigrans*

c. „ *rufina*

d. „ *taeniura* (Brehm)

e. „ *fasciata* (Brehm**)

Racen: (Heher mit weissem Spiegelfleck)?

Abnormitäten:

a. verschwommener Spiegel.

b. partieller Albinismus.

c. Übereinandergebogene Kiefer
   (Kreuzschnabel).

---

*) Es ist nicht unmöglich, dass sich bei weiteren Untersuchungen meine
varietas *rufina* als identisch mit Brehms *Glandarius septentrionalis* herausstellt,
und dann unter dem letzteren Namen eine gute Subspecies bildet.

**) Vergl. Chr. L. Brehms ornithologische Briefe, gesammelt von Léon
Olphe-Galliard in: „Ornithol. Jahrb." 1892, Heft 4, p. 149 und 154. Brehm unterscheidet den Heher mit gebänderten Schwingen *(faciatus)* von dem Heher
mit gebändertem Schwanz *(taeniurus)*. Die eigentliche Heimat des *glandarius
fasciatus* ist Spanien.

Vgl. Cab. J. f. O. 1860, p. 236.

II. *Garrulus melanocephalus* (Géné).

Subspecies: 1. *Garrulus melanocephalus hyrcanus* (Blanf.).
2.   „   „   , *krynicki* (Kalenicz.).
3.   „   „   „ *albifrons.*
4.   „   „   „ *cervicalis* (Bp.)

Varietäten: varietas *taeniura.*

Abnormitäten: ,Weisser Fleck im Spiegel (3 mal gefunden bei *krynicki.*

III. *Garrulus leucotis* (Hume).
IV. *Garrulus ornatus* (Swinh.).

Subspecies: 1. *Garrulus ornatus bispecularis* (Vigors).
2.   „   „ *sinensis* (Swinh.).
3.   „   „ *taivanus* (Gould).

V. *Garrulus iaponicus* Schl.

Varietäten: a. varietas *nigrans.*
b. varietas *albida.*

VI. *Garrulus brandti,* Eversm.

Subspecies: 1. *Garrulus brandti ornatus* (problematisch).
2.   „   „ *severzowi* (Bogdanow)?

Varietäten: a. varietas *nigrans*
b. varietas *pallida.*

Man wird mir den Vorwurf machen, ich hätte statt alter Namen neue eingeführt; die Nomenclatur diene nur dem Gebrauch und müsse deshalb nicht streng logisch sein. Es ist wohl wahr, dass unsere Systeme nie ganz mit der Natur übereinstimmen, denn diese richtet sich nicht nach menschlichen Hypothesen, aber gerade der Gebrauch erfordert ein System, mit dem man bestimmen kann, und „Unterscheidungen," die einigermassen den „Unterschieden" in der Natur entsprechen. In der Praxis mag man übrigens die alten Namen, wie *Garrulus krynicki, Garrulus bispecularis,* u. s. w. beibehalten, wie man ja auch im Gespräch oft *glandarius* für *Garrulus glandarius, subbuteo* statt *Falco subbuteo* sagt. Vergisst und leugnet man aber dabei, dass jene Namen nur subspecifische Unterschiede bezeichnen, so wird man immer wieder bei der Bestimmung auf Schwierigkeiten stossen, indem man Vögel findet, die nicht in das System passen

Das Studium des Variierens bezweckt nicht allein die Lösung von Nomenclaturfragen, es hat noch weitere Ziele. Wohl niemand hat für die Abänderungen der Arten ein schärferes Auge gehabt und ihrer Erforschung ein eifrigeres Interesse zugewandt als Christian Ludwig Brehm. Über den Wert seiner Arbeiten urteilt man sehr verschieden. Schon von seinen Zeitgenossen machten sich viele über den Artenmacher und Artzersplitterer lustig und noch heute stellen manche Ornithologen seine Verdienste um die Wissenschaft fast gänzlich in Abrede. Auf der andern Seite preist man ihn als den ornithologischen Darwin oder doch wenigstens als einen Vorkämpfer der Selectionstheorie, was — obschon sein eigener Sohn zuerst den Gedanken ausgesprochen hat — womöglich noch verkehrter ist, als die Ansicht seiner Feinde. Es hat niemand fester an die absolute Constanz der Art geglaubt als der alte Brehm. Doch ich will hier nicht seine Ansichten reconstruieren; ich will nur zwei Gedanken von ihm hervorheben, die ich mit dem Begriff der Subspecies, den wir ihm verdanken, für dauernd geltend ansehe. Ob Chr. L. Brehm diese Gedanken gerade in der Form anerkannt hätte, wie ich sie ausspreche, ist dabei gleichgültig. Diese Sätze sind:

I. Es können vor unseren Augen in der Natur Arten existieren, ohne dass wir sie mit unseren unvollkommenen Sinnen sicher zu unterscheiden vermögen. Die übliche Nomenclatur entspricht der Wirklichkeit nicht.

II. Die Varietät ist keine Abnormität. (Die Abart keine Ausartung.) Man kann sich ein Bussardei und ein Milanei denken, die in Form, Grösse, Gewicht, Färbung u.s. w. völlig übereinstimmen. Kein Mensch kann sie unterscheiden und doch sind sie, solange sie wenigstens mit einem lebens- und entwicklungsfähigen Inhalt gefüllt sind, etwas ganz Verschiedenes, denn aus einem Bussardei kann niemals ein Milan erbrütet werden und umgekehrt. Das Mikroskop wird schwerlich einen verschiedenen Zellenbau nachweisen können? Den Unterschied verlegen wir daher in die kleinsten, für uns nicht wahrnehmbaren Zellentheilchen, die Gemmarien.*)

---

*) Vergl. Haacke, die Schöpfung der Thierwelt.

Wenn schon für unsere Sinne identischen Organismen eine ganz verschiedene Bedeutung zukommen kann, wie viel mehr müssen wir die Möglichkeit einer solchen dort annehmen, wo wir so glücklich sind, die innere Verschiedenheit an äusseren Differenzen wahrnehmen zu können. Es wird deshalb dem Forscher zur Pflicht, auch die kleinsten Abweichungen der Individuen von einander genau festzustellen und sie nicht als zufällig zu betrachten, sondern nach ihrer Bedeutung zu fragen. Der Darwinismus glaubt diese Bedeutung gefunden zu haben. Er verlegt sie in die Zukunft, indem er die Varietäten als Ahnen neuer Arten ansieht, oder in die Vergangenheit, indem er sie für Rückschläge auf frühere Entwicklungsstufen erklärt. Mir gefällt die letztere Deutung relativ noch am besten. Wenn aus jeder Varietät eine neue Art entstünde, so würde es von dieser natürlich wieder Varietäten geben und diese würden wiederum die Vorfahren weiterer neuer Arten sein. Die Zahl der Arten müsste sich in's Ungeheuere vermehren, oder ständig ein grosser Theil der alten Arten auf dem Aussterbeetat stehen. Warum aber kommen die Rückschläge und Neubildungen gerade an den Verbreitungsgrenzen vor? — Warum sucht *Garrulus glandarius* in seinen Varietäten dem *melanocephalus, melanocephalus* in *melanocephalus hyrcanus* dem *glandarius* zu gleichen? — Ich glaube, wir suchen besser einen anderen Weg der Erklärung.

Nehmen wir an, die Heherarten seien constant. Nichts hindert uns an dieser Annahme. Das blosse Vorhandensein von Varietäten ist kein Beweis gegen die zeitweilige Constanz der Art. Der geistreichste Satz des Darwinismus ist der, dass sich in den Entwicklungsstufen des Individuums die Entwicklungsstufen der Art wiederholen. So folgert man aus der Übereinstimmung zwischen den Jugendkleidern nahe verwandter Arten (Seetaucher, viele Enten, Wiesenschmätzer, Würger), dass diese ursprünglich eine einzige Art gebildet und erst im Laufe der Zeit sich die verschiedenen Alterskleider entwickelt hätten. Sieht man nun unsere Heher daraufhin an, so findet man, dass das Nest- und Jugendkleid nicht nur bei den Arten, sondern sogar bei den Varietäten völlig mit dem Alterskleide übereinstimmt. Ja die Unterschiede der Varietäten und Subspecies sah ich bei *Garrulus glandarius, Garrulus melanocephalus krynicki* und *albifrons*, sowie bei *Garrulus ornatus bispecularis* fast noch deutlicher in den Jugendkleidern ausgeprägt als bei den alten Vögeln. Aus der consequenten Anwendung der erwähnten Regel ergibt sich demnach, dass die gegenwärtigen Heherarten und Varietäten keine Neubildungen der jüngsten Zeit sind, wie man vielfach annimmt. Dasselbe lässt sich überhaupt allgemein aus jenem Gesetze ableiten. Das einzelne Individuum entwickelt sich in verhältnismässig kurzer Zeit zu einem ausgewachsenen Thier; dann gehen lange Zeit hindurch keine wesentlichen Veränderungen mit ihm vor sich, bis es stirbt und durch ein anderes ersetzt wird. Dementsprechend wären für die Art, welcher das betreffende Thier angehört, eine verhältnismässig kurze Zeit der Entwicklung und sodann eine oder mehrere Perioden der Constanz anzunehmen, zuletzt vielleicht Degeneration und Aussterben.

Man muss also entweder an eine langdauernde Constanz der Art glauben oder ein wichtiges Gesetz des Darwinismus bald anwenden, bald umstossen.

Wir müssen immer bedenken, dass das, was wir gewöhnlich Arten nennen, zunächst nur das Mittel ist, einen Überblick über die ungeheure Reihe der Individuen zu ermöglichen, sie zu unterscheiden und zu bestimmen. Die Thiere, welche wir zu einer Art rechnen, sind nicht einander gleich. Unter meinen etwa 150 Hehern sind nicht zwei einander so ähnlich, dass ich sie nicht zu unterscheiden vermöchte.

Es fragt sich daher, ob unserem Artbegriff und System überhaupt etwas in der Natur entspricht. Man mag über diese philosophische Frage denken wie man will, jedenfalls lassen sich Ähnlichkeiten und Verschiedenheiten in der Natur nicht wegleugnen. Zwar können wir sie nur theilweise feststellen, weil wir in das Gemmariengefüge keinen Einblick haben, und die wirklichen Arten können von den gemachten ziemlich verschieden sein; aber jedenfalls kommt den letzteren noch eine höhere Bedeutung zu als die blosser menschlicher Formeln.

Die Descendenztheorie findet eine solche Bedeutung, indem sie die Ähnlichkeit, das Grundwesen des Artbegriff's durch Verwandtschaft erklärt, allein dies gelingt nicht vollständig. Dieselben Formen können die Resultate ganz verschiedener Entwicklungsreihen sein. Die Ähnlichkeit ist deshalb noch anders zu begründen. Wie man in der Physik eine Reihe gleichartiger Naturerscheinungen unter dem Begriffe des Naturgesetzes zusammenfasst, so wird in der Zoologie eine Reihe ähnlicher Individuen unter dem Begriffe der Art zusammengefasst. Der Begriff jeder einzelnen Art ist mithin der Ausdruck eines Naturgesetzes, die Art das Postulat ihrer Existenzbedingungen. Was hier von der Art gilt, gilt in gleicher Weise von der Subspecies und sogar von den Varietäten. So lange die Existenzbedingungen, die Voraussetzungen des Naturgesetzes dieselben bleiben*), bleibt das Gesetz (heisse es nun Species, Subspecies oder Varietät) dasselbe.

Ich verzichte deshalb darauf, hier einen Heher-Stammbaum aufzustellen, zumal ich dafür keinerlei Anhaltspunkte finden kann.

Tragen wir die Verbreitungsgebiete der einzelnen Heherarten und -Abarten in eine geographische Karte ein, wie dies Wallace in seinem „Island life" gethan hat, so bilden sie einen Ring, der genau dem Ringe der Waldgebiete**) entspricht.

Beim ersten Blick auf diese Karte sieht man, dass verschiedene Ähnlichkeiten nicht durch Verwandtschaft erklärt werden können, z. B. der rostrothe Nacken bei *Garrulus brandti* (Sibirien) und *Garrulus melanocephalus cervicalis* (Nordafrika). Die beiden ähnlichsten Heherarten, *Garrulus glandarius* und *Garrulus japonicus* finden sich an den beiden entferntesten Enden des Continents, getrennt durch die sämmtlichen anderen, ihnen minder ähnlichen Arten. Bekanntlich kommt auch in Japan der dickschnäbliche Tannenheher *Nucifraga caryocatactes pachyrhyncha* (Blas.) vor, der sonst nur in Westeuropa seine Heimat hat, während ganz Sibirien die dünnschnäbliche Subspecies (*Nucifraga caryocatactes macrorhyncha* Brehm) beherbergt. Die japanische Schwanzmeise (*Acredula trivirgata*) ist von der westeuropäischen *Acredula rosea* kaum zu unterscheiden. Übrigens erinnert auch der in den benachbarten Theilen von China vorkommende

---

*) Die Geologie beweist, dass früher weitgehende Veränderungen der Existenzbedingungen stattfanden. Ob man aber deshalb ein „Gesetz des stetigen Wechsels der physischen Bedingungen auf der Erdoberfläche" (Wallace: Beiträge zur Theorie der natürlichen Zuchtwahl p. 304) annehmen darf scheint mir sehr fraglich.

**) Gegensatz Steppen- und Wüstengebiete; vergl. Haacke, „Schöpfung der Thierwelt," p. 193.

Garrulus brandti ornatus so sehr an *Garrulus glandarius*, dass ich ihn, als ich ihn das erste Mal sah, mit diesem verwechselte. Ich sehe in allen dem einen deutlichen Beweis dafür, dass die **Daseinsformen in erster Linie das Postulat localer Existenzbedingungen sind.** Aus derselben Thatsache erklärt es sich, dass die drei Subspecies von *Garrulus melanocephalus* an den Grenzen ihrer Verbreitungsgebiete in einander übergehen. Interessant ist es auch, dass die Heher mit doppelten Flügelspiegeln (*leucotis* und *ornatus*) an der Grenze des Gebietes von *Garrulus lanceolatus* Vigors vorkommen, der sich nicht allein durch stark gebänderte Flügel, sondern auch durch über und über gebänderten Schwanz auszeichnet.*) Die Flügelbänderung nimmt von da nach Osten zu allmählich ab. *Garrulus ornatus* hat ganze Doppelspiegel, *japonicus* und *brandti ornatus* haben halbe Doppelspiegel. Beim typischen *brandti* finden wir den Spiegel einfach. Von der Gesetzmässigkeit der Färbungserscheinungen zeugt ausserdem noch die Thatsache, dass wir im Nordosten und im Gebirge trübe gemischte Farben bei langem, weichem Gefieder (bei *Garrulus brandti*, noch deutlicher bei dem sonst hier nicht berücksichtigten Unglückheher, *Garrulus infaustus*), im Süden dagegen hartes Gefieder und getrennte, grell von einander abgegrenzte Farben finden (so bei *Garrulus leucotis* und *melanocephalus albifrons*). Dieselbe Bedeutung wie den Übergängen zwischen den einzelnen Subspecies, fällt den Formen zu, welche an andere Arten anklingen und an deren Grenzgebieten vorkommen. Es wird von grossem Interesse sein, bei den aussereuropäischen Heher-Arten ebenfalls die Varietäten und die näheren Umstände, unter denen sie auftreten, genauer festzustellen.

Über die Bedeutung der Varietäten des europäischen Hehers kann ich noch nichts Sicheres sagen, da ich über das Variieren der russischen, spanischen und englischen Heher noch zu wenig Material besitze. Vielleicht haben die Ornithologen dieser Länder mehr Gelegenheit, darüber Forschungen anzustellen und Mittheilungen zu machen. Für die Beobachtungen sind wahrscheinlich nur die im Sommer erlegten Vögel massgebend, weil wir

---

*) Eine Nachahmung einer Art durch die andere (Mimicry) hier anzunehmen, halte ich für verkehrt.

über die Herkunft der Wintervögel stets im Unklaren bleiben. Brehm und Flöricke nehmen mit vielen anderen Biologen an, dass die nordischen Heher im Winter südwärts wandern, die südlichen dagegen Standvögel sind. Dieser Satz scheint mir aber keineswegs bewiesen. Nach Gätke lässt sich auf Helgoland manchmal zehn bis fünfzehn Jahre lang kein einziger Heher blicken, dann erscheinen wieder die Vögel in solch' unzählbaren Massen, dass man kaum begreifen kann, wo sie alle herkommen. Die Heherzüge, welche ich zu beobachten Gelegenheit hatte, fanden in so geringer Höhe und überhaupt in einer Weise*) statt, wie man sie bei einem regelmässig wandernden Vogel nicht kennt. Ich vermuthe deshalb, dass das Streichen des Hehers lediglich ein Nahrungszug ist, welcher etwa folgender-massen zustande kommt.

An einem besonders nahrungsreichen Platz findet sich eine grössere Anzahl von Hehern zusammen. Dadurch wird die Nahrung knapp und die Vögel werden zum Aufsuchen anderer Eichen-bestände gezwungen. Da die Heher beim Streichen durch freie Gegenden sehr ängstlich sind, schliesst sich einer genau dem andern an und folgt ihm von Baumgruppe zu Baumgruppe. Unterwegs kommen weitere Schwärme hinzu, und je grösser ihre Zahl wird, desto mehr und öfter müssen sie der Ernährung halber andere Gegenden aufsuchen. Bei künftigen Beobachtungen wird es sich darum handeln, zu constatieren, welches die häufigste Zugrichtung ist, ob die Wanderjahre sich nach dem Gerathen der Eicheln richten und ob nach einer Masseneinwanderung auffälligere Varietäten vorkommen.

Bei den Beobachtungen über das Variieren des Hehers ist auch auf die verwandten Erscheinungen zu achten. Als solche kann man die Varietäten des Baumläufers *Certhia familiaris* und *Certhia familiaris brachydactyla*), die der Waldkäuze und Eichhörn-chen ansehen. Bei Marburg fand ich beide Baumläufer, den röthlich-gelbbraunen mit der langen Hinterzehe, vorzugsweise an Kiefern, den grauen, kurzzehigen, meist an Laubholzstämmen. Ich halte es deshalb für sehr wahrscheinlich, dass die Thiere für einen ihrer Umgebung entsprechenden Aufenthalt eine

---

*) Die Richtung war im Herbst bei einem Zug, der einen ganzen Tag andauerte, Süd-Nord.

grosse Vorliebe haben. Bei den Schmetterlingen tritt bekanntlich
diese Erscheinung ganz überraschend zu Tage. Die Färbung
der Waldkäuze ist nicht allein vom Geschlecht abhängig. Ich
habe am Rhein wie bei Marburg beide Varietäten, die roth-
braune und die graue erhalten. Die Eichhörnchen sind bei
Marburg durchweg roth, im Winter an den Seiten wenig grau.
Nur einmal wurde ein schwarzbraunes und einmal ein ganz
schwarzes geschossen.

Nach meinen bisherigen, noch keineswegs abgeschlossenen
Beobachtungen über die Heher scheint es mir nicht unwahrscheinlich, dass die varietas *nigrans* mehr dem Fichtenwalde,
die varietas *rufina* mehr dem Kiefernwalde und vielleicht die
varietas *albida* dem Laubholze angehört. Da der Nordosten
Deutschlands reich an Kiefern ist, in den Ebenen des Westens
sich mehr Laubholzwaldungen finden und in der Mitte Deutschlands, sowie im Süden, namentlich auf Gebirgen die Fichte
relativ häufig ist, so könnte auch die Vertheilung der Varietäten eine entsprechende sein. Hierüber erfahrungsmässig etwas
Sicheres festzustellen, ist in Deutschland sehr schwierig. Die
Wälder sind meist gemischt. Ferner ist zu bedenken, dass die
Vögel, welche man erbeutet, gewissermassen abnorm, d. h. nicht
die Sieger im Kampfe um's Dasein sind. Ein normaler Heher
ist da, wo er öfters verfolgt wird, so scheu, dass er kaum zu
erlegen ist. Man darf deshalb nicht annehmen, dass der Ort,
an welchem man einen Heher schiesst, wirklich sein eigentlicher
Lieblingsaufenthalt ist. An den von den Vögeln bevorzugten
Plätzen konnte ich sie oft nur mit List erbeuten. Treibt man
sie von diesen weg, so sind sie viel leichter zu erlegen, ja
manchmal verlieren sie dann namentlich nach einem Schusse
förmlich den Kopf. So ist es mir vorgekommen, dass zwei
schwarzköpfige Heher auf einer grossen, freien Waldblösse mir
trotz eines Fehlschusses sozusagen vor die Flinte geflogen
kamen und ich beide nach einander im Fluge herabschiessen
konnte, obschon sie leicht in einer dicht danebengelegenen
Fichtendickung hätten Schutz suchen und finden können. Desgleichen liess ein sehr hellköpfiger Heher, der sich erst sehr
scheu zeigte, bis in ein Nadelholzdickicht verfolgt, den Schützen
bis auf wenige Schritte herankommen, ohne weiter zu flüchten.
Zu alledem kommt nun noch, dass die Cultur in den meisten

Gegenden die natürlichen Verhältnisse und Bedingungen, wo
nicht vollständig auf den Kopf gestellt, so doch tiefgreifenden
Veränderungen unterworfen hat. Ich würde die Varietäten des-
halb durchweg für krankhafte Albinismen, Melanismen und
Erythrismen halten, kämen sie nicht ganz ähnlich auch bei
Garrulus brandti und den übrigen Arten vor.

Am dankbarsten werden Beobachtungen am Nistplatze
sein. Hier ist namentlich darauf zu achten, ob bestimmte Varietäten der Eier, bestimmte Varietäten des Vogels ergeben und
ob beide sich nach der Umgebung richten.*) Die Eier variieren
auffällig in der Grösse, weniger in der Gestalt, ausserdem noch
in der Grösse der Fleckchen und dem Vorhandensein oder Fehlen
des dunklen Fleckenkranzes, der bald am stumpfen, bald am
spitzen Ende steht. Mein grösstes Heherei — hell, ohne Flecken-
kranz — stammt aus einem Neste, das auf einer hohen Buche

---

*) Das Variiren der Stimme habe ich als nebensächlich hier nicht
berücksichtigt. Es scheint, dass sich manche Heher durch eine ganz besondere, sei es angeborene, sei es erworbene Stimmbegabung auszeichnen. Herr
Baron von Löwis theilt mir folgendes mit: „Auf meiner Besitzung Kudling, wo
im Spätsommer, Herbst und Winter oft mit der Meute, aus Brakirhunden, resp.
Parforcehunden bestehend, gejagt wurde, beschlich ich im April 1889 einen
Heher, der auf der Spitze einer mittelhohen Tanne im lichten Sonnenschein
des Frühmorgens Platz genommen hatte, um zu - „singen,“! Eine wesentliche
Strophe, die dominierte, bestand aus einer reizvollen Nachahmung des Geläutes
der Meute. Dieser Heher war überhaupt ein ganz ungewöhnlicher Künstler,
dem ich voll Entzücken eine volle Stunde Zeit widmete, am Fusse der Rothtanne lagernd. Ich bildete mir sogar ein, bei diesem Nachahmen des Geläutes
gewisse Stimmen meiner Hunde herauszuhören, so z. B die glockenhelle
hohe Stimme des die Spitze führenden „Tom“, die gellend scharfe Altstimme
der alten „Lucca“ oder den heiseren Bariton des „Pauker“ etc. etc. — Ich
zählte ausserdem in diesem leise vorgetragenen Gesange etwa ein halbes
Dutzend täuschend nachgeahmter Vogelstimmen.“

Ich selbst verwundete einst einen Heher am Daumen des einen Flügels
und griff ihn, um ihn zu tödten. Da ich aber in demselben Augenblicke einen
anderen Vogel über mir schreien hörte, machte ich mich schussfertig und
setzte den leicht angeschossenen vor mich hin. Er schrie ein paar Mal ärgerlich,
hüpfte dann auf einen Kiefernbusch und begann hier sitzend auf ganz komische
Weise zu schwatzen und wunderliche Töne von sich zu geben. Wie mit sich
selber sprechend, hüpfte er höher und höher, um sich dann plötzlich mir
lautem Schrei vom Gipfel der kleinen Kiefer in die Luft zu schwingen. Erst
nach einer ganzen Weile gelang es mir, ihn aus seinem Versteck in der
Krone eines Nachbarbaumes aufzuscheuchen und herabzuschiessen.

stand. Laubbäume scheinen hier in Westdeutschland häufig zur
Anlage des Nestes gewählt zu werden. Aus Livland schreibt
mir Herr von Löwis of Menar: „Ich fand keinmal das Nest
auf einem Laubholzbaume! Die Tanne (Rothtanne, Fichte) ist
sein Nistbaum, seltener eine junge Kiefer." Wo der Heher
übrigens in Westdeutschland junge Fichten haben kann, scheint
er auch hier dieser vorzuziehen.

Neben dem Einflusse der Umgebung auf die Färbung wird
sich sicher auch ein Einfluss der Nahrung nachweisen lassen.
Es ist leicht möglich, ja wahrscheinlich, dass die Ernährung
vor und während der Mauser auf die Farbe des neuen Gefieders
einwirkt. Hierüber könnte man Untersuchungen in der Gefangenschaft anstellen, namentlich in zoologischen Gärten. Man
müsste einen Theil der Versuchsobjecte mit Eicheln, Bucheln
u. dgl. andere mehr mit Insectenfressernahrung füttern, wieder
andere während der Mauserzeit mit Heidelbeeren. Auch müsste
man einige Vögel in dunkleren, andere in lichteren Käfigen
halten. Vielleicht wird man dabei zu ähnlichen Resultaten
kommen, wie Weismann und Dorfmeister mit ihren unter verschiedenen Bedingungen aufgezogenen Schmetterlingsraupen.

Die auf diese oder doch nicht viel andere Weise durch
physikalisch-chemische Einflüsse entstandenen Abänderungen
bleiben für das ganze Leben des Vogels bedeutungsvoll. Sie
entziehen ihn als Schutzfärbung den Blicken des Raubvogels
und Jägers, sie sind es, die ihn unbewusst seine Wege führen,
die ihm sagen, wo er sein Nest bauen soll u. s. w. Sie ent-
scheiden es, ob das Individuum die Existenzbedingungen erfüllen
kann oder nicht.

Den Zusammenhang zwischen diesen Bedingungen und
den Färbungserscheinungen wird man so rasch nicht auf dem
Wege directer Untersuchung ermitteln können. Weit eher wird
man zum Ziele kommen, wenn man erst eine grössere Anzahl
identischer Erscheinungen (bei verschiedenen Arten) nachweist,
wo es dann viel leichter wird, die nebensächlichen Factoren
von den einflussreichen zu unterscheiden. Die Auffassung der
Art, Subspecies und Varietät als Postulat bestimmter Bedingungen ist für die darwinistische und teleologische Naturauf-

fassung*) gleich anwendbar. Der alte Brehm begnügte sich wie alle Naturforscher der alten Schule, mit dem Glauben, dass der Schöpfer diese Verschiedenheiten zu bestimmtem Zwecke so eingerichtet habe. Ich bin zwar darin völlig mit ihm einverstanden und der Gedanke ist an sich nicht falsch, allein für die mechanische Naturerklärung bleibt er unfruchtbar. Der Darwinismus hat in dieser Beziehung viel neue Anregung gegeben, allein jetzt ist er vielfach zu sehr in einer bestimmten Form Dogma geworden. Man ist damit zufrieden, alle Thatsachen im Lichte dieser Hypothese zu sehen, die Varietäten einfach als zufällige Neubildungen, Rückschläge, Anpassungen u. s. w. zu bezeichnen, statt ihre Ursachen und Bedeutung mit vorurtheilsfreiem Interesse zu verfolgen. Ich bin der Ansicht, dass unbefangene, sorgfältige Studien auf dem hier berührten Gebiet, aber auch nur diese, wirklich neue Gesichtspunkte eröffnen können. Dabei wird es aber nöthig sein, der Biologie einen viel höheren Werth, als bisher geschehen — neben und sogar über der Balgforschung zuzuerkennen. Auf diese Weise wird die Ornithologie noch mehr als bisher einen hervorragenden Zweig der Naturwissenschaften bilden und einen immer weiteren Kreis begeisterter Anhänger finden.

---

*) Die teleologische Naturauffassung ist durchaus kein Unding; ich verstehe nicht, wie manche Naturforscher von „ganz unsinnigen" Einrichtungen in der Natur reden können. Gar manches erscheint uns zwecklos, weil wir seine Bedeutung nicht richtig erkennen. Die spitzen Krallen des jungen Lappentauchers mag man als ein Erbtheil seiner Vorfahren ansehen, die noch keine platten Nägel hatten. Sie sind deshalb nicht rudimentär, sondern leisten dem Dunenjungen einen wichtigen Dienst, wenn es den Rücken der Mutter oder des Vaters ersteigen will. Ebenso wenig sind die kleinen Federchen über die Hinterzehe der Uferschwalbe rudimentär. Man könnte den Seglerfuss als die Urform des Schwalbenfusses ansehen, denn sämmtlich nach vorn gerichtete Zehen sind jedenfalls als der ursprüngliche Typus aufzufassen. Durch die Drehung einer Zehe nach hinten, wird ein kleiner Theil der Befiederung an der Vorderseite des Laufes mit nach hinten gedreht und bleibt an dieser geschützten Stelle erhalten. So könnte man meinen und jene winzigen starren Federchen für rudimentär halten. Doch das sind sie keineswegs. Beim Graben der Niströhre benützt sie das Vögelchen wie einen Besen, um die mit dem Schnabel losgelöste Erde unter sich wegzuschieben und gleichsam aus der Röhre hinauszukehren. Ohne dies vortheilhafte Werkzeug würde das Thierchen die für seine Kräfte riesige Arbeit nicht in so relativ kurzer Zeit vollbringen können.

Am Schlusse meiner Ausführungen muss ich noch allen den Herren, welche mich bei meinen Arbeiten in liebenswürdiger Weise unterstützten, meinen herzlichsten Dank aussprechen. Herr von Tschusi zu Schmidhoffen sandte mir wiederholt interessante Suiten seiner musterhaften Sammlung zur Ansicht. Herr Hofrath Liebe gab mir über geologische und andere einschlägige Fragen interessante Belehrungen und Anregungen. Herr Dr. Reichenow machte mir die Sammlung und Bibliothek des Berliner Museums zugänglich. Herr Stoot aus Salzgitter, sowie die Herren Forstmeister, Löwe, Ockel, Regling und Wohlfromm und andere Herren unterstützten mich in freundlichster Weise durch Zusendung von erlegten Hehern. In Marburg haben die Herren Gebrüder Schneider mit wirklich anerkennenswertem Eifer zur Vervollständigung meiner Hehersammlung beigetragen.

Es sollte mich freuen, wenn meine Untersuchungen dazu beitrügen, der interessanten Gruppe der Heher und der Erforschung ihrer Varietäten bei den Lesern dieser Zeitschrift die Beachtung zu erwerben, welche sie verdienen.

Nierstein am Rhein, den 31. August 1893.

Nachtrag. Zu Seite 202 und 207: Nach der guten Abbildung und Beschreibung von *Garrulus minor*. Verreaux, (Rev. et Mag. de Zool. 1857, p. 439) treffen meine Vermuthungen bezüglich dieses Vogels vollkommen zu. Er ist nur eine Subspecies des europäischen Hehers und muss desshalb *Garrulus glandarius minor* (Verreaux) heissen. Seine Länge beträgt nur 27, sein Fittich misst nur 14 cm. Zu Seite 217: Ausser den Eiern, welche an die der Elster und an die der Schwarzamsel erinnern, gibt es noch solche, welche denen von *Sturnus vulgaris* ähnlich sind.

Kleine Notizen.

Die Marmelente *(Anas angustirostris Ménétr.)* in Ungarn.

Kürzlich erhielt ich aus Gárdony am Velenczer-See eine Marmelente Da dieselbe für Ungarn neu ist, liess ich sie ausstopfen und übergab sie dem ungar. National-Museum.

Budapest, 8. September 1893.　　　F. Rosonowsky.

Pelecanus crispus, Bruch.

Vorige Woche erhielt ich einen zweijährigen, krausköpfigen Pelikan lebend aus dem südlichen Comitat Temes. Er kam in den hiesigen zoologischen Garten und ist bereits sehr zahm geworden.

Budapest, 20. September 1893. F. Rosonowsky.

Dünnschnäblige Tannenheher auf der Wanderung.

Nach einer Notiz in der Hugo'schen Jagdzeitung (XXXVI 1893, p. 503) berichtet daselbst ein ungenannter Beobachter „Am 26. August beobachtete ich unmittelbar an der Waldstrasse „im Bärenloch" (Wienerwald) drei Tannenheher und zwar aus solcher Nähe, dass ich alle drei als der dünnschnäbligen Art angehörend, genau ansprechen konnte."

Aus Bodenbach a./E. meldet mir Herr Bürgerschullehrer J. Michel am 2. October: „Gestern wurden auf der Jagd 2 Tannenheher gesehen und einer davon geschossen. Schlankschnäbler!"

Herr C. Kunszt, städt. Lehrer in Schütt-Somerein (Ungarn), schreibt unter dem 10. October: „Gestern war ich wieder auf den (Donau-) Inseln und bemerkte sehr viele Tannenheher."

Da aus dem Vorstehenden unzweifelhaft erhellt, dass sich der sibirische Tannenheher wieder auf einem Wanderzuge nach dem Westen befindet, so bitten wir um Einsendung diesbezüglicher detaillierter Berichte, um ein Bild seiner heurigen Verbreitung skizzieren zu können.

Villa Tännenhof b. Hallein, October 1893.

v. Tschusi zu Schmidhoffen.

Nachrichten.

Herr Dr. P. Leverkühn wurde zum Director der wissenschaftlichen Institute und Bibliothek Sr. königl. Hoheit des Fürsten Ferdinand von Bulgarien in Sofia ernannt.

†

Wilhelm Theobald,

Prediger der evangelisch-reformierten Gemeinde in Kopenhagen, daselbst am 12. April d. J., im 75. Lebensjahre.

Verantw. Redacteur, Herausgeber und Verleger: Victor Ritter von Tschusi zu Schmidhoffen, Hallein. Druck von J. L. Bondi & Sohn, Wien, VII., Stiftgasse 3.

Ornithologisches Jahrbuch.

ORGAN

für das

palaearktische Faunengebiet.

Jahrgang IV.   November—December 1893.   Heft 6.

Der Frühjahrszug 1893 im Fogarascher Comitat (Siebenbürgen).

Von EDUARD v. CZÝNK.

Fast scheint es, als wenn wir dem Norden näher gerückt wären, als wenn unser Erdball von der ihm durch das Naturgesetz vorgeschriebenen Bahn abgewichen und infolge dessen unsere climatischen Verhältnisse sich ebenfalls wesentlich geändert hätten. Einem unendlich langen, äusserst strengen und schneereichen Winter folgte ein Frühling, welcher diese Benennung nicht im geringsten verdiente, so sehr mahnten bittere Kälte und unaufhörliche Schneestürme an die rauhe Winterszeit. Der Februar glich dem Jänner und December auf ein Haar, und es war nur selbstverständlich, dass sich bei dem hohen Schnee und der eisigen Kälte kein Zugvogel zeigte. Die Aluta war bis auf einzelne, oft meilenweit auseinander liegende Stellen, mit einer dicken Eislage überzogen. An den wenigen offenen Wasserflächen wimmelte es von Stockenten *(Anas boscas* L.). Andere Enten waren nicht zu sehen. Die grimmige Kälte und der grosse Schneefall hatten die bei uns vorkommenden Eulen bis in die Ebene hinab, ja bis in unmittelbare Nähe der menschlichen Wohnungen getrieben. Die sonst ziemlich seltene Uraleule *(Syrnium uralense* (Pall.) wurde oft gesehen und erbeutet. Ich schoss und erhielt sowohl sehr dunkle, als auch auffallend lichte Exemplare. Der Seidenschwanz *(Bombycilla garrula* L.) war auch eingerückt und zeigten sich an verschiedenen Orten kleinere Flüge. Im Szász-Tyukoscher Wald fand ich diesen schönen Vogel noch am 4. Mai.

Die ersten Tage des März fiengen an milder zu werden, und ich bemerkte am 8. März die erste Feldlerche *(Alauda arvensis* L.) trübselig auf einer hartgefrorenen, jedoch schneefreien Ackerscholle sitzend. Am 12. März fand ich die erste weisse Bachstelze *(Motacilla alba* L) und einen Flug Stare *(Sturnus vulgaris* L.). Flüge von Wachholderdrosseln *(Turdus pilaris* L) trieben sich Nahrung suchend in den Gärten und längs der Aluta herum.

Waren auch einzelne Tage gelinder, so zeigten sich desto kälter die Nächte. Trotz Schneefall und Frost bemerkte ich am 10. März schon mehrere weisse Bachstelzen und Feldlerchen. Am 15. sah ich das erste Braunkehlchen *(Pratincola rubetra* L.) Die erste Baumlerche *(Galerita arborea* L.) bemerkte ich am 17. März und, als das Wetter seinen Höhepunkt erreicht hatte, als kalter Nordost über die Felder fegte und fusshoher Schnee die noch nicht erwachte Natur bedeckte, bemerkte ich den ersten Rückstrich. Es waren in dem Garten unter Stachelbeer- und anderen Sträuchern die Schwarzamsel *(Turdus merula* L.), die Ringamsel *(Turdus torquatus* L.), die Singdrossel *(Turdus musicus* L.) und die Weindrossel *(Turdus iliacus* L.) versammelt. Tagsvorher war noch keine der Drosseln zu sehen. Am 18. März schneite es ununterbrochen, und als ich am 19. März vor die Stadt gieng, um meine Beobachtungen anzustellen, war ich wieder Zeuge eines interessanten Rückzuges. Vormittags hatte es bis 10 Uhr geschneit, dann blickte die Sonne warm durch die zerfetzten Wolken, um bis gegen 2 Uhr nachmittags an windgeschützten Stellen und den Bachrändern den Schnee thauen zu machen. Von 2 Uhr an wechselte das Wetter, indem bald heller, warmer Sonnenschein, bald solche Schneestürme kamen, dass man auf einige Schritte nicht mehr sehen konnte. Als ich über die verschneiten Felder schritt, sah ich grosse Flüge der Hohltaube (*Columba oenas* L.) mühselig nach Grünfrucht suchend auf durch Strohtristen geschützten Aeckern. Die Vögel mussten durch Hunger und Kälte sehr abgemattet sein, da sie vor mir und meinem Hunde — gegen ihre sonstige Scheu — kaum auf zwanzig Schritte aufflogen. Weiter längs dem Rakovitzer Bach entlang schreitend, hörte ich mitten im Schneegestöber eigenthümliche Laute. Es waren verschiedene Vogelstimmen, welche südwestwärts sich ent-

fernten. Als das Gestöber nachgelassen, bemerkte ich auch auf
dem Sand des Bachufers und an den kleinen, geschützten
schneefreien Stellen ein ganzes Conglomerat kleiner Sänger,
welche auf dem Rückzuge oder vielleicht nur Rückstrich hier
ausruhten.

Die Vögel waren überall auf einem verhältnissmässig
kleinen Raum zu einem Ganzen vereinigt. Trotzdem waren,
wenn auch nur durch einen Schritt, manche Arten in kleinere
Gruppen getheilt. Zu Gruppen von 3—5 Stück zeigten sich
die Heidelerche (*Galerita arborea* L.), zu 10—50 Exemplaren
die Feldlerche (*Alauda arvensis* L.) und zu Gruppen von 5—7
Stücken die weisse Bachstelze (*Motacilla alba* L.) vereinigt.
Bald hier, bald da zeigten sich ruhend oder hüpfend Schwarz-
Ring-, Sing- und Weindrosseln, während mit geblähtem Gefieder
mehrere Paare Schwarz- und Braunkehlchen (*Pratincola rubetra
et rubicola* (L.) auf den Weiden oder Erlengebüschen sassen.
Einzelne Rothkelchen schlüpften zwischen dem Ast- und Wur-
zelwerk des Ufers herum, und um das interessante Bild zu
erhöhen, zwitscherten, lockten und sangen Hunderte und Hunderte von Gold- und Gerstenammern, Berg- und Buchfinken
und Feldsperlingen. Die jungen Erlbäume und das höhere
Weidengebüsch wimmelte im vollsten Sinne des Wortes von
denselben, und man war versucht, auf eine gewisse Entfernung
die Aeste mit dürrem Laub bedeckt zu sehen. Auch einzelne
Wasser- und Wiesenpieper, (*Anthus spipoletta et pratensis* (L.) bemerkte ich in dem bunten Vogeldurcheinander. Es war ein interessanter, aber — trauriger Anblick, die kleinen Sänger, sichtlich
ermüdet und hungernd, meist ruhig auf einer Stelle sitzend,
zu sehen. Als ich gegen Abend zur selben Stelle zurückkehrte,
waren alle Vögel verschwunden. Nun kamen einige, wenn auch
kalte, so doch schneefreie Tage, und da war auch am 22. März
die erste Waldschnepfe. Als ich den pfeilschnell dahinstreichen-
den Vogel im Weidengebüsch längs der Aluta erlegt und vom
Boden aufgehoben hatte, fiel mir sofort die abgezehrte Brust
auf. Der Vogel war nur Haut und Knochen, wie übrigens alle
Zugvögel, welche ich zu wissenschaftlichen Zwecken schoss,
eine auffallende Abmagerung aufwiesen.

Noch lag selbst in der Ebene allenthalben Schnee, doch
folgten gegen Ende März einige schöne, warme Tage, welche

denselben bis auf die Berge hinauf wegthauten. Die Waldschnepfe
(*Scolopax rusticula* L.), die Becassine (*Gallinago gallinago* (L.) war
nun inzwischen in grösserer Anzahl erschienen und auch besser
im Wildpret. Auch der April brachte noch viel des Schlechten.
Bald schneite es tagelang, bald wieder waren so grimmige
Fröste zu verzeichnen, wie im December und Jänner. Am 9.
April bemerkte ich die erste Rauchschwalbe (*Hirundo rustica*
L.) und 3 Störche (*Ciconia ciconia* (L.). Den Wiedehopf (*Upupa
epops* L.) fand ich erst am 20. April in den Erlen der „Papier-
Mühle" und ebenso spät stöberte mein Söhnchen die erste
Wachtel aus nicht zu hohem Grase auf. Durch seinen eigen-
thümlichen Lockruf machte mich auf sein Erscheinen der
Wendehals (*Jynx torquilla* L.) erst am 26. April aufmerksam
Die letzten Tage des April waren schön und warm, und es zeigten
sich vom 26. an verhältnissmässig viele weisshalsige Fliegen-
schnäpper (*Muscicapa collaris* Bechst.). Der schmucke Vogel
pflegt nur in einzelnen Paaren am Durchzug sich zu zeigen.
Heuer war er überall zu finden. Das Gartenrothschwänzchen
(*Ruticilla phoenicura* (L.) war auch infolge der Witterungsunbilden erst am 25. April eingerückt. Die Stadt- oder Mehlschwalbe
(*Chelidonaria urbica* (L.) huschte in vereinzelten Exemplaren
am 23. April durch die Strassen. Am 24. April sah ich das
erste getüpfelte Sumpfhuhn (*Ortygometra porzana* (L.) und am
25. erhielt ich das Zwergsumpfhuhn (*Ortygometra pusilla* (Pall.).
Auch der Purpurreiher war erst gegen Mitte April zu seinem
einfärbigeren Vetter, dem grauen Reiher, welcher schon anfangs
des Monats erschienen war, gestossen. Auch der Flussuferläufer
(*Totanus hypoleucus* (L.) zeigte sich erst am 26. April auf den
Sandbänken der Aluta. Alles kam verspätet an, so dass ich
mich nicht wunderte, dass der Auerhahn erst gegen Ende
April zu balzen anfieng. Der Beginn des Mai war schön, trotzdem noch kein grünes Blättchen an Baum und Strauch zu
sehen und von einem Springen aller Knospen im wunderschönen
Monat nichts zu merken war.

In den ersten Tagen des Monats zeigten sich der roth-
rückige Würger (*Lanius collurio* L.) und der Zwerggreiher (*Ardetta minuta* (L.). Früher waren schon der kleine Grauwürger
(*Lanius minor* Gm.) und die Schafstelze (*Budytes flavus* (L.) eingerückt. Der Kukuk liess erst gegen Ende April seinen Ruf

erschallen. Den Binsen- und Schilfrohrsänger (*Acrocephalus aquaticus* (Gm.) und (*A. schoenobaenus* (L.), sowie den Teichrohrsänger (*A. streperus* (Vieill.) hörte und sah ich erst am 3. und
5. Auffallend war es mir. dass ich von dem Braunkehlchen
(*Pratincola rubetra* (L.) verhältnissmässig nur wenig ♂, dagegen meist nur ♀ bemerkte. Am 4. Mai fieng es an zu
regnen, doch trat hierauf wieder heitere Witterung ein, welcher
jedoch am 6. Mai anhaltender Regen mit fühlbarer Kühle
folgte. Ununterbrochen fiel der Regen Tag und Nacht, und als
ich am 7. Mai zum Fenster hinaussah, war alles weiss. Seit
4 Uhr morgens hatte es geschneit und dauerte das Schneegestöber ununterbrochen bis Mittag, worauf schwaches Thau-
wetter eintrat. Der Schnee blieb indessen liegen. Nachmittags
fieng es wieder zu regnen an und regnete die ganze Nacht.
Am 8. Mai begann es wieder um 4 Uhr morgens zu schneien
und dauerte dasselbe bei empfindlicher Kälte bis 1 Uhr Nach-
mittag, worauf sich die Wolken theilten und die Sonne den
Schnee rapid schmelzen machte. Die Folge davon war, dass
alle Bäche anschwollen, die Aluta aus ihrem Bette trat und
die Umgebung weithin überschwemmte.

Am 6. und 7. Mai sah ich viele Rauch- und Stadtschwalben (*Hirundo rustica* L. et *Chelidonaria urbica* (L.) auf dem
Rückstriche begriffen. Von den Stadtschwalben — welche in
überwiegender Anzahl überall in der Stadt vorkommen —
blieb ein Theil zurück, um elend vor Hunger und Kälte zugrunde zu gehen. Viele flüchteten in menschliche Wohnungen,
Stallungen, Kirchthürme und sonstige geschützte Orte; trotzdem wurden eine Menge Todte und Halberstarrte gefunden.
Die von mir untersuchten waren stark abgemagert und hatten
nichts im Magen. Langsam trat schönes Wetter und mit ihm
das Fallen der Gewässer ein. Am 10. Mai waren bereits alle
Schwalben wieder zurück und ich hörte und sah den ersten
Pirol (*Oriolus oriolus* (L.) und den Rohrdrosselsänger (*Acrocephalus arundinaceus* (L.).

Hunderte von schwarzen Seeschwalben (*Hydrochelidon nigra*
(L.) schwebten über den schmutziggelben Fluthen. Seltener
und nur in einigen Exemplaren war die Flussseeschwalbe
(*Sterna hirundo* L.) und die weissflügelige Seeschwalbe (*Hydrochelidon leucoptera* (Schinz.) zu sehen. Auffallenderweise zeigten

sich ausser Störchen, Purpur-, grauen und Nachtreihern welch' letztere zu 4—6 Stücken auf den Uferweiden hockten, nur noch ein Paar Sichler (*Plegadis falcinellus* (L.) und zwei Stück — wahrscheinlich ♂ und ♀ — Seidenreiher (*Ardea garzetta* L.). Erst am 12. Mai hörte ich die erste Wiesenralle (*Crex crex* (L.) „ratschen", und am 15. schoss ich einen Abend- oder Rothfussfalken (*Falco vespertinus* L.). Es war ein ♂ im Uebergangskleid. Fast hätte ich ihn vergessen, den niedlichen kleinen Sänger, welchen ich zu meiner grossen Ueberraschung am 3. Mai, als er durch einen rumänischen Buben vom unteren Gezweige einer an der Landstrasse stehenden Pappel mittelst einer Schleuder gemeuchelt in das Inundations-Terrain fiel, durch meinem braven Vorstehhund erhielt. Es war der Zwergfliegenfänger (*Muscicapa parva* Bechst.), ein selten schönes ♂, welches ich in solcher Oertlichkeit nie vermuthet hätte. Das nasskalte Wetter, welches mit den häufigen, starken Schneefällen an die strengsten Wintertage mahnte, hatte meine Beobachtungen arg geschädigt. sowie es auch unendlich viele Bruten. ja sogar viele der kleinen gefiederten Bewohner von Feld und Flur, von Busch, Strauch und Wald zugrunde gerichtet hat. Allenthalben zeigt sich schon das „Decimiertsein" unserer Zugvögel, ja sogar die Zahl der Stand- und Strichvögel scheint geringer geworden zu sein. Abnorm späte Bruten bemerkte ich nicht bloss bei Feldlerchen, Gold- und Gerstenammern, Haus- und Feldsperlingen, sondern auch bei der mitunter schon Ende Februar brütenden Elster, welche in Manneshöhe im Weidengesträpp ihren Horst angelegt hatte, und in welchem ich erst am 1. Mai das volle Gelege fand. Hoffen wir, dass die Rückreise unserer gefiederten Freunde weniger Witterungsunbilden ausgesetzt sein und ohne Anstand angetreten und zurückgelegt werde.

Biologische Notizen über den Wespenbussard (Pernis apivorus (L.) in der schweizerischen Hochebene.

Von H. FISCHER-SIGWART.

Gleich wie in Deutschland, einem kürzlich erschienenen Artikel zufolge, der Wespenbussard häufiger vorzukommen scheint als gewöhnlich bekannt ist, ebenso ist dies auch in der

schweizerischen Hochebene bis zu einem gewissen Grade der
Fall. Er findet sich im ganzen Theile der Schweiz, der zwischen
den Alpen und dem Jura liegt, jedoch im Süden und im Westen
häufiger. Auch im Jura selbst ist er verbreitet und wurde sogar
in einigen Alpenthälern nistend beobachtet. Man kann eigentlich nicht sagen, dass er irgendwo bei uns häufig sei, sondern
er findet sich in diesem Verbreitungsbezirke, wenn auch überall.
so doch sehr zerstreut und ist beim Volke sowohl, als auch bei
einer grossen Anzahl Jäger, die ihn doch am ehesten kennen
sollten, unbekannt; nicht deshalb, weil sie ihm nicht begegneten.
sondern weil sie ihn mit dem gewöhnlichen Bussarde oder anderen
Raubvögeln verwechseln Unter dem Namen „Moosweich, Hüh-
nervogel, Habk (Habicht)" werden einige Raubvogelarten von
annähernd gleicher Grösse häufig verwechselt und als hasen-
gefährliche Bussarde rechtswidrig verfolgt und erlegt, wo sie
sich zeigen. Bei den Präparatoren findet man den schönen Vogel
öfters, theils als solchen erkannt, theils als Falk oder Bussard
angesprochen und erst im August d. J., also in geschlossener
Jagdzeit erlegt, war ein Prachtpaar bei einem solchen ausge-
gestellt, das nicht lange vorher beim Horst erbeutet worden war.

Der Wespenbussard nistet im Mai und anfangs Juni, am
liebsten auf Tannen, oft nicht sehr hoch, und liebt es, jahrelang den gleichen Horst zu beziehen, wenn er nicht gewaltsam
vertrieben oder vertilgt wird. Bei Attelwyl im Suhrenthal,
einem Nebenthale der Aare, nistete ein Paar jahrelang auf
einer kleinen Tanne in einem Walde, der den Namen „Gems-
tel" führt, noch Ende der 80er Jahre. Seither ist es dort verschwunden; wahrscheinlich, weil es infolge der vom Staate auf
gewisse Raubvogelarten ausgesetzten Prämien, aus Unkenntnis
erlegt wurde. Auch auf dem Uerkenerberg, zwischen dem schon
genannten Suhrenthal und dem Uerkenthal gelegen, existiert-
viele Jahre hindurch ein bewohnter Horst bis 1889, hier ause
nahmsweise auf einer Buche, ebenfalls nicht sehr hoch.

Das Gelege besteht aus 2—3 Eiern, selten nur aus einem.
Diese sind von der Grösse eines kleinen Hühnereies, aber
bauchig oder tonnenförmig, auf gelber Grundfarbe, die aber
selten durchsieht, braunroth, dunkelbraun marmoriert.

Bei einem Gelege von drei Eiern aus dem „Baanwald"
bei Zofingen, das im Juni 1889 gesammelt wurde, war die

Grundfarbe dunkelbraun, wolkig. Die Eier sahen wie mit Farbe überschmiert aus.

Im schon erwähnten Horste auf dem Uerkenerberg fand sich am 26. Mai 1889 ein Gelege von zwei Eiern und am 13. Juni 1891 erlegten zwei Jäger bei einem Horste auf einer hohen Fichte im „Berg" bei Oftringen, nahe bei der restaurierten Ruine „Wartburg-Saeli" die Alten und holten dann den einzigen im Horste befindlichen jungen Vogel herunter und tödteten ihn. Es ist nicht sicher anzunehmen, aber immerhin möglich, dass hier ein Gelege von nur einem Ei existiert habe; es kann sich aber auch von zwei oder drei Eiern nur eines entwickelt haben. Sicher ist, dass von Anfang an nie mehr als ein Junges im Horste beobachtet wurde.

Am 22. August 1891 entnahm ein Bannwarth an der Hochfluh bei Reiden im Wiggerthale einem Horste zwei Junge, die schon vollständig befiedert und beinahe flügge waren und zog dieselben auf. Da er sie im Freien auf einem Stangengestelle, je an einem Beine an einer langen Schnur angebunden, hielt, wo sie sich ziemlich frei und in weitem Umkreise bewegen konnten, so waren sie bis im October sehr schön befiedert. Sie verweigerten im Anfange alle Nahrung, bis ihr Besitzer, der sie als „Hühnervögel" hielt und desshalb mit Fleisch füttern wollte, ihnen in Milch eingeweichtes Brod reichte, bei dem sie dann zu seiner Verwunderung gut gediehen.

Im Frühlinge 1888 hielt ein Wirt in Oftringen in seiner Wirtschaft einen jungen, in der Nähe gefangenen Wespenbussard, der durch sein gleichmässig dunkelchocoladebraunes Gefieder auffiel, das sich übrigens als Jugendfärbung oft findet. Von den Gästen wurde er aber auch desshalb bewundert weil er trotz seiner typischen Raubvogelfigur Fleisch verschmähte und am liebsten Brod frass. Es dauerte lange, bis der Vogel richtig taxiert wurde, trotzdem Lehrer und Jäger in der betreffenden Wirtschaft verkehrten. Er ertrank schliesslich in einer Nacht in einem Springbrunnen, in dessen Nähe er angebunden war.

Schon in früheren Jahren theilte mir ein gewiegter Jäger, nicht etwa einer von den oben ewähnten, mit, dass man hie und da in Waldungen auf dem Boden sitzende Wespenbussarde antreffe, die oft träge seien, dass man sie lebend und unversehrt ergreifen könne. Dies bestätigte sich namentlich im folgenden Falle: Mitte Juli 1888 machte ein Herr mit seinen Kindern einen grösseren Waldspaziergang im „Baanwald" bei Zofingen. Es war nicht etwa ein Jäger oder ein in den Naturwissenschaften Kundiger, sondern ein gewöhnlicher Sonntagsspaziergänger. Sie trafen im sogenannten „Heubeeriberg" auf einem Waldwege einen solchen sitzenden Vogel, der sich bei ihrer Annäherung nicht entfernte, sondern sich ziemlich leicht ergreifen liess. Es war ein sehr altes Männchen mit schneeweisser Brust und ebensolchem Bauche. Der Grund dieses oft beobachteten phlegmatischen Sitzenbleibens oder dieser trägen Stupidität mag vielleicht auf „Vollgekröpftsein" zurückgeführt werden, denn er geniesst, wenn er dazukommt, ziemliche Quantitäten, nicht nur Wespennester, welche seine Lieblingsnahrung bilden, sondern auch Würmer, Engerlinge u. a. m. Dass er junge Vögel verzehrt, ist auch schon beobachtet worden, von mir aber noch nie, wie mir auch hier niemals solches zu Ohren kam. Jedenfalls thut er das nur, wenn er nichts anderes findet.

In der schweizerischen Hochebene ist der Wespenbussard in der Mehrheit der Individuen Nistvogel und zieht im Herbst nach Süden. Fast alle Winter bleibt aber eine Anzahl zurück.

Im Vorhergehenden sind nicht alle Fälle erwähnt, wo in den letzten Jahren der Vogel im beobachteten Gebiete erlegt wurde. Wenn er auch als nicht häufiger Bewohner desselben betrachtet werden kann, so werden doch, man muss sagen: leider, alljährlich etliche erlegt oder erbeutet. Seit etwa 10 Jahren, wo Beobachtungen angestellt werden, ist er an Zahl entschieden etwas zurückgegangen.

Die Uebersiedlung einer Colonie des grauen Reihers (Ardea cinerea L.)

Von JOH. von CSATÓ.

Bei der Gemeinde Megykerek, in einer Entfernung von 11·9 Kilom. von Nagy-Enyed, befand sich am linken Ufer des Marosflusses eine Au, gebildet aus beiläufig 250 alten, vier- bis fünfhundertjährigen Eichenbäumen. In dieser Au bestand seit vielen Jahren eine Brutcolonie der grauen Reiher, auf die sich

die ältesten Leute der Gemeinde aus ihren Kinderjahren erinnern. Zu den grauen Reihern gesellten sich auch die Saatkrähen (*Corvus frugilegus L.*) und Dohlen (*Colaeus monedula* (L.) und
brüteten alle drei Arten in Gemeinschaft, die letzeren die
Höhlungen der Eichen dazu benützend, wie ich darüber in
dem ersten Jahresberichte (1882) des „Comités für ornithologische
Beobachtungs-Stationen" das erstemal Nachricht gegeben habe.

Diese Au gieng vor zwei Jahren in den Besitz eines anderen Grundbesitzers über, welcher die Bäume im vergangenen
Winter bis zum letzten fällen liess. Mit Bedauern vernahm ich
die Nachricht über die Vernichtung dieser Au, welche die
schönste Zierde jener Gegend war. Zugleich erwartete ich mit
grossem Interesse den Einzug des Frühlings und mit ihm den
der Reiher, um zu sehen, was dieselben beginnen würden.

Am 15. März erschien die erste Schar, bestehend aus
30 Stücken. Sie fanden statt ihrem lieben Heim, der freund-
lichen Eichenau, eine baumlose Wiese. Wie erschreckend musste
diese Veränderung auf sie gewirkt haben! Sie liessen sich auf
die Wiese nieder und verkündeten kreischend ihren Kummer.
Einen Tag waren sie unschlüssig, was sie anfangen sollten,
denn den Platz, wo ihre und ihrer Eltern Wiege gestanden,
mochten sie nicht gerne verlassen: sie flogen umher und liessen
sich wieder auf die Wiese, welche Jahrhunderte lang von den
schönsten Eichen überschattet war, nieder. Den zweiten Tag
endlich entschloss sich ein unternehmendes Paar, untersuchte
die aus siebenzig hohen schwarzen Pappeln (*Populus nigra L.*),
am rechten Ufer der Maros gebildete Au und begann da sein
Nest zu bauen. Damit war das Los entschieden und die ganze
Schar und die noch nachfolgenden schlossen sich diesem Paare
an, worauf ein reges Treiben begann, indem nun alle ihre Nester
auf diese Bäume bauten. Die Witterung war zwar sehr ungünstig — die Kälte hielt dieses Frühjahr ungewöhnlich lange
an und kalte Stürme brausten durch das Marosthal, — die Reiher
liessen sich aber dadurch nicht stören und arbeiteten an ihren
Nestern fleissig fort. Ihnen schlossen sich auch hier die Saatkrähen an und bauten ihre Nester gemeinschaftlich mit den
Reihern auf denselben Bäumen.

Am 6. Mai besuchte ich die Au. Die Pappeln begannen
sich erst zu belauben, die Nester waren folglich ganz frei zu

sehen. Wir zählten achtzig Reiher- und fast doppelt so viel
Saatkrähennester. Es befinden sich je 1—9 Reiherhorste auf
26 Pappeln, gemischt mit Saatkrähennestern. Die grösste Anzahl
der gemischt stehenden Nester beträgt auf einem Baume neun-
zehn Stück. Es war recht possierlich, die Reiher unter den
Saatkrähen auf den noch unbelaubten Bäumen auf den
Nestern und Aesten hockend zu betrachten.

Der graue Reiher brütet in Siebenbürgen nur an wenigen
Localitäten, überall auf Bäumen und nur in der sogenannten
Mezöség sollen sie nach Otto Hermann im Rohre auf dem
Teiche von Légen zahlreich nisten. (Bielz, Fauna der Wirbel-
thiere Siebenbürgens. — Verhandl. u. Mittheil. d. siebenb. Ver.
f. Naturw. in Hermannstadt XXXVIII, 1888.)

Leider vermindern sich aber jährlich die Auen, und der
Boden wird zum Anbaue von Feldfrüchten benützt. Die statt-
lichen alten Bäume, welche Jahrhunderte den Stürmen Widerstand geleistet haben, verfallen der Axt des Landmannes, und
nicht ganz ferne ist die Zeit, wo diese Vogeltypen uralter
Zeiten nicht mehr genügende Bäume neben ihren Lieblings-
flüssen zum Nisten finden und dann gezwungen werden, entweder ihre Nistweise den Verhältnissen anzupassen oder aber
das Land zu verlassen. Aus diesem Grunde ist es von
besonderem Interesse, wenn die Ornithologen den noch bestehenden Brutcolonien der grossen Reiherarten ihr Aufmerksamkeit zuwenden und die beobachteten Veränderungen für kom-
mende Zeiten aufzeichnen.

Nagy-Enyed, 26. Mai 1893.

- - - - - - -

Die Raubvögel der Provinzen Catanzaro und Reggio in Calabrien.

Von M. MARTONE

Gyps fulvus (Gm.). Erscheint nur als Seltenheit von
Sicilien, wo er einheimisch ist. Soweit mir bekannt, wurden
in der Provinz Reggio nur zwei Exemplare erbeutet, und zwar
eines zu Cayo d'Armi im September 1888, das andere zu Scac-
cioti den 14. Mai 1891. Ein Stück befindet sich im Besitze
eines meiner Freunde, das zweite steht in der Sammlung der
hiesigen Oberrealschule.

Aquila fasciata Vieill. Ein junges Individuum des Bonelli-Adlers erwarb ich zu Catanzaro am 27. December 1889 von einem Professionsjäger. Derselbe hatte den Vogel beiläufig 7 Kilometer westlich von der Stadt im Gebirge erlegt. Ein zweites Stück soll im April desselben Jahres in Reggium geschossen worden sein.

Für Calabrien ist die Art nur eine Ausnahmserscheinung und fehlt auch der Sammlung des hiesigen k. Obergymnasiums. Dem schon lange Jahre die Jagd ausübenden Jäger war der Vogel gänzlich unbekannt.

Pandion haliaëtus (L.). In beiden Provinzen auf dem Zuge im Frühling nicht selten. Im April 1889 kaufte ich ein bei Carlopoli erlegtes, desgleichen im Mai 1891 ein im Campo Calabro geschossenes Exemplar. Mehrere andere Individuen wurden in der Nähe von Reggium erbeutet, wo die Art unter dem Namen „Cefalara" bekannt ist.

Circaëtus gallicus (Gm.). Der Schlangenadler horstet in Aspromonte und in der cosentinischen Sila. Im Juni 1890 wurde mir ein Stück aus S. Giovanni in Fiore (Prov. Cosenza) geschickt. Zwei weitere wurden, gleichfalls im Juni 1890, in Aspromonte bei ihrem Horste erlegt, worin sich ein Junges befand. In der nächsten Nähe stand noch ein zweiter Horst, der das Jahr vorher bewohnt war.

Buteo buteo (L.). In beiden Provinzen gemeiner Brutvogel.

Pernis apivorus (L.). In den Monaten April und Mai zieht der Wespenbussard in zahlreichen Flügen aus dem Süden kommend, durch Reggium. In der Nähe der Stadt wird er von den Einwohnern derselben mit wahrer Leidenschaft gejagt, da selbe sein Fleisch, obgleich selbes sehr unschmackhaft ist, dennoch schätzen. Die Reggianer nennen diesen Vogel „Adorno" und versicherten mir, dass eine Tasse Adornosbrühe mehr wert sei, als zehn Tassen kräftiger Rindfleischbrühe.

In Catanzaro ist der Wespenbussard durchaus unbekannt. Dennoch bin ich geneigt zu glauben, dass er in den Wäldern der Catanzaro'schen Sila horste und die dortigen Landleute ihn mit dem Namen „Pasqualia" bezeichnen. Die Beschreibung der Lebensgewohnheiten des mit vorgenanntem Namen belegten Vogels, welche mir einer meiner Schüler, dessen Heimat die Sila ist, machte, hat mich in der Vermuthung bestärkt, dass

der „Pasqualia" der Sila und der „Adorno" der Reggianer ein
und derselbe Vogel ist. Durch thatsächliche Beweise kann ich
augenblicklich meine Ansicht nicht bekräftigen, da es mir bisher nicht möglich war, eine „Pasqualia" von der Sila zu
erhalten, noch selbst eine Excursion dahin zu unternehmen.

Accipiter nisus (L.). Ist in Catanzaro und Reggium sehr
gemein. Ich erhielt ihn zu jeder Jahreszeit, besonders im
April und Mai.

Falco subbuteo L. Tritt in beiden Provinzen sehr
selten auf.

Falco eleonorae Géné. Im April 1888 erhielt ich zwei
Exemplare in Catanzaro, die sich wohl von Sardinien, wo die
Art bei Oristano horstet, verflogen haben.

Falco vespertinus L.. Auf dem Frühjahrszuge, wo er in
kleinen Gesellschaften eintrifft, in Reggium sehr gemein, in
Catanzaro aber seltener. Ich erhielt diesen Falken immer im
April, wo er gewöhnlich nach einem Regentage erscheint.

Circus aeruginosus (L.). Ist in beiden Provinzen ein gemeiner
Standvogel und besonders im Frühjahr infolge der durch-
ziehenden Individuen häufig.

Circus macrurus (Gm.). Kommt in Reggium im April auf
dem Zuge durch. Zu Catanzaro bekam ich im April 1888 zwei
Exemplare ($\male$ und $\female$).

Strix flammea L. Zu Catanzaro selten, dagegen in der
Provinz Reggium, besonders zu Aspromonte und Schilla, häufiger.

Syrnium aluco (L.). In beiden Provinzen selten.

Carine noctua (Retz.). Gemein in beiden Provinzen.

Bubo bubo (L.). Gemeiner als zu Reggium (Aspromonte)
findet sich diese Eule noch in Catanzaro. Hier hörte ich öfters
des Nachts den Ruf in den Gärten, die mein Haus umgeben.

Asio otus (L.). In Reggium sehr selten, zu Catanzaro
gemeiner, wo ich öfters in der Nähe der Stadt gefangene
Exemplare sah.

Asio accipitrinus (Pall.). Zur Durchzugszeit in beiden Provinzen gemein.

Pisorhina scops (L.). Ist zu Reggium, noch mehr in Catanzaro häufig und wohl Brutvogel.

Bemerkenswertes aus Mähren (1892).

Von V. ČAPEK.

Circaëtus gallicus (Gm.). Diese für unser Land sehr seltene Art wurde heuer auch in meinem Gebiete nachgewiesen. Ein älteres, starkes ♀ wurde Mitte Juni bei Taikowitz (Bezirk Hrottowitz) erlegt. Totallänge 77 cm., Flugbreite 175 cm. Der Vogel befindet sich ausgestopft in der Sammlung des Försters J. Stenzl in Jamolitz.

Aus diesem Jahre ist noch ein zweiter Schlangenadler für die Ornis Mährens zu notieren. Im November wurde nämlich ein Exemplar nicht weit vom Schlosse bei Černá Hora (Bezirk Blansko) im Fluge erlegt und befindet sich ausgestopft in der Sammlung des dortigen Lehrers, H. Sedláček. Es ist ein Vogel im normalen Jugendkleide, 68 cm. lang und etwa 170 cm. breit.

Bubo bubo (L.). Heuer waren zwei Horstplätze bezogen: einer in den Senohrader Felsen an der Oslawa, der andere bei der Ruine Tempelstein an der Iglawa. Aus letzterem wurden zwei Junge und zwei faule Eier genommen. Im Budkowitzer Revier, drei Stunden von den vorgenannten Horsten entfernt, gelang es, einen von Krähen attaquierten Uhu zu erlegen, der auf einem Auge erblindet war.

Cuculus canorus L. Rief in Oslawan zuerst am 6. April. Heuer fand ich 29 Kukukseier in der Zeit vom 7. Mai bis 23. Juni. Die Pfleger waren: *Erithacus rubeculus* in 15, *Erithacus phoenicurus* in 8, *Sylvia atricapilla, nisoria, curruca, Lanius collurio, Phylloscopus trochilus* und *sibilator* in je 1 Falle. Bei *E. rubeculus* und *phoenicurus* fand ich auch je einen jungen Kukuk.

Bombycilla garrula (L.). Erscheint nicht regelmässig bei uns. Zu den Fällen, wo die Vögel noch im Frühjahre gesehen wurden, kann ich noch folgende anführen: Am 8. April wurde ein Flug im Zbeschauer Walde auf einem Ueberständer gesehen und am 19. d. M. traf der Förster von Neudorf 5 Stück auf einer Pappel an.

Cinclus cinclus (L.). Brutvogel im Hügellande gegen die böhmische Grenze. In die Umgebung von Oslawan kommt die Bachamsel sehr selten im Winter. Heuer beobachtete ich sie zum drittenmale in 9 Jahren. Ausnahmsweise wurde schon

im Herbste ein Stück bei der Rockytnamündung angetroffen.
Das zweite Exemplar erschien nach strenger Kälte am 31.
December auf einer offenen Stelle der Oslawa und das dritte
Stück bekam ich einige Tage später aus Namjest. Es war die
typische Form.

Locustella naevia (Bodd.). Vom 5. August bis 2. September
beobachtete ich 10 Stück und erlegte 3 davon.

Locustella fluviatilis (Wolf). Heuer gelang es mir, die Art
als Brutvogel in meinem Beobachtungsgebiete zu constatieren
Ich besuchte am 23. Juni das breite und wiesenreiche, zu beiden Seiten von Waldungen begrenzte Obrawathal bei der
Station Strelitz, wo selbes von der Staatsbahn durchschnitten
wird, um mich nach Rohrsängern umzusehen. Als ich die theilweise unter Wasser stehenden Wiesen absuchte, vernahm ich
plötzlich das charakteristische Schwirren des Flusssängers,
welches ich zwar früher noch nicht gehört hatte, das aber mit den
von mir gelesenen Schilderungen übereinstimmte. Durch fleissiges
und vorsichtiges Beobachten bei diesem und zwei folgenden
Besuchen überzeugte ich mich, dass etwa sieben Paare auf
einer etwas über 2 km. langen Strecke des Thales brüteten.
Ich fand zwei Nester mit 4 und 5 Jungen, dann zwei mit 4
und 2 Eiern und eines mit Schalenfragmenten. Auch das zweite
Gelege wurde zerstört und als Thäter die Wasserratte constatiert, die sich des Nestes bemächtigt und in selben Siesta
hält oder darauf ihren eigenen kugelförmigen Bau errichtet.

Die erwähnten Wiesen waren mit hohem Grase bewachsen,
in denen hie und da ein Weidenbusch, von verschiedenen
Sumpfgräsern förmlich durchflochten, stand. In diesen Büschen
fand ich die Nester, 2—3 dm. über dem Boden gut versteckt.

Obgleich dieser Brutplatz über eine Meile von meinem
Wohnorte entfernt ist, hoffe ich doch, im kommenden Jahre,
das Leben dieses interessanten Vogels näher kennen zu lernen.
Die gefundenen Eier sind wahrscheinlich die ersten aus Mähren.
Dass der Flussrohrsänger auch bei Neutitschein und wahrscheinlich auch bei Eisgrub brütet, ist durch Professor Talský
bekannt.

Alauda arvensis L. Nachdem die ersten Lerchen hier am
25. Februar angekommen und ihnen dann täglich in den Vor-
mittagsstunden weitere kleine Züge gefolgt waren, trat plötz-

lich kaltes Wetter und am 10. März bei schwachem N.-N.-W. Schneefall ein. Dies veranlasste die Lerchen zur Umkehr. Um 10 Uhr des genannten Tages flog eine Schar von circa 70 Stück quer über die Niederung gegen S., eine zweite von etwa 120 Stück folgte ihr eine Stunde später.

Oedicnemus oedicnemus (L.). Heuer gelang es mir, die erste sichere Nachricht über das Brüten des Triel's in Mähren zu erhalten. Herr Josef Stenzl, Förster von Jamolitz, beobachtete daselbst den Vogel bereits durch mehrere Jahre und constatierte seine Brüten. Der Brutplatz ist ein sanft abfallendes Plateau, theils dürftiges Feld, theils Weide, nördlich vom Dorfe gelegen. Hier brütet jährlich ein Paar. Herr Stenzl besitzt davon ein halbflügges Junges.

Fuligula ferina (L.). Auch bei diesem Vogel war das Brüten in Mähren nicht sicher gestellt. Als ich heuer am 7. Juni die Namiester Teiche besuchte, von wo ich diese Ente als Durchzügler kannte, sah ich auf einem derselben bei Pozdatín zwei schlafende Tafelenten ♂ auf dem Wasser. Da dachte ich mir, dass die ♀ auch nicht zu ferne von den ♂ sein dürften und machte ich mich auf die Suche. Und wirklich, als ich den üppigen Pflanzenwuchs des Teiches durchstöberte, flog mir plötzlich ein ♀ der Tafelente vor den Füssen auf und so entdeckte ich ihr Nest mit 6 schwach bebrüteten Eiern.

Fuligula marila (L.). Ueber diese Entenart ist aus Mähren äusserst wenig bekannt. Nur bei A. Heinrich finde ich die Nachricht, dass A. Schwab im Jahre 1851 ein ♀ erhalten habe (woher?). Desto freudiger war ich überrascht, als ich in der Sammlung des Herrn Lehrers Sedláček in Černá Hora ein schönes altes ♂ im Winterkleide erblickte. Dasselbe wurde am 20. Jänner 1893 bei Černá Hora todt (mit einer Schusswunde) im Felde gefunden.

— —

Ornithologische Beobachtungen aus Tirol im Jahre 1892.
Von LUDW. BARON LAZARINI.

Falco vespertinus L. Am 1. Mai in der Höttingerau ein ♀ mit Resten des Jugendkleides erlegt; die Art kam auch am 8. Mai noch vor. Am 11. September ein Stück im Jugendkleide bei Patsch geschossen und meinem verehrten Freunde v. Tschusi übersendet.

Falco tinnunculus L. Am 11. September sehr zahlreich auf dem Patscherfeld und in den Feldern des Mittelgebirges überhaupt.

Aquila clanga Pall. Am 23. October wurde ein Stück in der Ampasser Au, auf einem Baume nächst dem Inn blockend, gesehen und durch einen Schuss vertrieben, am 27. jedoch von demselben Baume herabgeschossen. Es ist ein schönes, dunkel gefärbtes Stück mit weisslichen Flecken auf den Flügeln. Dasselbe kam in die Sammlung des Ferdinandeums.

Aquila fulva (L.). Am 18. April sah ich ein Stück längs der Mieminger Berge ziehen.

Circaëtus gallicus (Gm.). Von dieser Art wurde im Sommer ein Stück bei Kurtinig und dann eines bei Bozen erlegt. Ende October brachte ein Bauer aus dem Stubaithale ein angeblich dort erlegtes Stück, welches dem Museum der k. k. Universität hier einverleibt wurde.

Pandion haliaëtus (L.). Am 8. Mai wurde ein Stück vom Fallbaum der Aufschütte in Mühlau geschossen.

Circus cyaneus (L.). Am 23. October wurde ein Stück im Jugendkleide in der Hallerau erlegt.

Bubo bubo (L.). Im Laufe des Winters wurden vier Uhu in der Nähe von Vill bei Innsbruck erlegt. Zwei davon wurden von dem Fallbaum einer Krähenhütte, durch den gefesselten Uhu angelockt, am Abende herabgeschossen. Am 21. Februar wurde ein ♀ und am 27. Februar ein ♂, letzteres durch Nachahmung des Lockrufes herbeigelockt, im sogenannten Ahrnthale, und zwar am Ahrnkopfe selbst erlegt.

Nyctala tengmalmi (Gm.). Am 29. Februar erhielt ich ein Stück aus Nauders.

Hirundo rustica L. Am 29. März die erste am Inn, am 10. April ein Stück in der Stadt, am 12. einige in Wilten, am 14. mehrere in der Stadt, am 18. sehr zahlreich über dem „Giessen" (Wiesenbach) in der Inzinger-Au, in der Stadt wenige, am 28. April mehr.

Hirundo urbica (L.). Am 6. Mai abends circa 12 Stück in der Maria Theresienstrasse.

Micropus apus (L.). Am 1. Mai einzelne in der Stadt, auch am 6. noch einzelne.

Micropus melba (L.).   Am 8. Mai in der Höttingerau vier Stück.

Fulica atra L.   Am 23. December wurde 1 Stück eingeschickt, welches im Gebirge des Ratschingerthales nächst Sterzing erlegt worden war.

Innsbruck, Januar 1893.

Einige Localnamen aus Böhmen.

Von JUL. MICHEL.

1. Nachtrag.*)

Syrnium aluco — „Blooäugl" (aus der Umgebung von Bodenbach).

Hirundo rustica — „Feuerschwalbe" (hier).

Hirundo riparia — „Wasserschwalbe" (Bodenbach).

Pica pica — „Doalaster" (hier).

Garrulus glandarius — „Eichelgabicht" (hiesige Umgebung).

Picus major — „Fleckspecht", „Rothspecht" (hier).

*Sitta caesia***) — „Bloer Tschoakrich" (Tychlowitz). Mit „Tschakern" wird hier ihr Lockruf bezeichnet.

Lanius excubitor — „Bergelster" (Umgebung von Komotau), „türkischer Doanbejsser" (hier).

Dendropicus major — „Kohlhoahn" (Tyssa).

Parus fruticeti — „Schwarz- oder Kappmejse" (Bodenbach).

Acredula caudata — „Hundsmejse" (Umgebung von Bodenbach), „Rührlöffelmejse" (Reichenberger Gegend).

Turdus viscivorus — „Dallch" (Umgebung von Kamnitz).

Turdus iliacus — „Quietschel" (Umgebung von Bodenbach).

Motacilla melanope — „Galbachstelze" (hier).

Galerita cristata — „Drecklerche" (Bensen).

Galerita arborea — „Mill- und Widllerche" (hiesige Umgebung).

Emberiza calandra — „Rücker" (Umgebung von Bodenbach), „grosser Goldammer" (Klein-Priesen).

---

*) Vgl. pag. 23—30, IV. Jahrg., dieser Zeitschrift.

**) In Brünn heisst der Vogel „Klopfer".

Serinus serinus — „Weidenzeischgel" oder „Erdzeischgel"
(hier und Tychlowitz).

Chrysomitris spinus — „Zeischgel". Der Zeisig ohne schwarzen Kehlfleck wird „Birkenzeischgel", der mit demselben „Erlenzeischgel genannt.

Loxia curvirostra — Ausser dem bereits erwähnten Namen „Krins" hörte ich auch die Bezeichnung „Kropper". Der letztere Name wird für die im „Schnitte" kommenden Kreuzschnäbel gebraucht, welche etwas grösser als die anderen sein sollen.

Bombycilla garrula — „Frieslich" (hiesige Umgebung). Der Vogel soll aus Friesland kommen: daher der Name.

Bodenbach, Juli 1893.

Aberrations-Beobachtungen
an der Kohlamsel *(Turdus merula* L.).

Von R. HÄNISCH.

Nestvogel von 1892, nicht auffällig klein*). Geschlecht: wahrscheinlich ♀, weil Gesang, wenn auch mitunter halbstündig geübt, stets „sotto voce" vorgetragen wurde und seit Mitte April ganz verstummt ist.

Bewegungsart, Locktöne (nebst Schelten und Schrecken), Neugierde, Fress- und Badelust, Geschäftigkeit am Boden und Umhertrippeln unter Schwanzwippen, characterisiren den Vogel als Merula: der Färbung nach würde man aber (abgesehen von dem gelben starken Schnabel und den citronenfärbigen Augenlidern) eher eine junge „grosse Sing-" oder besser „kleine Mistel-Drossel" vor sich zu sehen glauben.

---

*) Abmessungen nicht präcisierbar, weil Schwanz- und Schwungfedern theilweise abgestossen sind.

Benennung der Körpertheile	Färbung der Körpertheile	
	A) Vor dem ersten Gefiederwechsel.	B) Nach dem ersten Gefiederwechsel
Stirn	hellgelblich ⎫	dunkelrothbraun.
Scheitel	⎱bräunlich	⎱olivenbraun (wie bei *T.*
Hinterkopf	⎰	⎰ *musicus*).
Kinn	gelblich ⎬ rostroth	lichtgelblichbraun, mit zartem dunklen Schaftstrich.
Wangen	bräunlich ⎭	lichtgelblichbraun, mit hellem runden Fleckchen an jedem Mundwinkel.
Kehle	⎱lichtrost ärbig, mit mattbrauner, verschwommener Fleckung	⎫ auf fahlbräunlichgrauem Grunde matte braune lanzettförmige Fleckung, die, bei geglättetem Gefieder, zu Längsstreifen gereiht ist.
Brust	⎰	
Bauch	bräunlichgrau	
Nacken		⎱olivenbraun (wie bei *T.*
Oberrücken	⎱schmutziggraubraun	⎰ *musicus*), gegen Flanken und Bürzel zu in's Graue abschattend.
Unterrücken	⎰	
Schwanz	schwärzlichgrau	mattschwarzgrau, Federschäfte schwarz.
Schwanz-Deckfedern:		
obere	bräunlich ⎱ dunkelgrau	dunkelbraungrau.
untere	fahl ⎰	lichterbraungrau.
Flügel-Deckfedern		
obere	dunkelgraubraun	olivenbraun, mit grauem Anflug.
untere	dunkelaschgrau	bräunlichaschgrau.
Armschwingen	lichter graubraun	olivenbraun, Unterseite glänzend grau. Handschw. nicht gewechs.
Handschwingen	dunkler graubraun	mattgraubraun, Unterseite glänzendgrau.
Schnabel	⎱bräunlichwachsg., an First und Spitze dunkler	wachsgelb — Spitze am hellsten — an d. Wurzel dunkelbrauner Firstenstrich — Rachen orange.
Mundwinkel	⎰	
Augen	schwarz	schwarz.
Augen-Liderränder	citronengelb	hellcitronengelb.
Ständer	hornglänz., blassrothbr.	schmutzig röthlichgrau.
Zehen	matt u. lichter blassbraun	Schilder und Nägel mit braunem Hornglanze.
Befiederung oben	⎱dunkelrostfarbig bis zum halben Unterschenkel	⎱bräunlichgrau.
Fersengelenk	⎰	⎰

NB. Bis Ende Juli 1893 Gefiederfärbung durchwegs abgeblasst, da 2. Mauser im Anzuge.

Zara, im August 1893.

Beobachtungen über Falco subbuteo und Falco tinunculus L.

Von CARL POGGE.

In Riesenthal's „Raubvögel Deutschlands" heisst es auf pag. 250: „Herr Forstcandidat Hoffman fand im Kropfe eines von ihm erlegten Lerchenfalken eine Maus: ein ebenso selt· samer als merkwürdiger Fall!"

Ich kann zwei Beispiele anführen, wo ich nicht nur eine, sondern die Ueberreste mehrerer Mäuse im Kropfe, respective Magen von Lerchenfalken fand. Diese beiden Falken schoss ich am 29. August und 4. September d. J. bei der Hühnerjagd von demselben Baume herab: beides waren Exemplare im Jugendkleide.

Im Magen des einen fand ich die Reste von drei Feldmäusen und einer Feldlerche, im Kropfe des anderen eine Feldmaus. Wie die Lerchenfalken die Jagd auf Mäuse betreiben, bleibt mir ein Räthsel; dass sie sich zur Mäusejagd, die sonst ihrer Art widerstreitet, herabgelassen, ist vielleicht durch den grossen Mäusereichthum auf unseren Feldern in diesem Spätsommer zu erklären.

Als Pendant hierzu kann ich eine Beobachtung über die „Harmlosigkeit" des Thurmfalken (*F. tinunculus* L.) berichten. Ich schoss in der Nähe eines kleinen Feldgehölzes nach Hühnern, fehlte jedoch wegen der allzu grossen Entfernung derselben. Die Hühner strichen aufs Holz zu ab und erhoben sich dann über das mittelhohe Unterholz. Plötzlich kam ein Thurmfalke, den ich schon vorher beobachtet, herangestrichen, stiess von oben herab mit angelegten Flügeln auf die Hühner und war dann in den Büschen verschwunden. Weit konnte der kleine Falke, falls er ein Huhn geschlagen haben sollte, es nicht getragen haben und so untersuchte ich die betreffende Stelle im Walde, vermochte aber weder vom Falken, noch vom Huhn etwas zu entdecken. War es ihm nun vielleicht auch nicht gelungen das Huhn zu schlagen, so hatte er doch den Versuch gemacht, was wohl beweist, dass er sich schon früher von der Schmackhaftigkeit der Rebhühner überzeugt haben dürfte.

Schweikvitz, den 11. September 1893.

Ornithologisches aus Ostpreussen.

Von A. SONDERMANN.

Dass die Elster zuweilen auch nützlich werden kann, möge nachstehende Beobachtung beweisen:

Zweimal sah ich, wie unsere Elstern einen Gegenstand auf der Erde in einer Fichtenschonung eifrig bearbeiteten. Als ich hinzukam, fand ich beidemale eine in den letzten Zuckungen liegende Kreuzotter. Dieselbe war in der Brustgegend von mehreren Schnabelhieben durchbohrt, der Kopf aber unversehrt.

Vergangenen Herbst fand ich unter einem Schlafbaume des Mäusebussards einen Haufen wieder ausgewürgter, halbfingerlanger Stücke von Kreuzottern. Ich ordnete die Stücke zusammen und fand, dass es drei halbwüchsige Kreuzottern waren.

Im Jahre 1885, zur Zeit als die jungen Buchfinken flügge wurden, machte ich auf der Oberförsterei Dingken folgende Beobachtung:

Vor der Kanzlei stand ein alter Lärchenbaum mit sehr rissiger Rinde. Ich bemerkte eines Morgens am untern Ende des Stammes einen Buntspecht *(Dendropicus major)*, welcher einen Gegenstand in der Rinde eingeklemmt hatte und bearbeitete. Bei meinem Hinzukommen fand ich einen noch warmen, beinahe flüggen Buchfinken, welchem das Gehirn ausgehackt war. Als ich den Vogel herausgenommen und mich entfernt hatte, kam der Specht gleich zurück, und als er die Stelle leer fand, strich er sofort nach einem nahestehenden Lindenbaum. Ich hörte bald die alten Buchfinken ängstlich rufen, lief schnell hin und sah, wie der Specht gerade dabei war, aus dem Buchfinkennest wieder ein Junges herauszuzerren. Ich schoss hin und Specht und Buchfink fielen herunter.

Urinator arcticus wurde vor einigen Tagen hier erlegt, ebenso eine *Nyctea ulula* und eine *Ciconia nigra*, welch' letztere Art in der hiesigen Oberförsterei jährlich horstet.

Paossen. Ende April 1893.

Kleine Notizen.

Weisse Aberration von *Sturnus vulgaris* und *Perdix perdix* in Mähren.

Auf der heurigen landwirthschaftlichen Ausstellung in Meedl war auch die Lehrmittelsammlung der dortigen Volksschule ausgestellt, in der sich ein Star befand, dessen gesammtes Gefieder, bis auf einige schwarz-rostbraune, weiss verwaschene Manteldeckfedern, beinahe ganz rein weiss war.

Nach Mittheilung des Herrn Schulleiters Poisel wurde der Vogel im Frühling 1893 von einem Mitgliede der dortigen Jagdgesellschaft aus einem grösseren Schwarme gewöhnlich gefärbter Stare erlegt und von dem Schützen der Schulsammlung gespendet.

Vor einigen Jahren schoss der Jagdpächter Herr F. König gelegentlich einer Jagd in der Nähe von Schildberg ein beinahe rein weisses Rebhuhn, welches er später ausgestopft Herrn V. Hornischer verehrte, das dieser der Sammlung der Ortsschule in Lussdorf übergab.   A. Richter.

Literatur.

Berichte und Anzeigen.

C. R. Hennicke. Hofrath Prof. Dr. K. Th. Liebe's Ornithologische Schriften. — Leipzig (Verlag von Malende), Lief. V—XII p. 193—576.

Die vorliegenden Lieferungen des rasch fortschreitenden Werkes enthalten die monographischen Schilderungen und die Arbeiten über Vogelfauna, geographische Verbreitung, Einwanderung, Gefangenleben, Pflege und Zucht.

E. Arrigoni degli Oddi. La *Fuligula homeyeri*, Baedecker, ibrido nuovo per Italia — Milano 1893. 14 pp. [Estr. „Atti Soc. Ital. Sc. Nat." XXXIV, fasc. 2].

Verf. berichtet über den ersten in Italien (Venetien) erlegten Bastard von *Fuligula ferina* und *F. nyroca*, der sich in seiner Sammlung befindet. Nach Aufzählung der diesbezüglichen Literatur, werden die Kennzeichen der Erzeuger und des Bastardes, sowie die ausführliche Beschreibung selber gegeben und zum Schluss die in den Sammlungen befindlichen Stücke verzeichnet.

Derselbe. Anomalie nel colorito del piumaggio della mia Collezione ornitologica Italiana. — Milano, 1893. 64 pp. [Estr. „Atti Soc. Ital. Sc. Nat."]-

Aufzählung und Beschreibung der in der Sammlung italienischer Vögel des Verf. stehenden Aberrationen, die 43 Arten in 216 Exemplaren — darunter nicht weniger als 50 *Merula nigra* und 30 *Passer italiae* — umfassen.

Derselbe. Notizie sopra un ibrido di *Lagopus mutus e Bonasia betulina* — Milano, 1893. 10 pp. con. Tav. col. Estr. „Atti Soc. Ital. Sc. Nat. XXXIV. fasc 3].

Behandelt den in der Sammlung des Conte G. B. Camozzi—Vertova befindlichen Hybriden zwischen oben genannten Arten, welcher in den Bergamasker-Bergen erlegt wurde und wohl der erste derartige sicher nachgewiesene Fall ist.

Verfasser gibt die Masse und detaillierte Beschreibung des Vogels und stellt ihn dem von Kolthoff beschriebenen *Lagopus bonasoides* gegenüber. Eine gute Tafel ist der Arbeit beigegeben.

Bilder aus dem Thier- und Pflanzenreiche. Für Schule und Haus bearbeitet von Dr. W. Breslich und Dr. O. Koepert. Heft 2. Vögel, Reptilien, Amphibien, Fische. — Altenburg (St. Geibel's Verlagsbuchhandlung) 1893. Gr. 8. 243 pp. Preis 3 Mk., geb. 3·60 Mk.

Der Zweck vorliegenden Buches ist es, die dem Unterrichte dienenden zoologischen und botanischen Lehrbücher durch eine Auswahl biologischer Schilderungen aus dem Thier- und Pflanzenreiche zu ergänzen. Sie sollen dem Lehrer, dem es in vielen Fällen nicht möglich ist, aus zahlreichen Fachwerken und Journalen sich Raths zu erholen, diese für seine Vorträge ersetzten; sie sollen aber auch bei dem Schüler das Interesse für die Natur erwecken und fördern, indem sie ihn mit dem Leben der wichtigsten Thier- und Pflanzenformen und ihrer Bedeutung für den Menschen bekannt machen.

Der Abschnitt über Vögel hat Dr. O. Koepert zum Verfasser. Auf 131 Seiten werden geschildert: Stein-, See- und Fischadler, Mäusebussard, Sperber, die Geier, die Eulen, die Papageien, die Spechte, Eisvogel, Kukuk, Kolibris, Raben, Star, Nachtigall, Singdrossel, Haussperling und andere deutsche Finken, Kanarienvogel, Schwalben, Haustaube, deutsche Wald- und Feldhühner, Haushuhn und Verwandte, afrikan. Strauss, weisser Storch, Fischreiher, Wildente und Haubentaucher, Möven und Seeschwalben.

Mit Vergnügen lasen wir die einzelnen Schilderungen, in welcher sich die Beobachtungen bewährter Forscher mit viel Geschick zu einem abgerundeten Ganzen vereinigt finden, ohne durch allzu grosse Breite den Ueberblick zu beeinträchtigen. Seinem Zwecke entspricht unserer Ansicht nach das Buch vollkommen und darf daher warm empfohlen werden.

Nachrichten.

Th. Pleske, Akad. extraord., wurde an Stelle des verstorbenen Akademikers Dr. Alex. Strauch zum Director des Zoolog. Museums der kais. Akademie der Wissenschaften in St. Petersburg gewählt.

✝

Dalimil Vařečka,
Assistent a. d. k. k. böhm. Universität in Prag,
zu Pisek am 6. Sept. l. J.

✝

Gustav Mützel,
Thiermaler,
zu Berlin am 29. October, im 53. Lebensjahre.

✝

Dr. A. C. Eduard Baldamus,
Pastor emer.,
zu Wolfenbüttel am 30. October. im 81. Lebensjahre.

Das bisher von Dr. J. Cabanis herausgegebene „Journal für Ornithologie" geht vom 1. Januar 1894 in den Besitz der „Allgem. Deutsch. Ornithol. Gesellsch." über. Mit der Herausgabe des Journals wurde Dr. A. Reichenow (Berlin N. 4 Invalidenstrasse 43) betraut, an welchen alle Zusendungen zu richten sind.

„Novitates zoologicae". Unter vorstehendem Titel gibt W. von Rothschild vom Januar 1894 an eine in unregelmässigen Zwischenräumen erscheinende zoologische Zeitschrift heraus, die in Verbindung mit seinem bekannten Museum in Tring wissenschaftliche Artikel über Säugethiere, Vögel und Insekten in erster Linie enthalten wird. Die Veröffentlichungen erfolgen in englischer, deutscher oder französischer Sprache. Der Umfang eines Jahresbandes wird circa 4—600 Seiten in Lex. 8 und 10—15 meist kolorierte Tafeln enthalten. Der jährliche Subscriptionspreis beträgt 21 sh. bei directem Bezuge. Bestellungen sind zu richten an: Ernst Hartert. Zoological Museum, Tring. England.

An den Herausgeber eingegangene Schriften.

A. K. Fisher: The Hawks & Owls of the United States in their Relation to Agriculture. — U. S. Departm. of Agricult. Div. of Orn. & Mammal. Bull., Nr. 3. — Washington 1893, 8. 210 pp. m. 26 col. Pl. — Von dem U. S. Dep. of Agricult.

A. Gf. v. Mirbach-Geldern-Egmont: Ornithologischer Jahresbericht aus Südbayern 1892. — (Sep. a.: „Orn. Monatsschr." XVIII 1893.) 8. 18 pp. — Vom Verf.

E. Zollikofer: Farben-Aberrationen an Säugethieren und Vögeln in St. Galler-Museum. (Sep. a: „Jahresb. St. Gall. naturw. Gesellsch." 1891/92.) Kl. 8. 18 pp. — Vom Verf.

— Ornithologische Reisenotizen aus Norwegen. — (Sep. a: „Jahresb. St. Gall. naturw. Gesellsch." 1891/92.) Kl. 8. 23 pp. — Vom Verf.

K. Wenzel: Die Rabenarten Norddeutschlands. (Sep. a: „Zeitschr. f. Orn. und prackt. Geflügelz." 1893) 8. 31 pp. Vom Verf.

H. Winge: Fuglene ved de danske Fyr i 1892. (Ausschn. a.: „Saertryk af Vidensk-Meddel fra den naturh. Foren. i. Kbhvn. 1893. p. 21—77 m. Karte). Vom Verf.

J. Talský: Der Staar (*Sturnus vulgaris* L.) und die Landwirthschaft. — II Flugschr. land- und forstw. Bez.-Ver. Liebau 1893. Kl. 8. 13 pp. Vom Verf.

A. Suchetet: Les Oiseaux hybrides rencontrés a l'état sauvage. IV. Part. *Accipitres.* (Extr. „Mém., soc. zool. France. VI. 1893. p. 453—472). Vom. Verf.

A. v. Mojsisowics: Bericht der Section für Zoologie des naturwissenschaftlichen Vereines für Steiermark für das Jahr 1892. (Sep. a: „Mitth. natur. Ver. Steierm.," Jahrg. 1892). 8. 4 pp. Vom Verf.

— Bericht der Section für Zoologie (d. nat. Ver. f. Steierm. Sep. a.: „Mith. nat. Ver. Steierm." Jahrg. 1892.) 8. 8 pp. Vom Verf.

— Ueber zoologische Museen in Oesterreich-Ungarn. (Ausschn. a: „Mitth. nat-Ver. Steierm." Jahrg. 1892. p. 7—16.) Vom Verf.

North American Fauna Nr. 7. The Death Valley Expedition. — Washington 1893. Gr. 8. 393 pp. w. XIV Pl, 2. Fig. und 5 Maps. Von dem U. S. Departm. of Agricult.

Arrigoni degli Oddi: Sulla colorazione a fascie della coda in alcuni individui giovani del Merlo nero (*Merula nigra* Leach ex Schw.) della mia collezione ornitologica italiana. (Sep. a. „Mem. R. Acad. sc. lett. & art. Padova" 1887. 18 pp. c. 1 Tao.") — Vom Verf.

— Notizie sopra un ibrido rarissimo (*Dafila acuta*, L. ✕ *Querquedula crecca*, L.) (Sep. a.: „Atti Soc. Ven. Trent. Sc. Nat." 1889. XI. 6 pp. c. 1 Tav. (XIII). — Vom Verf.

— Notizie sopra un melanismo della quaglia comune (*Coturnix communis*, Bonnat., *Synoicus lodoisiae* Verr. et des Murs.) (Sep. a: „Atti soc. Ven. Trent. Sc. Nat. 1889. XI. 7 pp. c. 1 Tav. [XIV].) Vom Verf.

— Studi sugli uccelli uropterofasciati" (Sep. a: „Atti Soc. Ven. Trent. Sc. Nat " 1890. XI. 23 pp. c. Tab. I—III.) Vom Verf.

Notizie sopra un ibrido di *Lagopus mutus* ✕ *Bonasia betulina.* (Sep. a.: „Att. Soc. Ital, Sc. Nat. Milano" 1893. 10 pp. e Tav. 4.) Vom Verf.

— La *Fuligula homeyri*, Baed. ibrido nuovo per l'Italia. (Sep. a. : „Atti Soc. Ital. Sc. Nat. Milano" 1893. 14 pp.) Vom Verf.

— Anomalie nel colorito del piumaggio osservte in 216 individui della mia collezione ornitologica italiana.(Sep. a.: „Atti Soc. Ital. Sc. Nat. Milano." 1893. 64 pp.) Vom Verf.

C. R. Hennicke: Hofrath Professor Dr. K. Th. Liebe's Ornithologische Schriften. — Leipzig. Lief. V—XV. Vom Herausg.

A. Reichenow. Die Vogelfauna der Umgegend von Bismarckburg. (Sep. a.: „Mitth. deutsch. Schutzgeb." VI. 1893. N. 3.) Gr. 8. 26 pp. Vom Verf.

E. F. Kretschmer: Bilder aus dem Schleswig-Holstein'schen Vogelleben. — (Sep. a.: „Orn. Monatsbr." I. 1893. p. 153—158.) Vom Verf.

— Zur Entwicklungsgeschichte des Vogeleies. (Ausschn. a.: „Zeitschr. f. Ool." III. 1893. p. 1—2.) Vom Verf.

H. F. Nachtrieb: First Report of the State Zoölogist accompanied with Notes on the Birds of Minnesota by Dr. P. L. Hatch. — Minneopolis 1892. (The Geologic. and Natur. Hist. Surv. of Minnesota.) Gr. 8, 9 & 487 pp. Vom Verf.

A. Koenig: Zweiter Beitrag zur Avifauna von Tunis. (Sep. a.: Cab. Journ. f. Orn." 1892,93. p. 266—416, p. 13—106 m. Taf. III, I, II und Karte.) Vom Verf.

G. Kolombatovič: Novi Nadodatci Kralješnjacima Dalmacije. Spljetu 1893. Gr. 8. 27 pp. Vom Verf.

E. C. Rzehak: Phänologische Beobachtungen aus dem Thale der schwarzen Oppa. (Sep. a.: „Mitth. Orn. Ver." XVII. 1893. Nr. 8.) 4. 1. p. Vom Verf.

— Zur Biologie des grauen Fliegenfängers (Muscicapa grisola L.) (Sep. a.: „Orn. Monatsschr." XVIII. 1893. Nr. 9.) Gr. 8. 3 pp. Vom Verf.

— Das Variieren der Vogeleier innerhalb der Art. (Sep. a.: „Orn. Monatsbr." I, 1883.) 8. p. 173—176. Vom Verf.

R. Collett: Mindre Meddelelser vedrorende Norges Fuglefauna i Aarene 1881—1892. (Aus: „Nyt Mag. f. Naturv." XXXV, 1) p. 1—272. Vom Verf.

W. Hartwig: Zwei seltene Brutvögel Deutschlands (Sep. a. „Journ. f. Orn." 1893. p. 121—13_). Vom Verf.

Nehring: Der Polartaucher als Brutvogel in Westpreussen. — D. Jäg.-Zeit, XXII, 1893. Nr. 11. p. 158—160. Von Verf.

W. Breslich und O. Koepert. Bilder aus dem Thier- und Pflanzenreiche. Für Schule und Haus bearbeitet. Heft 2. Vögel, Reptilien, Amphibien. Fische. — Altenburg, 1893. Gr. 8. 243 pp. — Von d. Verf.

The Auck. A quarterly Journal of Ornithology. — New-York, 1893. X. No. I—IV. Von d Am. Orn -Un.

Mittheilungen des ornithologischen Vereines in Wien. „Die Schwalbe". — Wien 1893. XVII. No. 1—12. Vom Ver.

Ornithologische Monatsschrift des deutschen Vereines zum Schutze der Vogelwelt. — Halle a. S. 1893. No. 1—11. Vom Ver.

Zeitschrift für Ornithologie und praktische Geflügelzucht. — Stettin 1893. XVI. No. 1—12. Vom Ver.

Nordböhmische Vogel- und Geflügelzeitung. — Reichenberg 1893. VI. No. 1—12. Vom Ver.

Vesmir. — Prag 1893. XXII. No. 9—24; 1893. XXIII. No. 1—4. Vom Herausgeber.

The Naturalist. — London 1893. No. 210—214. Von d. Red.

Index

Errata.

Pag.		Zeile		von		steht	sish,	statt	sich.
11		13		unten			sish,		sich.
„ 20	„	20	„	„	„		trada,	„	tardo.
„ 26	„	10	„	„	„		Dryoscopus,	„	Dryocopus.
„ 28	„	7	„	„	„		Aecoedula,	„	Acredula
„ 30	„	11	„	„	„		Galinula,	„	Gallinula.
„ 31	„	16	„	„	„		Taube,	„	Tauben.
„ 39	„	18	„	„	„		Otis tarda,	„	Otis tetrax.
„ 41	„	16	„	„	„		anzuegenden,	„	anzuregende.
„ 40	„	18	„	„	„ bibliographischer	„	biologischer.
„ 80	„	7	von	oben	„		Zwitta,	„	Zwittau.
„ 124	„	14	„	unten	„		albifrous,	„	albifrons.

Ornithologisches Jahrbuch.

ORGAN

für das

palaearktische Faunengebiet.

--

Herausgegeben

von

Victor Ritter von Tschusi zu Schmidhoffen,

Präsident des Comité's für ornithologische Beobachtungs-Stationen in Oesterreich-Ungarn.

IV. Jahrgang.
Heft 1. — Januar—Februar. 1893.

Hallein 1893.

Druck von Johann L. Bondi & Sohn in Wien, VII., Stiftgasse 3.

Verlag des Herausgebers.

Inhalt des 1. Heftes.

Das „Ornithologische Jahrbuch" erscheint in 6 Heften in der Stärke von
$2^{1}/_{2}$ — 3 Druckbogen, Lex. 8. Eine Vermehrung der Bogenzahl und Beigabe
von Tafeln erfolgt nach Bedarf.
    Der Preis des Jahrganges (6 Hefte) beträgt bei directem Bezuge für das
Inland 5 fl. ö. W., für das Ausland 10 Mk. = 12.50 Frcs. = 10 sh.
= 4.50 Rbl. pränumerando, im Buchhandel 6 fl. ö. W. = 12 Mk.
    Lehranstalten erhalten den Jahrgang zu dem ermässigten Preise
Von 3 fl. = 6 Mk. (nur direct).
    Kauf- und Tauschanzeigen finden nach vorhandenem Raume am Um-
schlage Aufnahme. Inseraten-Berechnung nach Vereinbarung.
    Alle Zusendungen, als Manuscripte, Druckschriften, Abonnements und
Annoncen, bitten wir an den unterzeichneten Herausgeber zu adressieren.
    Villa Tännenhof bei Hallein, im Januar 1891.

Victor Ritter von Tschusi zu Schmidhoffen.

Preis-Schema für Separat-Abdrücke:

50 Abzüge zu 2 Seiten fl. .2—, mit separ. Titel fl. 1.— u. separ. Umschlag fl. 50.5
20   „   „ 2   „   „ 1.50. -   „   „ „ 2.50 „   „   „   „ 4.—
55   „   „ 4   „   „ 2.—. „   „   „ „ 3.— „   „   „   „ 3.—
21   „   „ 4   „   „ 2.50, „   „   „ „ 3.50 „   „   „   „ 5.50
    Bei 9 und mehr Seiten erhöht sich der Preis per Seite um je 8   kr.
    Bei Bestellungen, welche an die unterzeichnete Buchdruckerei zu richten
sind, ersuchen wir, die gewünschte Zahl der Abzüge auch auf dem Manuscript
zu vermerken.
    JOHANN L. BONDI & SOHN, Buchdruckerei, Wien, VII., Stiftgasse 3.

Verantw. Redacteur, Herausgeber und Verleger: Victor Ritter von Tschusi zu Schmidhoffen, Hall ein
Druck von Johann L. Bondi & Sohn, Wien, VII., Stiftgasse 3.

☞ Diesem Hefte liegt für die fehlerhaften Seiten 41 und 42 ein neues Blatt zum Umtausche bei; desgleichen ersuchen wir, die irrthümliche Ueberschrift auf Seite 38 durch die hier beigefügte zu ersetzen.

Ornithologisches Jahrbuch.

ORGAN

für das

palaearktische Faunengebiet.

Herausgegeben

von

Victor Ritter von Tschusi zu Schmidhoffen,

Präsident des Comité's für ornithologische Beobachtungs-Stationen in Oesterreich-Ungarn.

.

IV. Jahrgang.

Heft 2. — März—April. — 1893.

Hallein 1893.

Druck von Johann L. Bondi & Sohn in Wien, VII., Stiftgasse 3.

Verlag des Herausgebers.

Wir erlauben uns darauf aufmerksam zu machen, dass die Abonnements prämumerando einzusenden sind und wir daher die noch restierenden Beträge nach Ablauf des ersten Quartals per Postnachnahme einheben werden.

Inhalt des 1. Heftes.

Das „Ornithologische Jahrbuch" erscheint in 6 Heften in der Stärke von
2½ — 3 Druckbogen, Lex. 8. Eine Vermehrung der Bogenzahl und Beigabe
von Tafeln erfolgt nach Bedarf.

Der Preis des Jahrganges (6 Hefte) beträgt bei directem Bezuge für das
Inland **10 Kronen** (**5 fl. ö. W.**), für das Ausland **10 Mk. = 12.50 Frcs.
= 10 sh. = 4.50 Rbl. pränumerando**, im Buchhandel **6 fl. ö. W. = 2 Mk.**

Lehranstalten erhalten den Jahrgang zu dem ermässigten Preise
Von **6 Kronen** (**3 fl. ö. W.**) = 6 Mk. (nur direct).

Kauf- und Tauschanzeigen finden nach vorhandenem Raume am Umschlage Aufnahme. Inseraten-Berechnung nach Vereinbarung.

Alle Zusendungen, als Manuscripte, Druckschriften, Abonnements und
Annoncen. bitten wir **an den unterzeichneten Herausgeber** zu adressieren.

Villa Tännenhof bei Hallein, im März 1893.

Victor Ritter von Tschusi zu Schmidhoffen.

Preis-Schema für Separat-Abdrücke:

25 Abzüge zu	2 Seiten	fl. 1.—,	mit separ. Titel	fl. 2.—	u. separ. Umschlag	fl. 3.50				
50 „	„ 2 „	„ 1.50,	„ „	„ 2.50	„ „	„	„	„	„ 4.—	
25 „	„ 4 „	„ 2.—,	„ „	„ 3.—	„ „	„	„	„	„ 5.—	
50 „	„ 4 „	„ 2.50,	„ „	„ 3.50	„ „	„	„	„	„ 5.50	

Bei 6 und mehr Seiten erhöht sich der Preis per Seite um je 3 kr.

Bei Bestellungen, welche an die **unterzeichnete Buchdruckerei** zu richten
sind, ersuchen wir, die gewünschte Zahl der Abzüge auch auf dem Manuscript·
zu vermerken.

JOHANN L. BONDI & SOHN, Buchdruckerei, Wien, VII., Stiftgasse 3.

Verantw. Redacteur, Herausgeber und Verleger: Victor Ritter von Tschusi zu Schmidhoffen, Hallein.
Druck von Johann L. Bondi & Sohn, Wien, VII., Stiftgasse 3.

Ornithologisches Jahrbuch.

ORGAN

für das

palaearktische Faunengebiet.

Herausgegeben

von

Victor Ritter von Tschusi zu Schmidhoffen,

früher Präsident d. Com. f. ornith. Beob.-Stat. in Oestorr.-Ungarn, Mitgl. d. perm. intern.
ornith. Com., Ehrenmitgl. d. ornith. Ver. in Wien, ausserord. u. correspond. Mitgl. d. deutsch.
Ver. z. Schutze d. Vogelw. in Halle a/S., Corresp. Memb. of the Amer. Ornithol. Union in
New-York, Mitgl. d. allgem. deutsch. ornith. Gesellsch. in Berlin, etc.

IV. Jahrgang.
Heft 3. — Mai—Juni. — 1893.

Hallein 1893.

Druck von Johann L. Bondi & Sohn in Wien, VII., Stiftgasse 3.

Verlag des Herausgebers.

Wir erlauben uns darauf aufmerksam zu machen, dass die Abonnements **pränu-**
merando *einzusenden sind und wir daher die noch restierenden Beträge nach Ablauf
des ersten Semesters per Postnachnahme einheben werden.*

Inhalt des 3. Heftes.

Das „Ornithologische Jahrbuch" erscheint in 6 Heften in der Stärke von
2½—3 Druckbogen, Lex. 8. Eine Vermehrung der Bogenzahl und Beigabe
von Tafeln erfolgt nach Bedarf.

Der Preis des Jahrganges (6 Hefte) beträgt bei directem Bezuge für das
Inland **10 Kronen (5 fl. ö. W.),** für das Ausland **10 Mk. = 12.50 Frcs.
= 10 sh. = 4.50 Rbl. pränumerando,** im Buchhandel **6 fl. ö. W. = 2 Mk.**
Lehranstalten erhalten den Jahrgang zu dem ermässigten Preise
Von **6 Kronen (3 fl. ö. W.) = 6 Mk.** (nur direct).

Kauf- und Tauschanzeigen finden nach vorhandenem Raume am Umschlage Aufnahme. Inseraten-Berechnung nach Vereinbarung.

Alle Zusendungen, als Manuscripte, Druckschriften, Abonnements und
Annoncen, bitten wir an den **unterzeichneten Herausgeber** zu adressieren.

Villa Tännenhof bei Hallein, im März 1893.

Victor Ritter von Tschusi zu Schmidhoffen.

Preis-Schema für Separat-Abdrücke:

25 Abzüge zu 2 Seiten fl. 1.—, mit separ. Titel fl. 2.— u. separ. Umschlag fl. 3·50
50 „   „ 2 „   „ 1.50, „   „   „ „ 2.50 „   „   „   „ 4.—
25 „   „ 4 „   „ 2.—, „   „   „ „ 3.— „   „   „   „ 5.—
50 „   „ 4 „   „ 2.50, „   „   „ „ 3.50 „   „   „   „ 5.50

Bei 6 und mehr Seiten erhöht sich der Preis per Seite um je 30 kr.

Bei Bestellungen, welche an die **unterzeichnete Buchdruckerei** zu richten
sind, ersuchen wir, die gewünschte Zahl der Abzüge auch auf dem Manuscript
zu vermerken.

JOHANN L. BONDI & SOHN, Buchdruckerei, Wien, VII., Stiftgasse 3.

Verantw. Redacteur, Herausgeber und Verleger: Victor Ritter von Tschusi zu Schmidhoffen, Hallein
Druck von Johann L. Bondi & Sohn, Wien, VII., Stiftgasse 3.

Ornithologisches Jahrbuch.

ORGAN

für das

palaearktische Faunengebiet.

Herausgegeben

von

Victor Ritter von Tschusi zu Schmidhoffen,

früher: Präsident d. Com. f. ornith. Beob.-Stat. in Oesterr.-Ungarn, Mitgl. d. perm. intern.
ornith. Com., Ehrenmitgl. d. ornith. Ver. in Wien, ausserord. u, correspond. Mitgl. d. deutsch
Ver. z. Schutze d. Vogelw. in Halle a/S., Corresp. Memb. of the Amer. Ornithol. Union in
New-York, Mitgl. d. allgem. deutsch. ornith. Gesellsch. in Berlin, etc.

IV. Jahrgang.
Heft 4. — Juli—August. — 1893.

Hallein 1893.

Druck von Johann L. Bondi & Sohn in Wien, VII., Stiftgasse 3.

Verlag des Herausgebers.

---

*Wir erlauben uns darauf aufmerksam zu machen, dass die Abonnements **pränumerando** einzusenden sind und wir daher die noch restierenden Beträge nach Ablauf
des ersten Semesters per Postnachnahme einheben werden.*

Inhalt des 4. Heftes.

Seite

Das „Ornithologische Jahrbuch" erscheint in 6 Heften in der Stärke von 2½—3 Druckbogen, Lex. 8. Eine Vermehrung der Bogenzahl und Beigabe von Tafeln erfolgt nach Bedarf.

Der Preis des Jahrganges (6 Hefte) beträgt bei directem Bezuge für das Inland **10 Kronen (5 fl. ö. W.)**, für das Ausland **10 Mk. = 12.50 Frcs. = 10 sh. = 4.50 Rbl. pränumerando**, im Buchhandel **6 fl. ö. W. = 12 Mk.**

Lehranstalten erhalten den Jahrgang zu dem ermässigten Preise Von 6 Kronen (3 fl. ö. W.) = 6 Mk. (nur direct).

Kauf- und Tauschanzeigen finden nach vorhandenem Raume am Umschlage Aufnahme. Inseraten-Berechnung nach Vereinbarung.

Alle Zusendungen, als Manuscripte, Druckschriften, Abonnements und Annoncen, bitten wir **an den unterzeichneten Herausgeber** zu adressieren.

Villa Tännenhof bei Hallein, im Juli 1893.

Victor Ritter von Tschusi zu Schmidhoffen.

Preis-Schema für Separat-Abdrücke:

25 Abzüge zu 2 Seiten fl. 1.—, mit separ. Titel fl. 2.— u. separ. Umschlag fl. 3·50
50 „ „ 2 „ „ 1.50, „ „ „ „ 2.50 „ „ „ „ 4.—
25 „ „ 4 „ „ 2.—. „ „ „ „ 3.— „ „ „ „ 5.—
50 „ „ 4 „ „ 2.50. „ „ „ „ 3.50 „ „ „ „ 5.50

Bei 6 und mehr Seiten erhöht sich der Preis per Seite um je 30 kr.

Bei Bestellungen, welche an die **unterzeichnete Buchdruckerei** zu richten sind, ersuchen wir, die gewünschte Zahl der Abzüge auch auf dem Manuscript zu vermerken.

JOHANN L. BONDI & SOHN, Buchdruckerei, Wien, VII., Stiftgasse 3.

Verantw. Redacteur, Herausgeber und Verleger: Victor Ritter von Tschusi zu Schmidhoffen, Hallein. Druck von Johann L. Bondi & Sohn, Wien, VII., Stiftgasse 3.

Ornithologisches Jahrbuch.

ORGAN

für das

palaearktische Faunengebiet.

—

Herausgegeben

von

Victor Ritter von Tschusi zu Schmidhoffen,

früherer Präsident d. Com. f. ornith. Beob.-Stat. in Oesterr.-Ungarn, Mitgl. d. perm. intern. ornith. Com., Ehrenmitgl. d. ornith. Ver. in Wien, ausserord u. correspond. Mitgl. d. deutsch. Ver. z. Schutze d. Vogelw. in Halle a/S., Corresp. Memb. of the Amer. Ornithol. Union in New-York, Mitgl. d. allgem. deutsch. ornith. Gesellsch. in Berlin, etc.

IV. Jahrgang.

Heft 5. — September—October. — 1893.

Hallein 1893.

Druck von Johann L. Bondi & Sohn in Wien, VII., Stiftgasse 3.

Verlag des Herausgebers.

Inhalt des 5. Heftes.

Das „Ornithologische Jahrbuch" erscheint in 6 Heften in der Stärke von
2½ — 3 Druckbogen, Lex. 8. Eine Vermehrung der Bögenzahl und Beigabe
von Tafeln erfolgt nach Bedarf.

Der Preis des Jahrganges (6 Hefte) beträgt bei directem Bezuge für das
Inland **10 Kronen (5 fl. ö. W.)**, für das Ausland **10 Mk. = 12.50 Frcs.
= 10 sh. = 4.50 Rbl. pränumerando**, im Buchhandel **6 fl. ö. W. = 12 Mk.**

Lehranstalten erhalten den Jahrgang zu dem ermässigten Preise
von 6 Kronen (3 fl. ö. W.) = 6 Mk. (nur direct).

Kauf- und Tauschanzeigen finden nach vorhandenem Raume am Umschlage Aufnahme. Inseraten-Berechnung nach Vereinbarung.

**Alle Zusendungen, als Manuscripte, Druckschriften, Abonnements und
Annoncen, bitten wir an den unterzeichneten Herausgeber zu adressieren.**

Villa Tännenhof bei Hallein, im October 1893.

Victor Ritter von Tschusi zu Schmidhoffen.

Preis-Schema für Separat-Abdrücke:

25 Abzüge zu 2 Seiten fl. 1.—, mit separ. Titel fl. 2.— u. separ. Umschlag fl. 3·50
50   „   „ 2   „   „ 1.50, ..   „   „ „ 2.50 „   „   „   „ 4.—
25   „   „ 4   „   „ 2.—, „   „   „ „ 3.— „   „   „   „ 5.—
50   „   „ 4   „   „ 2.50, „   „   „ „ 3.50 „   „   „   „ 5.50

Bei 6 und mehr Seiten erhöht sich der Preis per Seite um je 30 kr.

Bei Bestellungen, welche an die **unterzeichnete Buchdruckerei** zu richten
sind, ersuchen wir, die gewünschte Zahl der Abzüge auch auf dem Manuscript
zu vermerken.

JOHANN L. BONDI & SOHN, Buchdruckerei, Wien, VII., Stiftgasse 3.

Ornithologisches Jahrbuch.

ORGAN

für das

palaearktische Faunengebiet.

Herausgegeben

von

Victor Ritter von Tschusi zu Schmidhoffen,

früherer Präsident d. Com. f. ornith. Beob.-Stat. in Oester.-Ungarn, Mitgl. d. perm. intern.
ornith. Com., Ehrenmitgl. d. ornith. Ver. in Wien, ausserord u. correspond. Mitgl. d. deutsch.
Ver. z. Schutze d. Vogelw. in Halle a/S., Corresp. Memb. of the Amer. Ornithol. Union in
New-York, Mitgl. d. allgem. deutsch. ornith. Gesellsch. in Berlin, etc.

IV. Jahrgang. 1893.
Heft 6. — November—December. — 1893.

Hallein 1893.

Druck von Johann L. Bondi & Sohn in Wien, VII., Stiftgasse 3.

Verlag des Herausgebers.

Wir erlauben uns darauf aufmerksam zu machen, dass mit diesem Hefte der Jahrgang schliesst und ersuchen um eheste Einsendung der noch ausständigen Beträge, sowie um Erneuerung des Abonnements.

Der Zoologische Garten.

(Zoologischer Beobachter.)

Zeitschrift
für
Beobachtung, Pflege und Zucht der Thiere.

Organ der zoologischen Gärten Deutschlands,

Herausgegeben

unter Mitwirkung namhafter Fachleute.

Redaction und Verlag von

Mahlau & Waldschmidt, Frankfurt a. M.

Der Zoologische Garten, der mit dem Jahre 1894 bereits in seinen 35. Jahrgang eintritt. bringt als einziges Organ der zoologischen Gärten zunächst Originalberichte über Beobachtungen und Erfahrungen an den daselbst gehaltenen Thieren, schildert aber ebenso auch die freilebenden nach allen ihren Eigenthümlichkeiten.

Der Zoologische Garten erscheint in monatlichen, mindestens zwei Bogen starken Nummern mit Illustrationen und kostet per Jahr Mk. 8·—.

Bestellungen nehmen alle Buchhandlungen und Postanstalten an. — Probenummern gratis.

Inserate finden durch den Zoologischen Garten die weiteste und wirksamste Verbreitung und werden mit nur 20 Pfennige für die gespaltene Petitzeile berechnet.

Beilagen nach Übereinkunft.

Inhalt des 6. Heftes.

Das „Ornithologische Jahrbuch" erscheint in 6 Heften in der Stärke von
2½—3 Druckbogen, Lex. 8. Eine Vermehrung der Bogenzahl und Beigabe
von Tafeln erfolgt nach Bedarf.

Der Preis des Jahrganges (6 Hefte) beträgt bei directem Bezuge für das
Inland **10 Kronen** (5 fl. ö. W.), für das Ausland **10 Mk. = 12.50 Frcs.**
= 10 sh. = 4.50 Rbl. pränumerando, im Buchhandel **12 Kr. = 12 Mk.**

Lehranstalten erhalten den Jahrgang zu dem ermässigten Preise
Von 6 Kronen (3 fl. ö. W.) = 6 Mk. (nur direct).

Kauf- und Tauschanzeigen finden nach vorhandenem Raume am Umschlage Aufnahme. Inseraten-Berechnung nach Vereinbarung.

**Alle Zusendungen, als Manuscripte, Druckschriften, Abonnements und
Annoncen, bitten wir an den unterzeichneten Herausgeber zu** adressieren.

Villa Tännenhof bei Hallein, im December 1893.

Victor Ritter von Tschusi zu Schmidhoffen.

Verantw. Redacteur, Herausgeber und Verleger: Victor Ritter von Tschusi zu Schmidhoffen, Hallein
Druck von Johann L. Bondi & Sohn, Wien, VII., Stiftgasse 3.